U0268844

高层建筑文化特质
创 意 设 计

姜利勇 李 震 著

国防工业出版社

·北京·

内 容 简 介

从文化特质创意角度研究高层建筑设计创作是高层建筑发展的一种创新策略。本书从文化视角阐述高层建筑的特质创意理念,分析了高层建筑文化特质创意中的文化失序现象带来了城市美学价值迷失、城市文化价值的忽略、艺术发展的混沌和精神维度的丧失等,运用现象学的方法详解了高层建筑文化特质创意的理论动力和规律。从创造性思维的角度阐释了高层建筑文化特质寄意追求的实践方法,探寻和揭示了一种高层建筑文化特质创意的物质工具与艺术审美感性相结合的途径和方法,以及基于文化特质创意的生态文化观、信息审美观等创新方法。

本书可供高等院校师生、科研院所的建筑师、建筑研究人员阅读和参考。

图书在版编目(CIP)数据

高层建筑文化特质创意设计/姜利勇,李震著. —北京:
国防工业出版社,2016.6
ISBN 978 - 7 - 118 - 10871 - 2

Ⅰ. ①高… Ⅱ. ①姜… ②李… Ⅲ. ①高层建筑—结构
设计 Ⅳ. ①TU973

中国版本图书馆 CIP 数据核字(2016)第 116338 号

※

国防工业出版社出版发行

(北京市海淀区紫竹院南路23号 邮政编码100048)
国防工业出版社印刷厂印刷
新华书店经售

*

开本 787×1092 1/16 印张 16¼ 字数 370 千字
2016 年 6 月第 1 版第 1 次印刷 印数 1—1500 册 定价 68.00 元

(本书如有印装错误,我社负责调换)

国防书店:(010)88540777　　　　发行邮购:(010)88540776
发行传真:(010)88540755　　　　发行业务:(010)88540717

　　建筑是人类生命活动和精神活动的主要平台,建筑活动是人类赖以生存和发展的基础性营造活动。不同时代、不同民族、不同地域和社会经济环境需要建造各具特色、传承文明、演进历史、构筑绚丽多彩的建筑文化。20世纪摩天楼之路是实现人类通天宏愿的奇迹,是令人眼花缭乱的特有的建筑现象和时代的里程碑;21世纪的高层建筑又进入了一个发展方兴未艾的新时代。中国高层建筑是城市化进程中的宏大时空艺术,展示着自己的现在与未来、建筑活动的强度、建筑技术的高度和建筑文化的深度,它的艺术魅力、文化特质和艺术创作规律令人关注。

　　高层建筑文化特质的建筑个性及独特的艺术语言与形式表达,包含兼容性、开放性、适应性、创造性和独特性等方面,它根植于建筑的人文环境和社会环境,因而也表现出当代环境所特有的生活的生动性、多元性和渐进性特征,具有非线性时代的文化复杂性,反映了对人类情感和接受的重新重视。表达这种建筑文化特质的设计创意突出思维的创新性,即当代高层建筑艺术的审美倾向正转向"非总体性思维、非线性思维、混沌思维"模式,建筑的形式语言也倾向一种复杂科学思维的建构,这些构成了城市形态的突变。基于突变理论的建筑复杂思维再现了建筑演化轨迹将出现"分叉",并突现多种开放的突变可能。

　　本书从高层建筑文化特质创意的哲学视角重点阐释了高层建筑"同质化""国际式"美学价值迷失和城市文化价值的缺失现象,以及高层建筑艺术发展的混沌与精神维度的丧失,着重探讨高层建筑文化特质创意的失序实乃生存价值的失却;高层建筑文化特质创造性思维具有动态发展的、整体的、突变的、非线性的特征;高层建筑文化特质创意实质是动态的信息审美观的确立;探索高层建筑文化特质创意实践方法和策略,进行动态、多维的高层建筑文化批评等问题。

　　高层建筑文化特质创意中的文化失序现象带来了城市美学价值迷失、城市文化价值的忽略、艺术发展的混沌和精神维度的丧失等,本书探析高层建筑文化特质创意理念,运用文化特质创意的分类表达对创作实践作历史的分析和文化观、哲学观分析,并运用现象学的方法详解高层建筑文化特质创意的理论动力和规律。再从创造性思维的角度阐释了高层建筑文化特质寄意追求的实践方法,在线性设计及注重理性文化特质创作传承发展的基础上提出了非线性、整体性、逆向等创新思维方式,分析了基于艺术思维层次的文化特质创造,探寻和揭示一种高层建筑文化特质创意的物质工具与艺术审美感性相结合的途径和方法;阐述了当代高层建筑文化特质创意的创作走向,以及高层建筑文化特质创意的批评策略;分析了文化特质创意的生态文化观、信息审美观等创新方法,提出了建立生态文化信仰的高层建筑文化特质创意的评价标准。

从文化特质创意角度研究高层建筑设计创作是高层建筑发展的一种创新策略,它针对当代高层建筑实践带来的美学价值混沌、城市文化价值迷失和当代社会精神信仰平庸化、大众生活维度的缺乏等现象;非线性思维、整体动态思维可以丰富高层建筑的形式语言,它互补于理性的科学思维,并通过学科群的协作同构创新高层建筑文化特质创意策略;最终建立面向未来的动态开放的信息审美观和文化生态观,并从人文价值的生态思维视角发展科学的可持续性高层建筑评价体系。

编　者

CONTENTS **目录**

第1章 绪 论

第2章 当代高层建筑文化特质创意的方向迷失

第3章 城市建设与高层建筑创作的文化特质创意理念探析

第4章 高层建筑设计创作的文化特质寄意思维与方法

第5章 结 论

第 1 章
绪　　论

　　文化是指人的内心与外形的平衡,只有它才能保证合理的思想和行动。文化是人类适应环境的工具和表达其意图的手段,具有对实践的指导意义,创造了文化也就建立了观念;而建筑文化实质上也是一种思想与观念的寄意,它也具有对建筑创作活动的理论关照作用;高层建筑文化作为一种专属文化,其作用也不例外,寻求高层建筑文化特质创意方法意在探求高层建筑设计创作的理论科学指导,并最终付诸实践。

　　文化的基本核心包括传统观念,尤其是价值观念;文化体系是人类活动的产物,也是限定人类进一步活动的因素。文化是人类价值观念在社会实践过程中的对象化,社会价值观体现于具体建筑文化。文化的价值体系指人类在改造客观世界中形成的规范的、精神的和主观的东西,相当于狭义的文化,即观念形态文化或精神文化;文化的技术体系是指人类加工自然造成的技术的、器物的、客观的东西,即人化的自然世界,相当于物质文化。二者组成的文化统一体便是广义的文化。高层建筑文化特质研究即指向高层建筑创作中美学价值的混沌、文化的虚无、精神意义的缺失,进而探讨对生存价值的关照。

　　通常,文化是历史上所创造的生存样式的系统,既包括显型式样,又包含隐型式样;它具有为整个群体共享的倾向,因而文化是动态发展的、可变的和多样的,它本身具有结构性、规律性,可借助科学加以分析。文化自人类诞生开始,人类的生物性(自然性)就不断以扬弃的方式转化为人性(社会性)的全部过程及全部表现形态。高层建筑文化特质寄意活动既是现代建筑文化中具有独特影响力和表现力的建筑活动,又是建筑师和社会公众十分关注的一种实现人类物质文化与精神追求的物质存在。建筑是一个文化生态系统,高层建筑文化特质创意活动也应具有动态的发展特点,而非静止的、一成不变的,因此,从历时和共时的现象角度研究高层建筑文化特质符合文化的生态特征,具有科学的系统性;另外,建筑是人类整体利益的表现。建筑的真正内涵是为人类创造整体最优化的生活环境,它包含建筑的本质和形式等,从整体性思维角度探讨高层建筑文化特质创意具有科学的全面性。

　　综上,研究高层建筑文化特质主要基于当代高层建筑创作领域的价值观混沌、创意思维系统的整体性、动态性和生态意义的缺乏,文化特质的忽略意味着生存价值的忽视。深化高层建筑创作文化是加强建筑理论与实践的重要内容,是提高高层建筑品位的重要途径。通过理论与建筑实践反思,我们国家的建筑创作正经历着一个新的文化振兴。学习中国建筑文化和外国建筑文化,目的是探求中国现代的新建筑创作方向,寻求在自己的土地上创新,需要有自己特点的、有地方特色的、有文化特质的新的建筑文化。而高层建筑已成为今天都市文化的一种典型表现、城市形象的一大特征要素,以及整个人类文明进步的一个不可磨灭的象征,它需要建构自身的文化特质。但任何事物皆具两面性,高层建筑也不例外。它有着多重优势与深广潜力,也潜存许多问题和矛盾。然而不论如何,它都会在将来有更大的发展。因此,在行为科学、建筑美学、建筑文化需求等众多领域,高层建筑都不失为一个重要研究对象。

目前,在世界摩天大厦建造业可以看到两个十分不同的倾向:一个是以欧洲和美国建筑业为代表,越来越注重环境保护和生态平衡;另一个是以阿联酋迪拜新兴的摩天大厦建筑群为代表,它们向人们炫耀的是财富带来的骄傲,鼓励的是人们享乐的欲望,也许还隐藏着寻找能源耗尽之后新的出路。无论如何,当地球自然资源的消耗和破坏越来越严重地挑战人类经济持续发展之时,人们必须赋予摩天大厦在"高大""豪华""富裕"等物质性之外更新的含义。

1.1 高层建筑文化特质创造的历史演绎

建筑是人类生命活动的平台和精神活动的主要平台,建筑活动是人类赖以生存和发展的基础性营造活动。建筑是科学与艺术的结合,也是自然科学与社会科学的结合,以及工程技术与社会经济发展的结合。在古往今来的人类城市建筑中,摩天大厦都是最令人叹为观止的建筑形式。它们高耸入云和压倒一切的气势给予了城市立体的轮廓,体现了地区经济的发展水平,也表达了一个国家或地区追求现代化发展的雄心。摩天大厦是人口密度和城市化发展的必然,是科学技术的结晶,也是商业化的产物,更是现代化最形象的宏伟纪念碑。

高层建筑是社会物质文明的象征,表现了人类精神的追求和对高度创造的愿望,丰富了建筑形制,并不断创造出一种类型建筑文化新特质,构成了城市文化价值的重要部分。建筑是人类进化和文明在可见形态中的具体体现,作为文化的载体,它深刻描述了历史文化与风俗的相互交融,人们的精神信仰与个性张扬,以及价值观和哲学观。建筑映衬文化的特质,记录文化的发展。高层建筑从原始形态产生开始,就深深烙上了文化的印记,记载了人类文化特质追求的过程,从而反映了人们的文化信仰之衍变。

自古以来,人类在建筑上就有向高层发展的愿望和需要,都存有憧憬高处的想法。崇高、尚高的理念使人们有一种征服感、居高临下的君临优越感,在精神上也能获得一种愉悦。会当凌绝顶,一览众山小,多少也反映了人们对平常生活和心理世界的不满足。在技术并不发达的过去,人们把这种信念更多地寄托在诗词歌赋中,借此表达一种脱俗的情怀,浸透着浓郁的文化气息。

在远古时期,由于当时人类社会生产力水平极低,生存与否在很大程度上受制于自然,对大自然无知而产生的恐惧与崇拜心理,使任何一种试图摆脱地球引力,向高空发展的努力都充满了诱惑和挑战。通天一直是人们长久以来不懈的追求,人类在营建活动中表现了向高空发展的愿望。例如早期西方七大奇迹中就有两个属于当时的高层建筑,即巴贝尔塔和亚历山大灯塔这两座建筑都达到了当时人类的历史条件下向高空发展的顶峰;而在遥远的东方,建筑向高空的探索和追求也早已有之,如早期出现的高台建筑。中国先前建造的高耸的建筑物多是佛塔,这些塔大部分是地方标志和场所代名词。中国大地上各式各样的高塔,融入了各自周围的环境,积淀在人们的集体记忆之中,难以忘怀。早期的高大建筑物是服务于王权的产物,没有多少实用价值。

此后,随着聚落的不断发展、城镇的出现,人类对高空的探索和对自然的征服热情不仅没有减退,反而变得更加积极、主动。实现建筑在高度上的跨越最初只局限在一种形式上及在高度的绝对意义上,并没有多少文化层面上的追求。事实证明只有到人类的物质需求和技术水平达到一定程度时,向高空发展、利用自然上部空间才具有了更加广泛现实的意义,才有可能获得理论的总结和来自实践的指导。到了中世纪,宗教建筑中的塔逐渐在世界各地控制城市的天际线。但其崇高多是带有宗教性目的、从精神角度出发的,特别是哥特式教堂的尖顶钟楼尤为突出,因为钟楼内部空间过于狭小,不适合进行一般的活动,宗教建筑的崇高性意义便彰显了教会的色彩。当时,建筑物多以砖石建造,但其仍然可以达到让人惊叹的高度(如德国乌尔姆大教堂的钟楼高达 161m),这是中世纪建筑史上一项了不起的成就。由于这些塔楼的象征性力量和震撼人心的形态,后来又被广泛地运用于市政建筑。

近现代高层建筑是 19 世纪中期产业革命后发展起来的,其诞生在芝加哥(11 层的芝加哥保险公司大楼是世界上第一幢铁框架结构的摩天大楼),从其萌芽到现在已经历了100 多年。此后,美国的芝加哥等地又陆续兴建了一大批高层建筑,并形成了"芝加哥学派"(Chicago School)。由于在世界文化史发展中,高势能文化要向低势能文化系统流动传播,因而属于西方"高势能文化"的美式高层建筑开始在全世界蔓延开来。

到了 20 世纪,西方工业化的快速发展催生出这种特殊的建筑形式。从电梯系统和混凝土被广泛应用于高层建筑,至 1931 年 102 层、381m 高的纽约帝国大厦(曾保持世界最高 40 年)的落成,现代高层建筑得到了长足的进步,并开始进入超高层领域。社会经济的发展、人口的集中、攀比心理和商业广告效应的作祟,促使美国的高层建筑发展进程大大加快,建筑高度大幅攀升。但此后由于第二次世界大战的爆发及世界经济大萧条,高层建筑的建设热渐趋于停顿。由于经济作用,相对于这一时期美国的"高层建筑热",高层建造在世界其他各地却发展缓慢。20 世纪 50 年代后,随着世界经济的复苏和相关技术的日趋成熟,高层建筑又得到蓬勃发展,随着 1965 年筒体结构设计理论(弗茨勒·汉)的提出,高层结构体系由于用钢量的大幅度降低而发生了根本性的改变,这直接刺激了超高层建筑的发展。在欧洲,高层建筑主要出现在一些经济中心城市。高层建筑在保守派的反对声中突破了教堂的尖塔,成为控制城市天际线的新标志;高层建筑在亚太地区如在加拿大、澳大利亚和日本也开始兴盛。到 80 年代以后,随着欧美经济的持续萧条,亚洲高层建筑得到迅猛发展,特别是在中国。

高楼竞相摩天且屡建不衰,原因首推人口的迅猛增长及向城市的不断密集。今后乃至将来,世界人口城市化的趋势更将不可阻挡。一般认为,在人口密集、土地有限的大中城市,发展高层建筑有利于节约用地,减少市政设施投资,创造优美的城市环境。按照马丘比丘宪章,采用高层低密度进行建筑,可使地面留有更多空地,并可与相邻的高层建筑进行合理的空间组合,达到形式与内容、功能与空间的良好统一。确实,现代城市极度膨胀、繁杂的交通网络、停车场位的严重不足……特别在一些发展中国家,城市化进程加快,许多人向城市迁移或放弃郊居,高层建筑的兴起及其空间的合理组合与利用,部分有效地解决了前面所提到的"城市化问题"。随着多功能的高层建筑综合体及其内部大空间的发展,高层建筑带来了更好的经济效益,摒弃了早期高层建筑用途单一的缺点,形成集办公、居住、旅游、商业与服务行业为一体的建筑模式,从而提高效益、节约能源。

在有限地域内人口的增长与密集必然意味着与人们日常生活相关的一切都需加大密度、增高频度。住宅高层化、交通立体化、商业集中化势在必行。城市经济理论指出:城区内最有价值的地段是那些有最大可近度(Accessibility)的地方,也就是人们最容易、最经常去的地方。这种地区在很多情况下是市中心区,高层大厦便在此林立以获取高额利润,同时整个城市的天际线常为金字塔状,金字塔区域就是城市中心商业区。同时,科技的进步也为摩天楼的存在与发展提供了足够的可能性与可靠性(图1.1),其高层建筑艺术形象与文化特质创意也受到极大的关注。

图1.1　建筑的攀高趋势不可逆转,其文化特质创意丰富

不同的高层建筑形态蕴涵着不同的人文和地域精神,代表了不同的文化创意观。

1. 物质技术因素

高层建筑巨大尺度的艺术形式是具体的物化,其建筑形态的发生、发展离不开技术的推动,生产力的进步是建筑产生多变形态的根本动力。高层建筑的突出形态是物化的"高度与直插云天的尺度",这建立在材料、技术、设备的保障之上,高层建筑的更进一步发展基本原动力之一是当时社会的物质技术生产力,高层建筑是社会新技术、新材料、新设备及美学、艺术等多方面因素的具体体现。从某种意义上讲,物质技术因素决定了高层建筑的发展。

然而,任何物质形态的产生都有其自然和社会背景。自然地理和自然因素在早期人类进化进程中产生的影响是非凡的、毋庸置疑的,但其文化的推动力几乎可以忽略,只是随着文明的进步、积累,社会集体的力量在潜移默化中显示了它对物化形态的深刻烙印。分析高层建筑的原始形态,可以看到古人朴素的高度观,以及为此而在物质方面、技术方面体现出来的巨大能动性。独特的形式、现象包含于别具一格的思想、审美观之中,并具有相应的策略机制。从西方至东方,不同的表现方法都对应着各自不同的社会时代性,反映建筑与社会的彼时彼地性格。

需求至上的观念迫使人们努力克服现时的技术条件限制,从而促进了建筑领域的根本性革命。从具体上讲,起初建筑向上发展反映在生理上和生活上,就是可以远离地面上的异物带来的威胁和地理潮湿,防止洪水侵袭(建在高地上的房屋似可当此看待),低处生产、高处生活,建筑垂直增长,使人们的视野(物质上和精神上的)更加开阔。心理驱动是一种潜意识的行为,从唯物主义出发,人们对高楼的想象来源于自然界的触动和感受,意识决定于物质。古时人们对山岳的崇拜,缘乎于其高、其险,而在有技术保证的前提下,人们的梦想在逐步实现。现代摩天楼(Skyscraper)之路已跨越 100 多年历程,取得了令世人瞩目的成就,对人类文化、经济、社会、技术与城市的发展产生了巨大的影响。它打破了传统高度界限,是人类实现通天宏愿的奇迹,是特有的建筑现象和时代的里程碑。

2. 精神文化的驱动力

建筑寄托着人们的思想、情感、精神追求,是社会文化道德和时尚风俗的直接反映,也是意识形态的物化。高层建筑从某种角度上讲,对应的是一种主流文化与社会价值观念,它以独有的艺术形象、文化特质语言和流行的形式表达了一种时代观念与审美价值取向。

具有现代城市象征的摩天大楼矗立在世界各国的大都市中,成为当今人类建筑活动的一大趋势和潮流,人们的生活行为和观念形态也正在改变,进而影响人们的内心世界和精神感受。潜藏在内心深处的"渴望"迸发形成一种思想理念,进而以"物"的形式构成一种精神文化的寄托,最终成为高层建筑起源的原生动力。诉诸于建筑的乃是思想与情感的"宣泄",古代高层建筑的起源与发展的根本动力主要是社会精神文化方面,精神需要为建筑向上发展提供了社会支持和目标取向。在人类发展史上,建筑是人类将自然界改造得符合自己的需要而做出的一项重大创造,而这种需求反映在统治阶级(代表社会主流)一端,需求就意味着一种统治意识、权位意识和优越意识,统治阶级希望自己的一切都能让人民臣服、敬畏和仰慕,在建筑这种与人们生活息息相关的固有财产面前,从心理上统治者就希望自己的房子高大雄伟,非壮丽无以重威(《阿房宫赋》)。作为实物形态而存在的建筑,起居、拜访、办事等日常活动无一不在其中,因此最能体现使用者的精神面貌和心态需求。正是这种"物"与"欲"的关系使然,"高"建筑从一开始就呈现出明显的功利性,此时"形式"决定了"功能"的从属地位,精神文化构成了高层建筑起源的原动力。而当我们生活周围的建筑形式成为一种普遍时,我们的心理状况却出现巨大差异,部分阶层和人群在自我能力和技术保障的前提下,显示出一种与众不同的追求,这就是显示欲和地位欲的表现,建筑也就成了一种最好的表达手段和工具。而在建筑的造型特色呈有限模式、而空间拓展又受到界定的时候,崇"高"成为唯一的表达途径;这属于一种物质属然,而从过去直到现在,这种必然的属性愈发明显,充满个性化和地方特色。建筑形式的精神意义植根于文化传统,建筑师如何因应这些存在于全球和地方各层的变化? 由于文化、信仰的不同造成了早期东、西方建筑的差异性起源,高层建筑亦不例外。从其萌芽至发展都展示了不同的特色追求和地域价值。

人类的行为在很多情况下并不是出于实际的需求,而是源于精神的满足。对于人类来说,需求只是一个相对的概念。人类对于文化的选择往往并非仅仅出于对物质需要的满足,而是强烈地受到价值观念的支配。由于征服多余的比征服必需的能给予我们更大的精神刺激,因而人类是欲望的产物而不是需求的产物。在信息与商业化的时代里,城市建设与投资者把挑战高度的行为作为建筑的一种选择,也是人类"征服多余"的一种精神寄托现象。

人类精神的多样化需求直接映射在城市与建筑之上,而自城市产生开始,建筑就是绝对主角,特别是高层建筑,城市的发展有赖于这些建筑本身不断的个性张扬和对文化传统的消化吸收,同时与环境相适应协调,这种有赖于地区环境的文化特质展现源于大众的精神维度的建立。

放眼中国,囿于人口众多、土地资源有限的特点,经济的发展和人民生活的改善需要建设更多、更好的高层建筑,这是建筑业不可回避的重任和需要深化的课题,在当今科技高度发达的时代,高层建筑的文化品位及文化特质需求更值得研究和探讨。

1.2 高层建筑文化特质创造的现状

1. 从自然生态层面上反思

由于人类社会需要和高层建筑具有的多重优越性及特有的功能意义,未来世界的"摩天楼"之路依然漫长。例如在中东沙漠腹地,阿联酋的迪拜正以让世界侧目的建造向陆地、天空和海洋拓展,其中的迪拜塔(Burj Dubai)更是将人类居住的高度记录提升到了800m以上的高空,但这种建设的高空化和规模化是建立在消解自然生态的基础之上的特殊工程技术与建设文化追求。就在人们为不断丰富新的建筑高度而兴奋不已时,其创作中不顾自然生态环境,缺少节能意识和地方特色等问题,几乎已成为高层建筑设计的通病。在高楼林立的现代都市中,密集的建筑群造成了落影遮挡、热岛效应、高能耗及高楼综合症等诸多不良后果。我国目前正值高层建筑建设的高潮,然而许多高层建筑却处于"低标准、高能耗、低效率、高污染"的状态,这种发展是不能持久的,也不符合可持续的科学发展观。

地球1.5亿平方千米的陆地面积非常有限,且不可再生,但随着世界性人口不断增加,人们迫切需要改善生活环境和工作空间,可以利用的土地资源日益匮乏,我们必须从人类生存高度和以未来学观点去研究和解决这一世界性课题。因此,可以看出高层建筑是一种文化及社会发展的必然产物,既造福人类、改善着人们的工作和生活环境,但又不可避免的面临着社会、经济、文化、能源、交通、安全、减灾及环境状况恶化等问题,这也是全球性挑战。重庆的解放碑地区是渝中半岛的"船头",决策部门集中打造的CBD核心区域,近年来有了"作为抗战纪念碑的解放碑越来越矮,而解放碑地区建筑越来越高"的趋向,放眼渝中,一片钢筋混凝土森林;漫步解放碑,不见任何绿地和栖息地(图1.2、图1.3)。人文关怀彻底沦落,人与自然、人与人的关系正逐步失调,建立生态文化的城市与建筑环境正随着高层建筑的步步为营而沦为空谈。

图1.2 重庆渝中半岛城市现状
超建筑容量、超开发强度的"钢筋混凝土森林之城",文化特质无序、混杂。
来源:重庆晚报。

图 1.3　重庆解放碑地区与美国纽约高楼林立的同质化

高层建筑是城市的重要构成元素,但现代高层建筑元素的极大丰富并没有带来城市个性的丰富。混淆的时空秩序使城市正在均质化,空间感和场所感的体验正在丧失,这彻底违背了自然和生物的多样性法则。个性城市的建设需要具有特质文化的建筑和高层建筑,只有它们能架构具有个性的生活方式,以适应现代文化的多元需求。因此,城市注定只有在个性中生存,建筑也注定只有在特质创造中升华。否则,按照当代缺乏文化特质创造的模式发展,建筑和城市将因缺乏生机而走向消亡。

2. 从精神和文化层面上探求

高层建筑的创作正走向文化特质创意的混沌状态,突显了文化价值的虚无。

高层建筑作为一种适应性十分广泛的建筑类型,早已打破地域与国界的限制,冲破传统建筑观念和意识形态的约束,不断在世界各地建造,它实际上已成为一种社会文化现实和时代观念的建筑表征,更作为一种建筑文化现象引起世人及建筑家们的关注,其主要意义不在于摩天楼外观形象的美学价值或社会公众的喜恶程度,而在于社会发展变革的大趋势背景和牵动人们生活、工作性质、理念及思维方式的深层意识。因此,21 世纪高层建筑创作实践与理论研究的重点,应立足于社会发展变革的大趋势,以高层建筑中的精神因素为核心,围绕智力因素和物质技术因素不断创造未来。从高层建筑的历史演绎发展变革趋势中可以体现一些规律性,见表 1.1。

表 1.1　高层建筑发展与文化特质表现分析

历史时期	社会特征	作品代表	文化信仰	建筑文化特质表现
古代及远古	农业文明	巴比伦塔 经幢楼塔	物化自然 改造自然	差异化的原生态
中世纪	宗教文明	欧洲教堂尖塔 佛塔	精神自由 王权统治	竖向的同质性
20 世纪初期	工业文明	埃菲尔铁塔 芝加哥家庭保险公司大楼,帝国大厦	技术信仰	功能主义 技术至上 与人文脱离

（续）

历史时期	社会特征	作品代表	文化信仰	建筑文化特质表现
20 世纪中晚期	后工业社会	西尔斯大厦 阳光大厦（日本） 佩崇那斯双塔（马）	自由、多元	极端个人主义、反主流文化、求新时尚
21 世纪初期	信息生态文明	台北 101 大楼 上海国际金融中心	知识信仰	动态交互的信息创新 可持续发展
21 世纪中晚期	绿色产业社会	生态型摩天楼 东京巨塔	生态文化信仰	人与自然和谐的"天人合一"

建筑在当前表现出来的一些特质和显现出来的发展趋势，使得我们越来越难以把握城市空间环境的秩序，越来越难以在城市中定位，然而历史与文化的传承发展是动态的、开放的、有意义的，中国高层建筑的发展方兴未艾，它谱写着中华文明与现代化建设的新乐章，作为一种文化与社会发展的产物，值得深入、系统地研究它、发扬它。

1.3 自然和精神生态危机

1. 建筑文化特质乃文化与生俱来的特征以及发展之必然

艺术的最初、最原始的需要是人要把精神生产出来的一个观念或思想体现在作品中。尽管早期的人类有着相似的生存方式和基本观念，但由于所处物质环境的差别，不仅形成了他们风格迥异的建筑造型，也使他们在与自然的斗争中形成了独特的思维方式，使其建筑在以后的发展中走上不同的道路，产生不同的文化传统。此外，即使是相似的生存环境，也由于人类主体不同的选择和在群体环境氛围中的强化，使不同的民族有了各种不同的文化，其建筑也迥然不同，文化特质也具有鲜明差异。

人类在同自然环境的斗争中形成了特有的文化观念，而文化观念一经形成和稳定，就成为这一地区或民族的传统文化，反过来指导和影响人们对自然环境的认识和改造，进而获得环境的认同，取得与环境的相互适应。人类为了实现理想中的建筑，起初是祈求神的指引和承诺，但人类随着认识自然、改造自然能力的提高，试图摆脱自然环境的制约，要求自我价值的实现，在建筑中体现人类自身的高度技艺。人类这种不断要求自我价值实现的愿望，提高了对自然环境改造的能力，推动了建造技术的发展和建筑造型的完善，使人类建筑史上出现了一个又一个伟大的杰作，高层建筑的产生和发展也是如此。但人类那日益膨胀的欲望，又会把建筑引向虚荣和浮华，从而失去了建筑本体的自然、质朴与率真。建筑历史上每一建筑风格的衰败总是因为追求奢华、夸张的心理，以致建筑违背材料性能、结构逻辑，最终走向烦琐、堆砌直至衰落，以及与自然的逆向发展和引发与自然环境的冲突。从自然和环境角度而言，建筑文化特质创意乃是在自然和环境的空间组织中表现环境的文化特质，进而使建筑获得文化上的认同，表现出独特的个性和地区特色。

2. 当代高层建筑文化特质的寄意危机

寄意是建筑设计创作中意境的物化过程，一种实现人类文化的物质存在的活动，寄意的缺乏意味着文化特质的忽视和精神内涵的贫乏。就建筑的外在形态而言，其趋于高层化的倾向是建筑自出现以来不可逆转的特征之一,特别是目前许多城市中集中建设的 CBD 的高层化,成为大城市的普遍现象,从表面上看是由于商业环境中城市区的高地价使然,然而其本质则是城市功能的高度聚集化与高度效能化。这种一体化的文化现象湮灭了民族与地区的深层次差异,导致高层建筑及其环境中个性的丧失,由于高层建筑的巨大"侵略性"(对人的行为心理)和明显优越性,加之全球文化一体化的影响,追求建筑形态的高层化倾向愈发普遍。但是从根本上而言,形态的高层化是经济因素、社会因素等诸方面合力的结果,其本身的发展取向不存在错误与否,只是方向与方式产生了矛盾、偏差,这就是建筑文化在高层领域的沦落与缺失的结果,也即一种寄意的偏差。

文化在人类发展史中可以说是"七分功,三分过",它既会给人们带来物质与文化享受,又会给一些社会人群带来某种精神压抑、文化负担、文化偏见或文化痛苦。建筑文化外化为具体的建筑形式与空间创造,并对其形成影响,由于受制于技术因素,当代高层建筑的外形表面样式难以做到不落窠臼,文化似乎对它的影响甚微,但不能据此推断高层建筑的文化驱动力;相反,能持久和博得共鸣的造型语言更能深入人心,更能获得心理认同,人们往往会从中获得对以往知觉样式的启发,这就是泛文化影响,不局限于建筑人士。高层建筑自诞生以来就以其独特的个性形象形成一道亮丽的城市风景线。首先,它的高度就是对美学的别样诠释。建筑向空中发展是最直接的一种标新立异,在建筑形态上,它突出自我,显示对领域的控制和边界确定、对场所的标识,唯如此,为适应人们的猎奇审美心理和市场需求(业主心理),建筑的样式需要非凡的个性和不同文化特质的艺术表现;其次,在当代技术、材料等一体化模式下,同一性严重制约了文化的发展,多样化的诉求激发了对地域、源流和文化本源的探索。以上两个方面的因素决定了高层建筑纷繁复杂的外部形态,这反映了世界多极文化旺盛的生命力。

物质和精神文化的迷失导致高层建筑的发展陷入了一片迷惘,在建设需求的大量化和文化追求的影响性、持续化方面,建构高层建筑文化特质、寻求高层建筑文化特质创意方法、建立高层建筑批评策略是指导其未来可持续发展的必由之路。由于文化参照系的模糊和混乱,特别是对建筑文化内涵的片面理解,已使得当代"建筑"与"文化"之间出现了难以协调的关系。

(1)现代主义潮流偏重于物质文化方面的追求与表现,特别是功能、技术、结构、材料及经济诸方面因素的综合影响,在大流行中导致了"物性膨胀、人性消失"的无差别境界。

(2)反现代主义潮流则将建筑创作的重心转移到了精神文化方面,特别是偏重于信息社会中逆反文化心理与思想情感的追求与表现。从潜在势头来看,这也同样迎合了商业主义的需要,并已显示出了"情感至上、理性泯灭"的无秩序趋向。

上述"无差别"与"无秩序"正是当今高层建筑文化发展中变态的两大基本特征所在,也是 21 世纪高层建筑文化发展面临的深刻矛盾所在。探求高层建筑的文化特质正是上述问题与矛盾的解决之道,也能很好地指引高层建筑在中国的实践。

前述高层建筑文化特质的"抹平"现象粗略地反映了当今建筑领域存在的自然与人文的生态危机,并带来大众精神家园的荒芜,进而折射出人类的生存价值危机。毫无疑问,在这个人类世界中,人是始作俑者,也是最终的失利者,因为人类直接造成了文化特质的创意迷惘。

1.4　西方建筑文化特质研究的人文取向

传统建筑文化在本体论意义上研究文化的本质、价值体系。现代建筑文化转向极端的理性,片面表达功能和技术,排斥社会和文化内容。后现代建筑又转向主体论,弱化建筑审美对象地位,夸大人的体验和感受在文化特质创造中的作用,表现出二元对立的思维。当今西方随着哲学的人文化趋向,建筑文化的美学观也显现出人本主义色彩,从人类生存世界的角度探讨建筑对于人的价值、存在和意义。人类社会的任何现象都是在特定的文化领域内形成的,而当今的全球化影响又使不同地域文化减弱,甚至有一种文化强势覆盖另一种文化的现象产生,高层建筑在世界各地建造,在国际化、同质化的形势下,注重高层建筑文化特质创意与建设就是 21 世纪令人关注的课题。

阿尔伯蒂在《建筑论》中提出了建筑的个性说,认为建筑创作的法则主要在创造性和约束性两个方面,其中约束的依据在于特定的功能,而创造的依据在于特定功能的特定性格。由此,建筑的法则与个性、内在功能与外在形式等方面,获得了空前的张力。这是最早就建筑的个性创造提出见解的思想。

热尔曼·博法儿(Germain Boffrand)是 18 世纪一位非常卓越的建筑师,他的著名演讲《关于建筑中的"美感"》被认为是其著作《建筑作品》的嘹亮先声。他认为美学概念的彻底个人化,导致了时尚的胜利,却严重影响了艺术的完美。时尚腐蚀了建筑的原则,这个思想似乎是对当今先锋建筑(师)的早期宣言和准确预见;他还系统化地引入了建筑学领域的"个性"概念,他认为每一座房屋从外部的结构到内部的陈设,都应该反映出建造者的"个性",建筑是有表情的,它会向观察者说话。博法儿的"个性说",为后来的"革命性"建筑和所谓"建筑话语"做了概念上的准备。他的思想建立了建筑文化特质属性的基本点之一——独特性,但缺乏整体性和系统性,个性只是效果评判的美学原则,但不是唯一。在法国,与博法儿同时代的布隆代尔(J. F. Blondel)在《建筑学教程》这部 18 世纪建筑教育方面最为通行而全面的著作中,继承并发扬了"个性说",他认为最高层次的"个性"是"崇高""个性"产生风格,并认为建筑中有一种"真实的风格"。虽然布隆代尔表明了"个性"的真实性特征,但同样,他也没有指出"个性"的指向目标和创作方法。随后,建筑师勒加缪(N. L. C. Mezieres)在《我们感觉中的建筑与艺术杰作》中描述了"万物皆有个性",把"个性论"引向了客观主义,并发展了"个性"来自大自然的理论,这一点对于革命建筑师来说,是一个关键的前提。勒加缪指明了个性发展的依据和方向,即面向自然表达多样性、适应性。但他没有提到文化、地域等的多样性和适应性。"适应",原是建筑个性的表达;"多样"赋予每个建筑以合适的相貌。这样的表述出现在勒杜(C. N. Ledous)《作为艺术、习惯与成规的建筑》里面。

但是,从博法儿到勒杜之间仅仅迈出了一小步。

19 世纪进化论学派的代表、英国人类学家泰勒把文化看作由低级到高级、由野蛮到文明的过程,他的思想是把历史发展规律绝对化、极端化,否定丰富性、特殊性。

1911 年,工艺美术运动的倡导者莱特比(William Richard Lethaby)发表了《建筑学:建筑艺术理论和历史导论》,他认为:"一个高尚的建筑并不是某个天才设计师的设计行为的产品,它是对时代经验总结的结果……一个真正和真实的建筑不是意志、设计或学术的产物,而是对建筑之中本质事物的揭露和发现。"这揭示了建筑文化特质的适应性和开放性特征,是对历史和真实的适应与开放。

申克尔(K. F. Schinkel),发表了德国 19 世纪上半叶最重要的建筑理论论述《建筑学教程》。其中,他的新功能主义观念赋予了美与结构的新联系。建筑的特质就是结构的表达,他提出的"外露结构"后来被奈尔维和高技派所广泛拓展。申克尔提出了独特性建筑文化特质的创造方法之一——表达真实的结构文化,虽然他并没有进入文化系统领域。

森佩尔(G. Semper)是 19 世纪德国建筑理论的代表,他尤其注重色彩的表达,他的"表皮理论"甚至影响到了当代。同时,他提出了公式 $Y = F(x, y, z, etc)$,其中 Y 为艺术作品;F 为常量即功能;x, y, z, etc 为变量即材料,如地方、民族、信仰、气候、政治环境、个人影响等,这些变量的结合即风格的形成。这个公式间接指明了艺术特质的创作来源,但并不全面,因为他过于注重材料美学却忽略了文化创造的复杂性。

对于森佩尔关于"发展结构的象征主义而不是结构本身看成是建造的一个基本元素"的想法,瓦格纳(O. Wagner)提出了"结构必须清晰地展示其所实用的材料和技术性能,这样的个性和象征性就会按照它们自己的意愿显现出来"。他赞成结构表达艺术形式的观点,但结构与形式往往并不等同。

地域建筑从来就是富有文化内涵的,这点在 20 世纪早期就见于查尔斯·F·A·沃伊西的理论中,"每一个国家都被他的创造者赋予了它自己的特征,并将以其自己的方式获得拯救……以往历史中最好的建筑,总是在它自己的国家中土生土长的,从而渐渐生出了一套符合地方的需求与条件的完整知识。这种需求包括了身体方面的、心灵方面的和精神方面的。而条件则包括了气候方面的与民族特征方面的"。由此可以看出,地域建筑是具有适应性、兼容性和开放性特征的形式,因而也是独特的、创造性的。

杰弗里·斯考特(Geoffrey Scott)在 1914 年出版了《人文主义建筑》,书中他对 19 世纪的建筑理论提出了四种"谬误说",即"浪漫式谬误——建筑在文学联想上过分夸大其词的态度,'风格上的灾难,带来了思想上的灾难';并且自然的道德概念运用于建筑之中,艺术被自然所取代将导致混乱。机械式谬误是将建筑看作力学法则的产物,其形式由结构确定。伦理式谬误是将政治与道德上的价值侵入到历史风格的领域。生物学式谬误是将建筑应用在生长、成熟、衰落的模式为基础的进化论概念上"。这似乎是对 19 世纪的建筑理论的全盘否定,未免偏激。但部分观点仍然影响了此后的一些批评著作,如彼得·布莱克的《走向惨败的形式》、彼得·柯林斯的《现代建筑设计思想的演变》。

现代功能主义的先驱沙利文坚持自然的、社会的和知识的因素(即人类需求的总合)构成了决定建筑形式的功能。但穆特休斯却基于一种来自历史体验的本能,否认纯粹功能化的形式有着美学意义上的美。彼得·贝伦斯在《时间与空间的使用对于现代形式变迁之影响》一文中提出建筑是时代精神的节奏体现,提倡更高的建筑形态,因为城市中心本身承受着新的发展,"城市所追求的体量感和轮廓线只有在竖直线条的紧凑统一体中才能实现",这意味着天际线美学倾向,高度是建筑文化特质塑造的基点之一。

诺伊特拉(Richard J. Neutra)最重要的理论著作《在设计中生存》,表达了设计的生物适宜性观念,"假如建筑设计和建造不能被引导来服务于人类的生存……环境不能成为我们自身的某种可能的有机延伸的话,那么人类的命运是显而易见的"。他在设计概念与生态需要之间建立了内在的联系,为建筑创作的生态文化特质构建奠定了概念基础,尽管他没有提出特别的建议。

德国思想家韦伯提出了"文化相对价值论",但它过分强调各种文化的差异性;而结构主义理论的创始人本尼迪克特认为文化是各种文化要素的整合,提出了"文化模式"概念,这指明了文化特质的兼容性、开放性特征。

阿摩斯·拉普卜特在《文化特质与建筑设计》中,强调建筑设计是一种具有文化针对性和适应性的研究工作,设计要表达文化特质,并在人与环境的互动中修正,使建筑获得文化上的认同。但拉普卜特的"文化特质"表达更多的是从传统文化传承角度出发考虑。

克里斯·亚伯在《建筑与个性:对文化与技术变化的回应》中认为:建筑一开始就应强调文化和社会心理存在的多样性和复杂性,个性以不同的形式呈现丰富的含义,现代建筑的文化复杂性诠释需要向其他学科开放,向区域差异开放,向科学及艺术的最高境界中的不断实验开放。存在很多不同的方式可以表达个人和文化的个性,但在所有的主要文化形式中,只有建筑能提供诺伯格-舒尔茨描述的人在大地中真实的"存在立足点"。

东西方文化是世界文化体系之两极,同属地球文化却有明显差异,因而构成了丰富多彩的区域建筑文化。西方建筑文化随生产力的发展和技术的进步而不断发生渐变,具有动态的时空观。中国建筑文化自古以来就有朴素的个性审美取向,建筑作为人类文明创造性的一部分,必须重视其克服它的文化排斥性和惯性作用,审慎对待文化传承与发展演绎的文化特质创新追求。

1.5　中国建筑文化特质研究的意境表达

20世纪80年代以来,中国建筑界开始从文化的视角研究建筑问题。无论是介绍外国理论还是评论中国现实,大都从建筑的文化特征方面着眼,进而由社会科学和人文科学方面剖析阐发。但是大多数介绍外国建筑文化理论和建筑思想时,只是泛泛地盲目引进,而且过多、过于庞杂,缺乏具体的分析,或者片面地就建筑师本人的作品进行分析,没有文化背景的深度剖析。另外,西方历来就重形式研究,东方重情感意境表达,这两种不同的思想方法构成了高层建筑文化研究的不同深度和视野,虽然现在日益交叉。

王世仁在《理性与浪漫的交织》中认为,建筑文化机体由物质层面、心物结合层面、心理层面等三部分组成,分别显示了建筑的时代性、社会性和民族性,并呈现出变易性、平衡性和保守性的特点。而这种分析有助于建筑师从历史观和哲学观的视野实践建筑文化特质创造,同时有助于更实际地从文化机体层面评价建筑创作。此外,他在《形式的哲学》一文中认为,文化的价值主要体现在文与质的关系中,文化就是形式哲学,而形式的创新是文化特质创造的关键;并指出文化的生命一在通,二在变,通要"参古定法"即从传统中找法则,变要"望今制奇"即在现实中求突破,文要"参古"即形式参考传统,化要"趋势"即变化趋赶时代。这确定了建筑作品文化特质形成的一些原则,具有指向意义,但这种格言式的警句,需要结合具体的操作才具有实践的指导意义,才更有可理解性。

陈凯峰的《建筑文化学》针对不同建筑类型的建筑文化现象,系统地阐述了不同建筑文化现象的研究方法,对人类建筑文化发展阶段、文化的区域划分作了科学分析,为建筑文化的研究提供了清晰的思路和框架。他从文化学的广阔视野探讨建筑文化的方方面面,具有理论的全面性和知识的普及性。

　　在《建筑的革命》一书中,郑光复阐述了文化的建筑未来命题。他提出了生活方式自然化的观点,分析了生活价值取向、文化多样性及建筑的艺术性前景。它的核心是树立文化信仰的生态生存,文化特质的精神内涵实际上含有诗意的存在的意识。

　　现今社会没有一点文化心理思考的人几乎是没有的,人们需要文化离不开文化。建筑文化是一切社会文化表现中最为大众化的部分,近二三十年来国内文著与学术会议甚多,学者与专业人士有许多真知论述,但专门研究和讨论高层建筑文化特别是高层建筑文化特质的理论实践探索甚少,因此对它进行专题研究很有必要。

第 **2** 章

当代高层建筑文化特质创意的方向迷失

20 世纪的文化趋同性趋势和传统文化消失状况成为世界性文化危机,当代高层建筑呈现出的各种异化特征均是高层建筑人文尺度缺失的外在表现,是根本性的高层建筑文化特质创意危机。

高层建筑所处的环境受社会、经济及文化各因素的影响,其中文化因素对建筑形式尤其具有重要意义。建筑具有社会文化性特征,建筑的社会文化性更多地反映建筑的本质,其突出表现在要理解建筑作为一种社会的产品和现象,有怎样的内在发展规律和成因,进而发掘更深层次的文化内涵,如历史哲理、意识形态、价值观念、思维方式、民族心理结构、审美观念及生活习俗、行为方式等。在一定条件下,它们比物质条件更深刻地影响着建筑的演变和发展。然而,当代文化与其所属的经济基础的愈发疏离,使得当代文化的一些特征如图像化、媒体化、事件化等被广为传播和接受。所有的行为包括建筑创作变得越来越表面化,其自身的意义正在受到消解、稀释,建筑的社会性功能逐步缺失,当代建筑文化也反映不了建筑技术和空间形态的进步对社会的积极作用,尤其是高层建筑文化特质创意的缺失,体现出现状与需求的不对等,而这种文化特质创意的缺失倾向集中体现在文化惯性与方向迷失所造成的高层建筑美学价值混沌、城市文化价值的失却、高层建筑艺术发展的迷惘和精神维度的丧失上。

2.1 高层建筑文化特质释义

2.1.1 文化—建筑文化—高层建筑文化的哲思理念

文化包括各种外显的或内隐的行为模式,它们借符号之使用而被学到或被传授,而且构成人类群体的出色成就,包括建筑。建筑是文化的载体,传承和启迪社会和人文精神,建筑具有文化性和思想价值是建筑创作追求的目标。当我们阅读和交流建筑的时候,就是一种人与物、人与人之间文化的互动。虽然有时建筑文化晦涩难懂、不被人理解,但正如超现实主义者让·拜克托所言:"它越不好懂,它的花瓣就开放得越慢……一部作品如不保守住秘密而展示过于迅速,它就有凋谢的巨大危险,结果剩下的只不过是枯枝而已。"这表明在文化的传承过程中,简单与复杂、清晰与模糊存在着动态的联系,而这正是文化多样性所追求的。

而文化的多样性基于文化的差异性,露丝·本尼迪克曾指出:"文化差异不仅是各社会能够毫不费力地精化,或拒绝生活的各个方面的结果,它更主要是文化特质的复杂交织所导致的结果。……任何传统制度的最终形式,都远远超过了原始的人类冲动。从很大程度上讲,这种最终形式取决于该特质与源于不同经验领域的其他种种特质的交融形式。"正是这个缘故,一种具有普遍性的性质可能充满着一个民族的宗教信仰并作为他们宗教的一个重要方面而发挥作用。在另一个地区,它完全是一个经济转让的问题,从而成为他们金融机构的一个方面。其可能性无穷无尽,其调节作用也常常是千奇百怪。这种特质性本质,依照构成它们的要素而在不同的地区完全不同。其所谓文化的差异,是由于文化特质的复杂交织所致,而这种特质的本质则取决于它的结构要素,亦即各种不同的文化信息。建筑负载的文化信息传递文化的特质,丰富多样的信息代表了文化特质的多种取向,这正是人们具有的富于差异性的文化价值观。建筑与人在文化意义上是同构的,建筑是人们展现生活的舞台,是角色扮演的行为场所,建筑、空间的差异显示了人与生活的差别,而这个差异构成建筑文化的特质。

文化涉及三个方面:行为模式;人类劳动和活动;象征符号。人的具体行为必须符合一定的规范和规律性,其中对人行为和对人怎样激发其动机的研究是建筑设计学所考虑的重点。文化的象征符号特征可以这样理解:社会是多个有机个体产生在纯心理活动基础上的不可分的居住地,符号是纯心理活动的外在表现,它表达思想和技术活动、创造效益并物化人的思想产物的外部客体。文化是象征符号的总和。人类行为是象征符号行为,象征符号行为是人类行为。而象征符号能力是指人根据不同情境赋予事物以其本身不具有的某种意义的能力。

理性的抽象概括能力是人有"文化"的前提。经过这种抽象概括,生活方式、体验、习俗、道德规范、价值观念等以特定的象征符号被传播,被外化为人类特有的语言和文化艺术创作,如建筑。建筑通过自身实体、空间、环境等作为符号来沟通人际和协调社会关系。信息在整个自然界和生物界普遍存在,但是只有人才能自觉地创造、传播和利用它。建筑文化,作为艺术领域里的信息,以实体为符号传递信息,包括价值观念、理论、风格、习俗风尚、行为规范等。

建筑艺术具有深刻的文化价值。建筑与生活密切而广泛的联系决定了它体现文化的必然性;丰富的建筑艺术语言——面、体形、体量、群体、空间、环境,使建筑拥有巨大的艺术表现力,决定了建筑体现文化的可能性;它的表现性与抽象性,使它具有与人类心灵直接相通的能力,决定了它体现文化的有效性;建筑艺术最重要的价值在于它与文化整体的同构对应关系并不主要在于表现某一位艺术家的独特个性,而在于映射某一文化环境的群体心态,更多地具有整体性、必然性和永恒性的品质。世界上诸多建筑体系莫不是各文化体系的外化,只要文化的性格体系存在,建筑的性格体系也就同样存在,这构成建筑的文化特质。

同样,高层建筑艺术也具有独特的文化价值,它理应反映出不同文化环境的大众心理需求。对应于当代一些高层建筑创作,其创意思维具有多层次与多向度的特点,有些甚至仅限于建筑师个人的文化认知和个性追求,不具有文化的整体意义和永恒品质。因此,从深层次的文化面上分析高层建筑的文化层级性,以对应不同的方法和手段。

2.1.2　建筑文化特质释义

建筑文化是人类的集中体现,反映在形象、精神、意境、哲理、立意与寄意的活动中,它既是行为的产物,又反过来影响人的行为,对人类文明既有正面的引导作用,同时也存在负面的影响。通常,影响总体建筑风貌的特质为建筑文化气质。建筑的文化气质可归纳为质朴型、粗犷型、文雅型、浪漫型及混合型,这可指明建筑文化气质是表征和高扬建筑特色与个性的着力点。由于任何建筑文化气质的表现都是考虑了自然环境与人文环境中各种因素的结果而展现文化特性,因此,建筑文化特殊气质和独特的文化品位就是建筑文化的特质(特性),创意这种文化特质即属于文化的引导作用。

文化特质是组成文化的最小单位,亦称文化元素。由于最小单位的确定是相对的,因此文化特质或元素亦有其不确定性。如果将文化特质界定为文化的一个最小的功能单位,把它视为一个较大的文化复合体的基本元素,则只有能够发挥一定文化功能的元素才是文化特质,而组成它的更小的元素就不能视为文化特质。一个文化复合体的繁简是由它所包含的文化元素的多少来衡量的,使用文化特质或文化元素概念来分析文化,有利于对文化进行定性判别、分析和评价。各个民族、地域、城市的文化,都是自己一方水土独自的创造,都是人类多元文化的一己贡献。失去了自己的文化,就失去了自己的个性特征,乃至一种精神。从文化整体上说,也就失去了其中一个独特的文化个性。

因此,具有文化特质的高层建筑应具有以下几个特征。

(1)兼容性。真正意义上的建筑文化品格乃是物质文化、精神文化及其艺术文化三大系统文化内涵整合的结果。未来建筑的主流,不是理所当然的现代主义原型范式,也不是理所当然的反现代主义变态范式。建筑文化特质的展现可以有取舍、有强化、有辐射,但总要兼容物质文化、精神文化及艺术文化三个方面的需求,并使之在文化内涵的外显系统,即艺术气氛、文化气质及时代气息的整体把握中得到生动的体现。

(2)适应性。我们所需要的真正意义上的建筑文化品格,是人类文化"多样性"的必然反映,因此,它的本质就是建筑自身所具有的"适应性"。这是方方面面的适应性:自然的,人文的;历史的,现状的;技术的,经济的;民族的,地域的;等等。适应性是建筑持续发展的重要保证,是评价建筑创作质量的最高标准。优秀的建筑个性正是这种适应性的精确写照。

(3)开放性。21世纪所需要的真正意义上的建筑文化品格,既不是追随既定风格、流派的产物,也与哗众取宠、单纯寻求各种刺激的广告效应毫不相容。建筑表现的文化底蕴与艺术魅力绝不是可以从一个简单的线性发展过程得到的,因为这是一个开放的、多向联动的叠加结果。未来建筑的创作需要有这种走出风格与流派困惑的开放心态与自在精神。

(4)创新性与标志性。建筑应该具有鲜明的个性,无论是在理论还是在形态上。建构创新性的思想必须结合当代的文化诉求,从而形成具有地区特色的独特性。方法是多样的,对应多元的文化生态,而绝不是唯一的,创新性和标志性即表现其美学价值和艺术特性。

建筑文化是建筑观的表现,也是创作观的反映。建筑观和创作观反映个人的特性,而创作是以个人的直觉的感觉为基础形成的,它应当而且能够解决所提出的任务。

2.1.3 建筑文化层级与文化特质的可读性

类型关系是人类在长期的社会生活中,由历史文化积淀下来的,富于内涵、极为稳定而又抽象的不同空间类别。由于与人类心理的同构关系,类型关系从层次上高于形态关系。阿尔多·罗西认为建筑内在的本质是文化习俗的产物,文化的一部分编译进表现形式,而绝大部分则编译进类型。表现形式是表层结构,类型则是深层结构,它所模拟的是情感和精神可以认可的事物。当这种类型结合到建筑中,就会传递出历史传统与人文价值的信息。就建筑文化特质的信息传递方式而言,建筑文化的表达分为自明式和开放式。自明式总是试图揭示建筑的本质,传递直接的信息并要求受众无条件接收,没有更改。作者与观者在建筑文化信息传递上是不对等的,这样就具有了等级制的特征。而开放式则抛弃了这种建筑意义的单向传递,通过表现非本质的各种状态,实现意义与文化的自由理解,而且这种理解又是复杂的、动态的,这种开放式建筑文化使建筑更加可读,其原因在于它的文化特质创意与展示。高层建筑的独特艺术魅力和审美价值的体现其文化特质内涵与形象外显张力能令人愉悦。

文化特质由于具有不确定性,因此它也构成建筑文化不同的层级,并组成这个丰富多彩的人类世界,适应大众的多样化需求。但无论文化层级的多寡,文化特质的创意都必须具有整体性、自明性,从而具有可读性。鲜明的审美价值观念、高尚的具有生态意义的文化系统思维是高层建筑文化特质创意达到可读性目的的关键。

2.2　高层建筑文化特质创意中美学价值的迷失

古典建筑美学和现代建筑美学具有共同的审美理想,它们都讲真善美,都强调理性的成分,因而表现出追求概念清晰,讲求逻辑与精确的审美倾向,这也形成了"秩序"文化和"理性"文化。但是,在这种文化观念的指引下,高层建筑受到传统文化惯性或地域、民族文化排他性的制约,高层建筑文化特质的研究和设计创意受到影响,它与经济发展和社会需求呈现出强烈的"不对称性"。多极的世界呼唤多元化的建筑美学观念,新的美学观念为建构新的系统的高层建筑文化提供了根基。

当代审美文化需要建筑文化特质的挖掘,赋予建筑以个性文化是时代审美的终极要求。

一贯以来,高层建筑的形象都是以一种功能、技术形体或单一的、艺术形式雷同的形体展现在世人面前的。它强调形态的视觉体验和空间品质,表达的是一种纯粹的美学观念、功能文化,代表的是包豪斯和柯布西耶式的现代主义建筑创作哲学。但现代高层建筑经过多年的发展渐渐走向分化和转变。新技术和新材料的运用、对环境和历史的重视、系统内部美学观念的变更都使得纯净几何形的造型体系越来越走向弱化和层次化的境地。现代数学、物理学在分形学、拓扑学、相对论方面的探索对建立在静态三维几何学上的现代空间观念造成很大的冲击,分形几何学确立的多维度概念,拓扑集合学的同构异形的观念有助于现代建筑师解除欧几里得几何学所带来的强形体观念,建筑形态走向塑性、多维、流动、不定形的方向,它有利于高层建筑设计创作的个性和文化特质的创意。在信息社会数字化的影响下,社会、经济和文化结构正在进行深刻的转型;与此同时,建筑艺术的审美倾向也从现代建筑时期的"总体性思维、线形思维、理性思维"向"非总体性思维、混沌 - 非线性思维和非理性思维"的模式转变,这种转变在高层建筑的影响强烈表现在其外部形态及其视觉艺术与文化特质的塑造方面。

格雷厄姆·默多克（Graham Murdock）曾指出：现代性的显著特征之一就是话语和形象的构建在变得支离破碎的同时数量激增，导致了一个复杂和充满争议的文化领域的出现。现代数字技术、虚拟现实技术、多媒体技术的应用使得我们的一切现实都是被符号和模拟的超现实所吞噬。后现代时期的传播学和哲学阐述了我们这个时期的文化特征：在视觉艺术虚拟和真实同构的同时，视觉形象和符号被操纵、复制和生产。影像不断自我衍生和反繁殖的巨大威力促使建筑师思考这种文化状态下建筑的存在状态。让·努维尔曾提到"建筑与视觉的双向度整合有着密切的联系，电视、电影、广告……都将使这个世界转换成平面"，这种二维的效果使他相信"空间的品质不再像以往那么重要，即使建筑的本质是掌握空间。但是材料、质感和外观的卓越已经越来越重要，物体间的张力是在外表的呈现，在介面上的显现"。努维尔明确表达了对建筑上仿像和符号生产的关注甚至已经超越了对建筑形体和空间的追求，他们采用复杂和气派的构图使得建筑富有亮丽的形象和炫目的刺激，并将其与实际和地方的营建方法相结合，从而产生一种活泼的、不定的建筑形式。他们的作品充满了各种非理性和不稳定的要素，其作品表达的信息十分丰富，因此很能吸引人的注意，以上的一些建筑形态发展倾向是直接从形态出发操作建筑的最好诠释，代表了高层建筑的审美文化的多元化景象，"解体、离散、转变"是这个时代的趋势，其目的在于建筑个性及文化特质表达的追求。

由形态美学转向生态美学，由形式转向反形式，都标志着建筑审美的多极趋向。生态的美学观基于生态原则，以技术进步为基础，从自然与环境的角度重新思考人类和大自然的协调关系。以自然生态的完整、稳定、和谐为审美评价标准，强调人是自然的组成部分；可持续发展的美学观则基于生态美学观，更引入了系统的概念，把自然生态和人类社会视为一个完整的系统，把是否有利于可持续发展作为审美评价标准，是最具有整合性的美学观念。而反形式的美学观代表了另类的审美倾向，它对"真"的挑战反叛了先前美学的哲学基础。当然，这些新的美学思想并非完全成熟，也不一定代表高层建筑的前进方向，而是新的主流美学观尚未形成时的过渡现象。但不可否认，建筑文化具有差异性和地域标志，设计创意也能凸显建筑文化特质的不同求解方式。

当代美学在整体上强调审美主体在审美活动中的作用，而由于美从根本上维系着主体的方面，它随着人的发展而发展，因而也随着人所组成的社会实体的不同而不同。因此，美是相对的、动态的。不同的主体以不同的方式建构起不同的对象世界；同一客观对象在不同方式下转化为多种审美对象。这就是审美的实质所在。建筑作为一种文化对象，必然直接受到价值观念的影响。不同的人面对同样的客体有不同的感受和行为，建筑的终极目的就是要与人的这些感受和行为建立起最大限度的认同，即在主客体间构成并实现一系列价值关系，包括审美价值关系。

21世纪是人类实现现代化和生态文明的重要历史时期，现代化在世界各地尤其是西方取得了迅速的发展。然而，现代化给社会带来的不仅是经济的发展，还有很多方面并未同步，其中最令人忧虑的是环境保护问题。现代化进程肆意地征服和掠夺自然，人类生存的环境遭到破坏，人类自身的生存面临着严峻的挑战。人文关怀缺失，伦理价值急需重建，科学技术一枝独秀，从而导致对人生意义和人的价值的遗忘。传统哲学面临着巨大的危机，在这种危机下，以胡塞尔、盖格尔、海德格尔为代表的现象学哲学家对现代文明进行了深刻的反思。他们批判种种有关真理的谬论，以拯救科学的危机和欧洲文明的危机。

认为真正的哲学应该是体现人的意义和价值的科学,现象学的任务就是为重建人性,克服人类生存危机。从人与世界的关系出发重新审视自身,使建筑美学出现了"美"与"存在"、"美"与"体验"、"美"与"意义"的价值论走向,它成为建筑文化特质创意与实践的助推器。

建筑的美首先在于它表现了一种人格精神,集体无意识的欲求与愿望。西方古代高层的象征哥特式建筑以向上的直刺苍穹的形象代表了人们追求精神的崇高;而中国式样繁多的古塔以其独特的环境及群体意象显示了人类与自然的亲和。现代主义对功能的极端强调是以牺牲个人的自由度和人类对审美的追求为代价的,从而造成了现代的"城市荒漠",现代建筑艺术也达到了它的内涵的极限,正如彼得科斯诺夫斯基所言:"那些随意聚集、拼凑的模式与构筑件,已失去其建筑学上及建筑风格上的意义。它们使人们囿于一个技术的、远离自然的、城市化的世界中,而且强化了这种无形式的任意组合造成的隔膜感。"现代建筑技术已使艺术与技术形成不可弥合的裂缝,技术话语本身的张力导致了现代建筑艺术的异化。现代建筑走向衰落是时代文化发展的必然,因为建筑文化情境是历史的、整体性的、它不能长久地被科技网络所支配和取代;对形式的意愿不能被多元化取代。伴随着社会经济的发展,逻辑实证主义衰落、结构主义兴起,风起云涌的后现代思潮带来了社会文化领域的深刻变革,这直接影响了处于困境中的建筑艺术的走向。

在这个一切事物都呈现出表层化和平面性的时代,过去所有的风格和形式都已经无法满足社会快速变化的文化消费欲望。因而我们看到,一方面是大量的"平庸"建筑在无奈的复制和抄袭中个性越来越趋于弱化;另一方面是所谓"标志性"在追求形式变化的歇斯底里中极度夸张地表达着"个性",而技术发展则为之提供了无限的可能。

在当今的高层建筑创作中,出现了太多的"技巧"与"手法",但从建筑语言学角度看,大多缺乏系统的"概念"——文化的概念。概念是形而上的,技巧是形而下的,甚或,概念可说是整合技巧的逻辑策略。现代建筑早期,概念和技巧是很难严格区分的,但伴随着现代建筑的全球化,技巧已蜕变成普遍的、通用的。许多建筑师在事业上的突变或升华都是因为概念上的突破,鲜明者如库哈斯。当概念倾向形成的时候,也就有了个性文化的基础语言。

2.2.1　建筑文化演绎与高层建筑文化特质的时尚趋向

高层建筑是经济和技术的产物,在一定程度上展示了经济的魅力和技术文化的特性,但严重依赖技术与经济只会使高层建筑走向价值虚无。当代高层建筑的发展完全演绎和诠释了经济带来的消费文化和技术壮观。

1. 技术全面主导高层建筑文化特质创造

在西方的建筑发展历史中,很多突出的建筑文化现象都是技术使然。例如西方现代建筑的出现,就是工业技术革命的反映。工业革命后的工业化过程称为"第一机械化"过程,或者称为"第一机器时代"。这一时期的工业技术推动了建筑文化的"机械化"发展,从而出现了一个时代的文化产物——现代建筑。在 20 世纪 60 年代末期,被称为"第二机械化",或者"第二个机器时代"的开始。这个新时代的来临在建筑上立即就有所反映,后现代主义建筑的出现,显示了一种态度,那就是企图以古典主义、折中主义方法逃避这个时代的特征,也说明在对于新技术猛烈冲激的时代,建筑文化发展中的徘徊期还没有找到合适的"形体语言"来诠释新技术;与此同时,"高技"风格则是积极地反映这个时代的技术特征,试图以新技术最直接的表现解决技术与建筑文化的冲撞,这是"高技派"积极的一面。"高技派"用一种极具个性的手法,突出展示新技术的时代特征。当时真正震撼世界目光的是意大利建筑师伦佐·皮阿诺(Renzo Piano)和英国建筑家理查德·罗杰斯(Richard Rogers)1971—1977年设计的巴黎"蓬皮杜文化中心"(表3.7),"这个建筑使用了德国建筑家马克斯·门格林豪森发明的,使用标准件、金属接头和金属管的'MERO'结构系统作为建筑的构造。"⋯⋯电梯完全以巨大的玻璃管包裹并外悬于建筑表面,整个建筑基本由金属架组成,暴露所有的管道,涂上鲜艳的色彩,以建筑的节点构造成为整个建筑外表的形式母题。技术的手法、细节一览无余,将技术的创造过程毫无遮拦地作为最后的展示。崭新的建筑文化形式彰显的是"第二机械化"时期技术发展中的个性体现。随后福斯特(Norman Foster)在1979—1986年在香港设计的汇丰银行大楼(表3.7),也是"高科技"风格的最杰出作品之一,并成为巨大的"高科技"宣言。如此众多的现象说明建筑文化随时对技术的进步进行反馈。这样,建筑文化在建筑技术的作用下,随着技术的发展便显出一些特有的文化特性,并在发展中保持一定的规律性。

建筑技术只有在构筑建筑的过程中才能实现自身的价值,并在结果上体现自身。因此建筑技术依附于建筑文化而存在,建筑文化依靠建筑技术来支撑,二者密不可分。这一点同样使建筑技术与建筑文化"同生共进"。技术本身蕴含了"狭义的"文化。设在巴黎国立工艺博物馆(CNAM)中的技术博物馆或者说工艺博物馆以它特有的方式证明了这一点,它200多年来始终如一地传播技术文化,把展示自15世纪以来机械发展轨迹的收藏品作为自己的基础,展示着技术成果、技术的发展轨迹,同时展示的是时代的文化。

科学技术作为文化的一部分,是20世纪影响建筑发展的主要因素,正如马丘比丘宪章所指出的:"技术惊人地影响着我们的城市及城市规划和建筑的实践。"而1933年发表的雅典宪章充满了技术的理性精神,对建筑创作的影响至今。但他们忽视了对自然环境的尊重,缺乏人文性,忽视城市文化的多元性与复杂性而过分强调技术,从而使它带有明显的历史局限性。1977年发表的马丘比丘宪章既表明了对自然环境和对其他非西方文化体系的尊重,又对过分依赖技术的设计观念进行了深刻的反思和批判,它标志着人们对"建筑与文化"哲学命题的思考,跨越进了新的历史阶段。文化危机迫使建筑师开始反思技术非人性的问题,提出尊重地域性、民族性文化和强调城市文脉的设计理念。

技术效益的极端追求导致了视觉文化的兴盛。在这一场以消费为主要特征的文化中,视觉文化彻底影响了整个社会的方方面面,社会的艺术化、审美泛化、经济运作的方式、技术超越都影响着建筑学这种"离经济最近的艺术形式"。视觉文化具有区别于后现代的三个特征,即技术性、商业消费性和大众性。它导致了整个社会的由语言文化向视觉文化的转向。建筑中也出现了重视Image,由整体转向碎片、由深度转向表面、由理性转向体验的思潮。视觉文化的研究依托就是对媒体技术进步对社会的影响,21世纪中可以看见由图像—影像—数字文化的整个转变,在建筑中引起了极大的变革。视觉文化重要的一个特点就是日常生活充斥着视觉形象,审美也变得越来越生活化、大众化。

从实践的角度来看,技术实践及其后果本身体现了技术的价值,技术价值观是关于技术价值的社会心理和习俗观念,有时也称技术价值意识。就观念文化来看,技术价值观直接反映了人们关于技术、技术实践、技术职业的认同程度,对技术领域影响很大。技术价值含有两个方面的内容,一是技术的内在价值,指技术自身内在的、理想的某些价值。在具体的技术实践中,表现为精确性、耐久性和效率性(或称低成本)三个方面,技术的内在价值是技术发展内在所需要的,与外部的人的主观价值和技术之于他物的价值是不相同的。追求技术的内在价值的实现,是技术进步的关键所在。二是技术的外在价值,体现在自然、社会和人三个维面上——前者可称为技术的自然价值,技术所创造的物质文明和生产力水平的提高、技术对自然的改造、人工自然的意义等反映了技术的自然价值;后两者是关于技术对人和人的生存方式整体的影响、后果和意义的,可以称为技术的人文价值。出于职业工作方式和思维特点的不同,目前建筑师与工程师在技术价值观上往往有所区别。

海德格尔曾经作出过现代社会被技术所构架的论断,而今天的建筑艺术也面临着同样的命运。随着建筑创作活动对现代科技手段的日趋依赖,世界演变成了影像、文本和符号,自然和人文却在逐渐退化。

现代科技手段的一个重要特点就在于延伸了正常感官所赋予人的感受能力和表达能力,这拓展了人类感知体验的范围;虚拟空间使人类世界无限扩大但实际距离却触手可及,这同样造成了真实与虚假的边界混淆,虚假的影像和符号取代了真实,实际上真实世界正在消隐,而人陷入到符号体系构成的镜像世界中,进入到了"类像化"的生存状态。在类像构成的审美文化世界里,各种光怪陆离的"类像"的感官刺激高度自我繁殖,建筑师凭借技术手段体会自我表达的快感,但却无法培育起深刻的思考能力和文化的建构。基于当代技术的"非""反"(如"非"美学、"反"美学、"零度美学""后"功能主义及一切对既成的美学惯例的反叛与否定)这种批判和否定冲动似乎已成为当代建筑师和艺术家们的一种持久的癖好,这其实与当代文化中所包含的另一种创作倾向——一种满足于商业需求的势利性创作和满足于简单的拼凑和照搬的懒惰创作——大有关系,换句话说,当代复制技术和媒体技术的发展,使得建筑师和艺术家职业道德感日趋贫弱,以致以模仿和复制代替创作,从而造成了艺术原创性的全面丧失,同时,由于对个别成功作品的大规模模仿,新的独创性的公式化形成了一种短期恶性循环的态势。正如吴良镛先生所言,"技术是双刃剑",依靠它不能完全拯救当代高层建筑创意的困境,不能忽视其创意中审美价值的虚无和表面壮观;但也不能漠视技术对大众生活带来的改善和生存世界的丰富,这是它的积极意义。从文化特质的创意角度说,技术使建筑艺术变得生活化了,使建筑更加内在化了;但从审美的角度说,在某种意义上,它又使建筑变得浮泛或玄奥了。

另外,文化趋同越来越快的速度令人吃惊,这与技术发展息息相关。人类文化的趋同现象有两种类型:一种是文明的黎明时期各民族文化在相互隔绝的情况下所表现出来的趋同性;另一种则是在文化交流和文化传播发生后所产生的趋同性,这两种文化趋同的速度和蔓延的广泛度是相差悬殊的。现时代的文化趋同之所以受到世人的瞩目,就是因为其速度的惊人之快、幅度惊人之广,究其根本都是技术发展的迅猛所致。文化趋同随着技术的进步速度变得越来越快,当回首世界建筑史时,你会发现现代世界的雷同面孔竟是在短短的一个世纪中完成的,速度之快令人惊讶;特别是在第二次世界大战之后,混凝土的预制构件、大平板玻璃、钢筋混凝土结构等在高层建筑这种城市复兴象征中的大量应用,同时采用了简单的几何外形、缺乏细节装饰和绝大部分没有传统装饰的相似外貌,以不变的形体应万变的环境,这样的建筑分布在世界的各大都市中:从北京到纽约,从东京到洛杉矶……除了那些历史遗留下来的传统建筑、街区、城市之外,它们的身影遍布世界的每一个角落,幅度之广令人担忧。文化的趋同这两种类型,一种是在相对闭塞的状态下"本根"性的趋同,另一种是在文化传播与交流相对发达状态下的趋同。在当今这个传播与交流都十分便利的情况下,"技术"作为人类生命存在的手段,成为文化趋同的最大载体。技术已经展示了对文化发展不利的一面,现代技术确实促进了文化的趋同。关键是技术的普及加速了那些拒绝与环境对话的所谓"高技术"的广泛传播与应用,只顾及技术"表演"的建筑是没有地方性可言的,这是导致丧失地域性的一个重要原因,从而加速了文化趋同。文化趋同的现象是有目共睹的,由于建筑是人类通过技术完成的、满足人的需求的物质空间,因此,建筑技术在建筑文化的形成过程中占据着特殊而重要的地位。所以,现代科学技术正在突飞猛进地发展,尤其在高层建筑领域。

2. 经济壮观与文化虚无

经济活动也是人类的文化行为之一。建筑的发展,无法脱离经济环境的制约。随着全球经济一体化进程的加快,文化趋同、城市特色消失等问题越见突出。同时,在商品经济的刺激下,文化的产生和传播日益依赖技术,越来越多的"文化"蜕变为一种技术性的产品与附属品。现代经济对广告的依附,使建筑变成一种广告信息媒体,它加速了"建筑行为商品化"的趋势,并促使建筑风格的频繁更新……在商品经济的社会中,建筑美学的商业色彩也日益浓厚,建筑创作变成了开发商眼中的产品,一切为了经济上成功的目的而设计,审美的多层次与需求的多元化,变化着的评价标准和注重审美主体成为现代建筑审美的发展趋势。自后现代主义提倡多元论和大众艺术以来,建筑学的理论已引入许多新观念,把建筑创作与审美推向一个新的天地,是多元化时代的要求,是信息社会的普遍文化倾向。

当今世界高层建筑发展至现在态势绝非一时偶然。人们现代生活的互动整合,方便、快捷、效率的考虑,集中效应与效益的追求,城市土地的有效利用,环境的优化配置等,以及经济实力、高科技的支撑,使这种必然变为现实。但是,摩天楼已经成为金钱与权力的象征,成为巨大无比的广告。摩天楼像洪水猛兽一样吞噬了整个城市。人在摩天楼的重压之下,显得极度渺小,就像一只只小蚂蚁。面对着冷冰冰的钢铁与玻璃,面对着奇形怪状的装饰物,人被异化为物,天才的建筑师变为广告商,以"乌托邦式的欲望"来达到高层建筑的商业性目的。在摩天楼这种现代文化文本中,人们能解读到许多新的意义。但城市的生态意识、环保意识、文化意识却无从找寻。

大众社会是一个高度发达的商品社会,商品表达了流通领域之中的一种社会关系。市场要求取代了精神要求,人们用金钱的拥有量去衡量他们文化消费的水准,任何形式的物质和精神消费品逐渐成为金钱的奴隶,诚然,商品化的浪潮促进了社会文化的普及和文化艺术的生产。但是,极端的商品化导致用商品价值、经济效益作为社会文化价值的唯一评价标准,必然导致文化艺术的庸俗化和极端功利化。建筑从业人员过分追求经济效益和产值,就必然导致平庸的粗制滥造的作品充斥建筑市场;建筑经营者过分追求商业价值,则诱发产生大量"标新立异"的广告式建筑形式,而忽略了建筑基本的功能和环境要求以及建筑形式本身更深层次的文化内涵。商业性建筑市场的开发,为建筑的发展提供了广阔的舞台,同时,建筑的文化艺术性追求与其商业价值性发生冲突,但我们应该在寻求文化价值和创造经济效益方面找到平衡点,以高层次的文化追求引导市场的消费和大众精神世界。单纯以建筑作品的商业经济效益以及流行轰动效益作为优劣评判标准,必然使建筑走向庸俗堕落。正如阿诺德·豪伊尔所言:"祸害不是来自创作吸引的、容易理解的作品的目的,而是来自那些为了获得成功而轻易降低自己水准的艺术家。"

借用阿诺德·伯林特关于环境设计的理论,当艺术具有侵犯性时,它可能会侮辱我们的道德感和美学感受力。他使用了"美学侵犯"一词来表达这一现象。他认为,美学的要素存在于知觉的关联性、连贯性中,也可能存在于和谐中。与此相反,就会产生美学上的侵犯性。美学上的侵犯在视觉上操纵我们,通过剥夺我们的感受力,操纵和破坏我们的判断力,来左右评价的确切性,或者通过制造纯粹的不适来对我们产生不良影响。例如商业区的美学侵犯是通过突出其商业的价值,并把一种人为的、虚假的东西强加其上。在高层建筑设计中,最常见的是制造噱头式的设计。这种倾向往往是由它的经济价值主观决定的,丝毫没有考虑到时间和地点的适宜性。另外,缺乏新鲜的创造想象力及拘泥于一种传统风格、情感或主题的建筑设计也会对我们产生侵犯性,这种单调、陈腐、肤浅的设计会导致欣赏的无效性,从而使建筑显得枯燥乏味。阿诺德·伯林特还使用了"美学伤害"一词来表达一些糟糕的环境设计对人们在审美方面的误导,他认为,"美学伤害至少是对丰富的感觉和知觉的否认,它在知觉环境下采用了一种武断的形式使人们变得不敏感并阻止、伤害或减弱人类的体验能力。在此,伤害在以知觉体验为基础的美学最基本的层面发生"。而且,美学伤害使知觉意识变得粗糙,限制了感觉认知和身体推动性活力的发展并且加剧了感觉的麻木程度。美学伤害因此而降低了人类体验这一复杂运行过程中的价值和意义,而且,对知觉体验的扭曲或是限制和控制还误导了我们对真实的感知。同时,美学伤害破坏了人们出色的辨别力、知觉的提高和扩大、对感觉关系的认知、对深入欣赏的充满活力的参与、对所包含意义的掌握、对人类精神的发扬。

建筑作为视觉艺术的一部分,也受到当今"眼球经济"的影响。尤其是我们这样一个朝气蓬勃的发展中国家,更需要有一些能够标榜前卫、设计新潮的建筑来吸引世界的目光。但对待这个问题的"度",我们需要更理性。建筑本身可能承受不了太多的含义,承载不了超乎建筑本身内涵的期待。高层建筑往往获得了非凡的技术成果、可观的经济效益,却丧失了文化内涵本身。平衡经济利益和文化价值,能够决定项目的成功与否。作为一名长期关注并支持这种城市深刻变革的建筑师,雷姆·库哈斯认为这种当代城市中有着特殊的文化和活力,他的作品总是体现出他对于当代城市文化的激情和城市建筑的全新视角。有专家认为,韩国突然涌现的抢建摩天楼热潮后的一个驱动因素在于,韩国不希望落后于经济迅速发展的邻国——中国。在韩国,经济发展和国家荣誉感是抢建摩天楼热潮背后的两大主要驱动因素。韩国建设和经济研究所的研究员李博南表示:"对于中国台北建成了世界第一高楼,韩国人多少有点感觉受伤。有些人的心态是:中国能建,我们也能建。"据报道,韩国环保组织对修建摩天楼的计划(不断打击美国摩天楼思想)也没有提出异议。目前,对于仁川摩天楼计划唯一表示反对的是韩国空军,他们担心大楼会对飞机路线造成干扰。最近,韩国第三大城市仁川决定盖一座体现其崛起雄心的世界级摩天楼——两栋高 614m 的双子大楼,比当今世界上任何一座大楼都要高。对此,首都首尔的发展商立刻作出回应:决定把计划修建的摩天楼的高度再增加 20m。此前,首尔市长在 2012 年 12 月曾宣布一项更宏大的计划——修建一座 220 层的高楼,高度接近 975m,将会是美国芝加哥希斯大楼的 2 倍。随着近年经济快速发展带来大笔资金,韩国第二大城市釜山也加入了首尔和仁川修建摩天楼的"战局",计划修建两座高度超过 100 层的大楼,图2.1为韩国的港口城市釜山计划建设的"千年塔世界商业中心"(Millennium Tower World Business Center)摩天楼,其高度为560m(2007—2013)。并且,它将不是单调的整体建筑。这幢摩天楼由纽约的"渐近线建筑事务所"(Asymptote Architecture)设计。它的特点是三座锥形塔从一个坚固的基础层升起,从建筑物上不同的角度都能看到美丽的山海景色。基座在入口层作了巧妙的布局,三座尖塔在中部交汇的地方设置空中大堂的位置,并逐渐向上形成一个中央的空洞层。这座独特的雕塑般的楼体,象征着21世纪的釜山走向未来和世界舞台的决心。釜山希望主办2020年夏季奥运会,期以借"千年塔世界

图2.1 韩国"千年塔世界商业中心"

商业中心"产生巨大的经济推动力。在中东、麦加和多哈也在修建摩天楼计划很可能在经济迅速发展的印度出现。而阿联酋的迪拜为努力成为中东的中心,计划在迪拜的中央大道——谢赫扎耶德路(Sheikh Zayed Road)或新的"迪拜码头区"修建系列摩天楼。其中有即将建成的世界上最高的建筑物"迪拜塔"(Burj Dubai)162层,高度约为800m,由美国SOM建筑事务所设计(图2.2)。这些摩天楼还包括SOM建筑事务所设计的"艾尔夏克大厦"(Al Sharq)——102层,高度约为360m;泰玛尔公司的"公主大厦"(Princess Tower)——107层,高度约为415m;Nikon Sekkei设计的"世界之塔"(Burj Al Alam)——108层,高度约为500m;Aedas建筑事务所设计的Pentominium大厦——120层,高度约为515m;"高塔"(Tall Tower)——从前名叫Al Burj大厦——180层到228层,高度为1000~1400m。这些建筑物设计风格多种多样——从"公式化"设计到稀奇古怪的设计(图2.3),但总体忽略城市的文化价值的创造,在经济和技术的表面繁荣的文化虚荣特质下,摩天楼表现的建筑独特个性乃其震撼力。

专门追踪全球建筑项目的德国研究机构安波利斯公司高级编辑丹尼尔·凯荷夫表示:"我们已经进入了一个空前的摩天大楼修建时代。很多我前所未闻的城市都在计划修建像纽约那样的摩天大楼。"安波利斯建筑数据库提供的数据显示,截至2007年全球在建的超过304.8m(超过这个高度的大楼被称为"超级摩天大楼")的大楼有42座,而在过去80多年,世界各地落成的超级摩天大楼至少有33座,包括2004

图2.2 阿联酋迪拜塔

年建成的中国台北 101 大厦(高 508m)。安波利斯的统计数据显示,这 42 座超级摩天大楼当中,有 15 座在迪拜建设期经济疲软带来的危机感迫使高速增长的亚洲城市在看似永不停息的繁荣事情之后以一种批评的眼光来看待自身的发展。

图 2.3　阿联酋迪拜——未来摩天楼之都

2.2.2　高层建筑美学价值观念与文化特质需求互动

高层建筑美学价值的本质是作为客体的建筑对主体的人的作用是否同人的结构、尺度、需要相符合、接近或一致,就产生了主体心理的认同或共鸣,证实人的自由、偏好或存在,人和建筑因此就会相互沟通,人的本质力量就通过这一渠道流入建筑,这就是高层建筑的美学价值的具体体现。高层建筑以栖居空间的明确形式体现人的存在意义,具化了人们的生活状况,满足了人生存的物质需求和精神需求。高层建筑美学价值已不再停留于对建筑形式和风格作传统美学的形式、功能关照,而是将其置于广大的社会文化语意场中,对一系列与之密切相关的问题作有意义的探索。其核心就是体现人的价值和意义,表达对人性的尊重和生活的重视。它认为高层建筑的本质意义在于,它是一件艺术品,以本真的方式具化了人们的生活状况,揭示出人类存在的价值。

建筑美学价值系统是由审美客体的建筑空间系统、审美主体系统和审美环境系统三部分建构而成,它具有开放性、非平衡、非线性、涨落和突变的耗散结构系统的特性。建筑美学价值由两个方面构成:首先一是建筑技术美学价值,可以通过建筑科学技术标准进行评价;二是建筑艺术美学价值,它是多元而变化的,公共期待视阈和共通感的艺术价值观是建筑艺术价值的评价标准。现代高层建筑美学价值更多地突出高层建筑与人生活的交流、联系,高层建筑以人化方式存在,它是人类意义、价值不断产生的体验过程。而系统科学论的高层建筑美学价值对建筑美学作动态的建筑审美价值形成的非线性系统研究,完全不同于传统美学注重建筑构图技巧、手法、感受、形式美原则等静态的研究,从而显示了它具有现代复杂科学理性的特点。因此,高层建筑美学价值观念既强调建筑美学价值的人文属性,又突出其复杂的科学理性,是人文和科学的统一。

而从某种文化品位特异性而言,社会公众对高层建筑的美学价值期盼也更注重它的文化特质在艺术形象上的表达。因为文化特质具有兼容性、适应性、开放性和创新性等特征,它反映的是大众文化诉求,从根本上体现高层建筑美学价值,正如冈布里奇所言,审美疲惫正广为流行……我们的文化是以"新"为饲料的,尽可能多地吃饱,然后尽可能快地厌倦旧的新奇(old novelty);王尔德也曾表达这样的观点:"没有什么比过于现代更危险的了,它容易迅速地过时",这一点,建筑师、艺术家、作家都很清楚。在当代西方,"非""反"现象的确与"审美疲惫"和以新奇来激活审美兴奋的动机有着直接的联系。阿多诺说:艺术是一种"否定现实的知识","重要的艺术作品意在使反艺术作品成为已有。事实上,当反艺术被完全剔除肃清时,艺术也就不再成为艺术了"。无论建筑作为一门艺术还是非艺术,它都需要不断地反思,不断地自我批判,不断地自我蜕变。

建筑艺术作为一种文化表现形式,代表着一种信仰,一种精神生活的信仰。这种信仰来自大众对生活的一种态度,即反映价值观。艺术再现生活,建筑艺术也不例外,建筑文化特质具有的兼容性和适应性特征体现了不同人的生活向度,他们的审美价值观通过建筑集中表达出来。

2.2.3 高层建筑审美意识和文化价值的迷失

审美的本质是从主体全面的感觉去面对世界,主客体扬弃功利性的超越与升华。审美活动是自由的主体在对世界的参与和体验中验证自身、发现自身和塑造自身的过程,也即自我价值的体现和人在自然中的和谐地位。人对建筑的审美观不是预置的,而是主体在对建筑的接受和体验过程中完成的。审美意识的产生需要客体的特性闪耀。

当代审美价值观念的核心是体现对人的尊重,对生活的重视,强调内容及城市的延续。作为建筑使用者——社会的人,已不再是建筑艺术的旁观者,而是多信息的主动参与者。在现代意义下的建筑审美,已不再是仅对形式和风格作传统意义的纯美学(纯视觉)感觉评价,而是把建筑置于社会文化语意场中,更加注重精神、文化、环境和整体意识。对于尺度巨大而具有视觉冲击力与感染力的高层建筑,对审美意识需求带来的文化价值效应是显而易见的。

文化是一个社会中占支配地位的价值观念体系,这种价值观念体系渗透到社会制度、社会习俗、社会心理和人们的思想行为中。建筑也是文化的一部分,既受到社会中处于支配地位的价值观念体系的影响,又对这个价值观念体系产生反作用。建筑是一定时期一种文化的缩影,建筑的发展和整体的文化背景是相应的。人们应当如何作出价值判断:以什么标准对建筑的美与丑、好与坏作出判识? 这涉及当代建筑审美意识。建筑作为一种文化现象,维系人类生活而存在,对它的理解和认识必然受到价值观念的影响。长期以来,人们的价值观念只限于事物的表层和物质层面,并不指向人的真实存在。审美客体论长期占据主导地位,而忽视审美价值的存在;注重表层的形式,而忽视人们生活其间的空间和内容,造成形式与内容的脱离(表2.1)。

表 2.1　高层建筑形式与内容的分解及相关含义

形式与内容的分解	艺术作品(人类情感符号)			
	形式(能指、媒介)		内容(所指、实体与自在表现)	
	形式的形式(表达的形式)	形式的内容(表达的内容)	内容的形式(实体的形式)	内容的内容(实体的内容)
符号学含义	句法规则	语言的、音节、非功能性实体	所指的形式组织	所指的感情、思想意识、纯概念
艺术作品含义	可见的、纯形式规则、绘画—构图、色彩……音乐—旋律、节奏……	形式与情感的连接点、可感的、一种力的模式绘画—气氛与感染力,音乐—戏剧性冲突、张力	内容的组织形式具体的、直接的绘画—故事情节、具体内容,音乐—曲式	内容的本质潜藏的、目的性绘画、音乐—作者人生观、社会批判、创作意图
建筑艺术含义	古典主义:构图原理;现代:形式构成	"力"的表现、视觉印象与感受、空间气氛	组织生活的具体方式;空间组织、材料构成、功能与环境对策	建筑的哲学概念
心理学范围	浅层知觉	深层知觉		

由于近代哲学对主体能动性、认识能力及主客体关系的重视,人们的价值观念开始向深层面和精神方面深入;对事物的评判也从简单、一元、单价位走向复杂、多元、多价位。充分体现人在建筑(包括城市环境)中的主体地位,注重人自身的存在本体,注重从人的存在去把握审美和艺术。但在建筑观念上,由于科技进步和经济发展,人类的生存环境、建筑、城市人居环境面临新的问题,对习以为常的生存方式和观念产生了某种破坏作用(异化)。在自然面前,人变成了征服者,随着作为生命的一个重要维度从人类文化世界中被剔除,人类的心灵不能与自然规律律动,从而失去和谐,表现出一种自我封闭、狂妄自大的文化闭锁状态,人类的精神生态失衡导致不能用身体和心灵、理性去理解世界,也就失去了审美意识,更无力去建构一个充满文化特性的诗意栖居之地。所谓高层建筑的艺术造型,就是建筑外部形态的美学形式,它应具有被人感知的建筑文化特质,是物化形式的表现。

现代建筑审美意识一方面忽略了形式所蕴含的文化意义,造成建筑特色的消失,以及对环境与生态的破坏;另一方面,商业化对文化的侵蚀造成建筑创作陷入庸俗化境地。文化特质的消亡意味着文化价值的丧失,带来世界的大同和精神文化的异化。文化特质的构成与文化的价值的创造互为因果关系,彼此相辅相成(图2.4)。

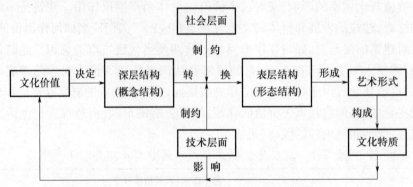

图 2.4　文化特质的构成与文化价值的创造关系

2.3　高层建筑文化特质创意与城市的文化价值同构

城市是历史演进的产物,不同时期的持续演变使之表现出多样性和统一性。城市历来是文化聚集之地,它能给每个人提供机会来接触这样或那样的文化成就与文化冲突。现代城市高密度成为现代都市的一个重要特征,在城市的核心区域里,在经济利益的主导下,商业、办公、居住等高层建筑比肩并置构成了城市发展的希望和活力,然而人们行走在高层建筑群中,所有的建筑只留下高度的底部片段,无法感受到成为现代文明的象征和符号、亲切宜人的尺度及把握自身的体验。

21世纪,世界人口的一半以上将生活在城市地区。世界上越来越多的人口正在从农村向城市迁移,这种现象在发展中国家尤甚。根据联合国的资料统计,在1975年,城市人口只占38%;在2000年,这个数字上升至47%;预计到2025年,将有59%的人口居住在城市。与此同时,到2015年,世界上100个最大的城市中,发展中国家就有80个。全球化对于中国的密集型城市将产生更大的人口冲击和土地资源的巨大消耗。面对经济和科技的全球化影响,建筑思想和文化开始跨越地域界限,各种文化观念相互激烈碰撞,产生了一些新建筑话语。如在20世纪60年代,美国建筑师保罗·鲁道夫(Paul Rudolph)曾经为纽约设计了一幢几乎覆盖了半个曼哈顿岛的超大型建筑,25年后,这个方案却在新加坡的棕榈丛中建成。

建筑具有非常城市化的场所特征,高层建筑与城市环境的共生性更具有影响力。建筑与城市及文脉、环境之间存在着一种可持续性。全球化对建筑的冲击是在新思潮的推动下,新国际式建筑的流行和建筑文化的多样性对所在地区的影响。早在文艺复兴时期,意大利建筑理论家阿尔伯蒂(Leon Battista Alberti)就在理论与实践两方面注重建筑与城市的关系。他主张城市是建筑的延伸,建筑是城市的组成成分。城市与建筑相互依存,城市是"巨大的人造物",是一种能在时代中成长的大规模而又复杂的工程或是建筑。另外,城市建筑又是城市整体中的一个局部,由城市建筑形成具体的、有特性的城市。但是,在全球化文化的荡涤下,中国的许多城市逐渐失却个性,建筑特别是高层建筑大同小异,追求目标相似,城市的发展越来越向高处延伸,城市空间越发狭小和拥挤不堪,反映了一种在社会转型过程中缺乏整体意识的社会价值观,同时也反映了过分追求变化,而忽视变化的终极理想目标的状况。

在城市整体环境中,高层建筑的建设与城市景观和城市空间密切相关,它反映着当代城市的结构和文化属性。城市空间在很大程度上由建筑空间所构成,而城市空间所具有的意义也是在建筑空间的使用过程中被赋予或被发现的。当我们把城市空间视作城市公共活动的场所时,城市空间就具有"场所精神",而相应的建筑空间也具有同样的性质和精神,同样,城市的性格和城市文化的表征也与建筑的文化内涵一脉相通,尤其是高层建筑。在中国早期的高层建筑建设中,其建筑设计是游离于城市的规划之外的,这也造成了高层建筑在城市文化的构建中处于一种边缘地位,只是一种被动和消极的参与,也最终导致高层建筑在城市空间中的迷失,同时,目前的一些高层建筑更多地陷入一种孤芳自赏的创作状态之中,它的存在仿佛只是为了自己,而不是为城市或整个区域。

建筑形式的精神意义植根于文化传统,建筑师如何因应这些存在于全球和地方各层次的变化? 建筑形式取决于所有影响建筑的因素的综合,包括功能、技术、艺术、经济及诸外部环境条件——自然地理环境、城市物质环境、人文思想环境等。但在通常条件下,形式主要取决于功能和技术。虽然不是说功能和技术可以自动生成形式,但艺术只有在顺应这两个基本前提或者为艺术所付出的代价在可以接受的范围之内时,才能够发挥作用。这在高层建筑中表现得非常明显。地区建筑的地域特色是自然形成的,其建筑形式别无其他的选择可能;现代建筑则必须通过人为的"艺术加工"才能获取某种"有地区特色的形式",且这种形式并非是必须或唯一的选择。

建筑美学是一定的社会意识形态在建筑形式上的反映。它运用群体、空间、比例、体型、尺度、色彩、质感、装饰等建筑语言,构成特定的艺术形象和美学形象,以表达时代精神和社会文化风貌。高层建筑的美,首先呈现给人们的当然是它的形式,建筑形式的构成是前后相接的两个相反过程,任何建筑形式都体现了"统一、均衡、比例、尺度、韵律和秩序"原则;其次,建筑的美不单纯是形式,还有性格,它包括三个方面,一是它的内在定性,二是它与环境的关系,三是在社会和文化学上的定义。建筑的美,常常成为某种理念的象征。建筑美主要表现为功能美、技术美,但也包含形式美,高层建筑文化特质的设计创意也源于它们的艺术构思。生活环境的形式合乎功利,产生功能美的审美特质。而形式具有相对的独立性,其自身具有相对独立的审美要素,即形式美的审美价值。简单地说,"是指自然事物的一些属性如色彩、线条、声音等,在一种合规律的联系如均衡对称、节奏韵律、多样统一等之中所呈现出来的那些可能引起美感的审美特性"。若生活环境的形式合乎形式美的规律,则产生形式美的审美价值。客体之生活环境的形式美的审美要素与主体的形式感受相互作用(即信息接受)。这样,主体就获得了形式美感,生活环境(建筑乃至城市)具有了形式美。因此,建筑形式美独具审美价值。

就高层建筑功能美来讲,功能复合化体现了现代生活的多元性,代表了大众文化的复杂性,但不分地区、没有界限,统一归律于全球文化的一体化,属于其中的一部分。高度聚集的社会功能只能实现在巨大的建筑综合体,而这种综合体在很大程度上突显为建筑的高度、平面的重叠,而容量的扩张给城市带来的影响有以下两个方面:第一,局部经济的异常繁荣映射了其他区域的落后,形成"白天闹市、晚上黑暗"的窟窿效应,造成城市巨大的反差;第二,容量表征为人流量,特定时间的大量人流必然会形成日常交通拥堵,以及危险时刻的潜在巨大破坏和灾难。

从形式的高度而言,建筑的高度始终是与当时当地的建筑技术和人的活动范围等因素相关的,现代高层建筑就在于其高度突破了古代大城市的尺度;20世纪初,十几层的楼房可当之无愧地称为摩天楼,而在20世纪60年代的纽约或芝加哥,同样的高度就显得低矮。可见,"高"的概念始终是一种相对的、动态的尺度。其相对性的意义有两个:一是相较于历史的纵向,这种高度的发展更多是依赖于技术、材料的发展,还有经济的刺激,体现在"物"态变化;二是相对于地区横向,不同地域由于认识体验、气候、行为心理等差异,对高度的追求存在时间差、地区差,此时建筑高度的相对性体现在"行为、文化模式"方面的异同。在运用形式语言表达创作个性时,建筑师形成了自己独特的风格。如海蒙特·扬的螺旋式形体、贝聿铭的三棱柱组合体、KPF的组合形体等在高层建筑体型设计中都有成功的运用。

建筑产品在文化层面对于社会、对于城市具有重要意义。建筑是一座城市文化延续的现实,更是这座城市未来文化的历史。建筑应归于永恒而非时尚,从文化意义构建方面看。芝加哥被视为现代高层建筑的发源地,这座城市的摩天楼以引领世界高度为荣,更构成了它的城市发展理想和追求信念。建筑师圣地亚哥·卡拉特拉瓦在去年为这座城市设计了一栋150层、高达609m的新摩天楼。这栋将成为全美第一高楼的建筑外形犹如一个细长的螺旋钻头,其蜿蜒向上的平面表达了对高度的不懈追求,又展现了建筑师独特的高层建筑文化特质创意(表3.7)。

2.3.1 建筑的趋同与同质的城市

对城市高层建筑缺乏文化个性的谴责实际上很早就已经出现了,西方20世纪60年代出现的"后现代主义"思潮实际上即是起源于对现代高层建筑带来的千篇一律和缺乏人情的批判。改革开放以来,我国城市建设的快速发展使得城市建筑文化个性丧失的现象几乎是不可阻挡地展现在我们面前。城市要有特色、建筑要有地方文化个性,这实际上在认识上并不存在争议,但为什么城市建筑形象的趋同化又是那样的不可逆转呢? 这其中有着深刻的社会经济根源。

工业化社会的生产生活方式和文化价值取向及其巨大的影响力打破了地域文化个性赖以生存的地域空间界限和文化界限,信息技术的发展进一步助长了这种趋势。近年来,"全球化""地球村"概念的出现即是对这种现象的最好注释。地域文化在"现代化"的冲击中失去根基,甚至被湮没或边缘化。我们建设的建筑使用的是同样的材料(钢筋、水泥、玻璃,而不是具有地方性的土、木、砖瓦),建筑师接受的是相同或相似的教育(这不同于传统工匠,他们土生土长),对美国式的现代建筑同样的新奇、崇拜(在多数情况下,投资商和政府决策者意见起主导作用,建筑师不具有张扬个性的权利)。在这种背景下,建筑文化个性的丧失也实属无奈。

实际上,建筑艺术作为一种文化表现形式,个性缺乏也不是一种独有的现象,其他艺术门类如电影、音乐、美术等也存在着同样的现象。面对"个性"丧失的严峻性,城市建设者们也不是都采取了漠然的态度。从建筑根本上而言,这种个性的丧失实质上是高层建筑文化特质的缺失,与现代城市多元化的发展需求是相称的,也必将扼杀城市的活力。诚然,我们的城市正在现代化的名义下失落了城市建筑文化。粗制滥造的现代建筑、千篇一律的条状布局及乌托邦式规划将城市笼罩在一片混乱之中。

大多数的世界城市也同时是"文化都市",培育城市文化并注重多元化的交叉和发展。任何城市文化也都需要借助他者的文化来认同自身,但目前的现状是往往全盘吸纳外来文化而缺乏自我的创造。在全球化文化的冲击下,中国的许多城市逐渐失去了文化认同,在国际文化尤其是美国文化的冲击下,城市空间向纽约的曼哈顿看齐,城市越来越向高处延伸,而不考虑具体的社会历史环境、城市基础设施、地质和人口的承受能力及城市内爆的潜在因素。把现代化国际化大都市的形象等同于高楼大厦、车水马龙。今天,在上海的天际线上已经出现了 4500 多栋高层建筑,无论与所处的环境及其功能定位是否相称,许多建筑都以自我定位和自身的标志性作为建设的目标,并且在一些地区呈现出一种无视城市空间,无序建设的状况。

(1) 人文关怀、人类天性、人文精神观念的缺乏和理解缺失,造成城市建筑的非人性化。

城市社会的真正内涵,是市民的交往空间、共同文化、政治生活的形成和扩大。市民文化成为城市社会的一个恰当度量。正是在上海的淮海路、衡山路,令人体味到了街道的人性尺度和城市的人性情怀。非人性化突出表现在过分强调住宅的独立性、封闭性,而忽略与城市周边环境的联系,缺乏人际交往空间与社会文化交流空间,使人与城市失去日常联系,导致自我封闭性与冷漠性,集中体现了行将一个世纪的现代性的弊端。这里有城市规划专家未对"现代性"的弊端作出充分反思的因素,也有建筑师、环境设计师尚未具备深刻的人文关怀,缺乏对人类天性中对场所、交往存在的内在需要的充分理解的因素。从城市的起源到城市的发展中,人文精神影响着城市生活的各个层面,并成为城市社会生活的重要价值取向和价值基础。

《雅典宪章》提出的城市功能分区一方面使城市规划、建筑开始从古典的放射、圆形广场一类形式主义的桎梏中解放出来;另一方面又使城市规划、建筑逐渐陷入机械主义,它刻板地分区肢解了城市的有机结构,忽略了人与人之间的多方面联系,破坏了城市的地方特性,其结果是使城市形态单调、布局混乱、建筑雷同。尤其是功利主义的影响,城市空间因最大限度的商业性开发,破坏了城市生态环境,污水、废气、噪声、交通事故等给城市造成了巨大的伤害。因此城市在抛弃了人文精神的同时,也从"文明中最伟大的创造"变成了"文明中最大的破坏",给人类带来了生存危机。

而《蒙特利尔宣言》提出"建筑是人文的表现,它反映了一个社会的形象"。世界建筑史表明,人类的建筑活动不仅是一项物质生产活动,而且还是人类文化活动的重要内容。一座城市的魅力,多数是由建筑艺术的魅力营造出来的。因此,要充分理解建筑,就必须还建筑活动以强烈的主体意识和人文精神。

(2) 城市建筑缺乏文化个性内涵,造成现代化城市建筑的趋同化。

建筑时弊最突出的表现,就是不分东西南北,所有城市在建筑上都令人生厌地趋同。建筑和方言曾经是我们识别中国不同城市的利器。可如今,乡音依旧,作为城市多样化背景中最鲜明轮廓的建筑,却早已模糊难辨。于是,对我们生活在其间的每个人而言,城市成为一个失落的家园,这种失落是难以名状的——在异地,找不到能带来新鲜和刺激的陌生感;在故乡,失落了对生养之地襁褓般肌肤相亲的温暖气息。

趋同是针对差异化、尤其是地域差异化而言的,如果能称为创造的话,它是一种不假思索的创造。趋同令人生厌,却又让人无奈。在全球化大背景下,地方和传统特征的弱化甚至消亡,强势文化沙文主义的进逼,是一种虽不情愿却属必然的趋势。但城市建筑被称为"凝固的音乐",它承载、凝固的不仅仅是建筑艺术,而是不同时代的社会文化、历史文化、民族文化、地域文化、政治文化等。对城市建筑缺乏文化个性的谴责实际上很早就已经出现了。

建筑文化个性创造可以从以下几个方面进行探讨:对历史传统精华地区的精心保护。如果不同城市的新建筑都是一个面孔,那么与此形成鲜明对照的是传统建筑之间的鲜明差异,它是基于城市特定自然环境的"个性"创造。自然环境是上天给予城市的与众不同的地方,它为城市建筑个性创造提供了客观依据。这些文化背景为城市在这些不同地域建筑文化个性的创造提供了方向。城市的性质,正如一个人所从事的职业和内在素质,它会从根本上规定城市形象,当然也包括建筑形象。

今天,在各种文化实践中,对表象的受干扰的观看已经取代深沉的阅读。奇观文化与当代信息的泛滥横流相关;它使人崇拜新奇,要求不断产生新的形象以供消费。媒体所需求的形象,可以即刻、虚拟、顺利地四处流通。在此过程中,大众越被动,景观形象就变得越有必要。这是一个恶性循环,而今天的建筑比以往任何时候都更深入地被卷入其中。在这样的语境中,今天已经沦为被动的主体,确实面临着一个失去审慎阅读能力的危险。针对这样的失落状态,建筑的批判性在哪里? 奇观文化的危机,呼唤着一个新的主体性的出现;这个主体脱离形象诱导下的被动状态,而存在于审慎阅读的形式之中,这也在高层建筑的建设之中得到了深刻反映。

作为一种建筑思潮,摩天楼反映了30年前人们对现代化理解的偏差。现代化使人类进入一个崇尚技术的时代,先进的技术在使人类得到了更多自由的时候,也让人类付出了代价。经过严肃的反思,人们已认识到现代化并不仅仅意味着工具与技术,它更应包含人类的价值追求。而高层建筑对一座城市的环境起着至关重要的作用,作为影响生活居住空间景观的众多复杂因素之一,高层建筑形式又是城市形象的关键,高层建筑俨然成为城市的"名片";另外,随着高层建筑的泛滥,部分高层建筑反而影响了城市形象,造成了千篇一律的城市景观,从而在城市空间、城市形象和城市精神上的美学价值缺失。看看未来中国国际大都市的代表:北京的 CBD 和上海的计算机模拟景象,它们对纽约和香港的认同程度昭示了未来中国城市的远景。建筑从来就具有趋同性,历史建筑在一定的地域内趋同,现代建筑则在全球范围内趋同,"国际性"蔓延至我们生活的城市。当然,现代建筑的趋同绝不意味着人类文化多样性的丧失。城市不只是一种空间的聚集,聚集空间的本意是创造一种生存形式,就是所谓的城市文化。而现在随着普遍的城市化,我们却失去了这种创造能力,失去了那种城市文化,出现了所谓"没有城市文化的城市化"。聚集——空间的建构——反而消解了城市文化,人们应该思考如何在城市空间的创造中恢复创造生活方式的能力。

高层建筑往往承载着建设者的希望和理想,让它成为标志性的建筑就属其一。然而,在历史上经得住考验的标志性建筑实质甚少,而所谓"考验",其实是人们很主观的一种评价。一座建筑或一组建筑能不能成为人们在生活中认识或者记忆一个城市的标志,不是由政府、建筑所有者或者建筑师的意志来决定的,不是只凭着建筑能达到多少高度、多大体量、多新颖的形式、多巨额的投资这些客观数据就满足条件的,它是在人们意识中慢慢形成并被潜移默化认可的。现在标志性建筑的建设趋势已经十分明显:过分追求建筑的特异性不仅无法成为标志性建筑,反而会成为城市肌理的"病瘤"。现在不再是"单体建筑"的时代,建筑的密度与建筑的个性,使建筑的标志性功能不再像过去那样附着在单个建筑上,因而单体建筑的形式也不再是它是否能成为标志性的决定因素。同时,它的作用也在改变:街区化分更加复杂、中心区越来越多、建筑越来越密集、天际线越来越不清晰,建筑已不能、也不需要担当方位地标的任务。这些因素,都使建筑的单体形式不再是人们对建筑评价的核心。从建筑的发展过程来看,建筑的精神性即文化性将取代建筑的形式而成为建筑具有标志性的重要表征。

国内外城市高层建筑群体雷同的情况非常普遍,可视为现代城市建筑缺乏地域性的例证。的确,当今城市建筑面貌的趋同性在高层建筑上表现得尤为突出。这些雷同通过努力虽可在一定程度上得到缓解,然而应该清醒地看到这种大致雷同是现代高层建筑的本质在起作用。使用功能、内部布局的国际趋同,结构、设备等的制约,创作人员在外形总体轮廓上选择的余地不大,尤其是超高层建筑随着高度的增加可选择的空间更小,结构的控制性、科学性使超高层建筑总体轮廓趋于塔形。当然,在结构合理性的基础上进行想象力充分发挥而获得新颖造型的高层建筑亦广泛存在,只是这样的城市高层建筑太少,因而非常受人关注。但这决不能构成高层建筑发展的"瓶颈"和理由。

城市意向所表现出来的一种城市形态,反映出的是城市物化形式内涵的美学特征,涉及文化层面,是对城市的视觉整体性和选择性印象。一旦城市和人们的文化心理、审美情趣相吻合,人们便认为这是美的。城市最根本的内涵是符合人性化生存和发展,被赋予人文特色和人文精神。城市高层建筑作为一个城市经济和文化的集中反映,是建构城市空间和城市形象的重要元素,高耸而富有个性的摩天楼是城市一道亮丽的风景,决定着城市的特质和精神。简雅各布斯认为:"多样性是城市的天性。"城市中最基本的、无处不在的原则是"城市对错综的、交织的使用多样化的需求"。

但是,对于高层建筑的趋同性,我们也不能盲目绝对化。从某种意义上说,建筑的发生、发展的过程其实就是建筑趋同与多元在不同程度上的此消彼长,趋同是人类经验的普及化,多元是人类不满足现状的继续求索,因此应该辩证地看待建筑的趋同性,只是在现代这个阶段,趋同性占据了强势,满足不了人类的基本精神需求,以及在面对技术的多元、市场经济的普及、信息的传播方面时弊大于利。

2.3.2　高层建筑的差异性起源与城市文化特质构成

建筑文化的创造是由不同区域和不同民族所形成的,它的差异性与不同城市文化特质构成息息相关。由于文化、信仰的不同造成了早期东、西方建筑的差异性起源,高层建筑亦不例外。从其萌芽至发展都展示了不同的特色追求和地域价值。建筑是一种文化因子丰富的类型物,其中地理文化支撑着建筑本体的丰富多彩。高层建筑至今虽只有100多年的历史,其技术含量凸显,其公布于全球的摩天楼都经历了一个模仿、再生、拓变的衍生过程。高层建筑的形制特征因地缘差异而充满了个性色彩。世界各地聚落形式多样,但都与当地的自然环境有着很大的协调适应性。人文的差异构成了聚落的不同特色,从而间接地描述了世界的地理差异性,这也是"人地关系"在人文地理学上的反映。建筑文化景观的地理分析客观上揭示了世界文化的分布特征,对高层建筑文化特质的空间差异研究是从地理视角进行的。

虽然,城市文化的全球化并不单纯地意味着城市的同质化,但城市文化的全球化过程,仍是一个内在的充满着矛盾的过程,它既包含一体化的趋势,又包含多样化的倾向。恐怕没有任何力量能在一天之内消除在长期的历史形成的基于地域、国家、民族上的全球各国城市之间的文化差异。另外,全球化过程也导致甚至强化了对本土文化及民族身份或同一性的自觉和反思。在本土文化与各国文化一体化趋势的同时,差异性也日益凸显,不仅表现在市民的心理、习俗、行为、服饰等,也表现在意识形态、艺术风格、文化体制、文化产业、大众文化上。

而高层建筑作为城市重要的文化景观,它影响城市风貌巨变的因素之一是佛教和道教寺观、塔、阁的大量兴起,改变了城市天际轮廓线,同时有力地促进了城市经济的发展和文化的兴盛。高层建筑在城市中一经出现,便产生了如此之大的影响力,成为人们文化交流的中心和城市的地标,这也是现代高层建筑一经出现即大兴于市的成因之一。然而城市的成长包括生态过程、经济过程和文化过程三种基本形态。城市是文化的载体,当功利成为城市建设追求的唯一目标时,就会给城市结构和城市形态带来急速、剧烈的变化,而这一变化自然也会给人类带来文化危机,如高层建筑的创作。

记忆性和识别性是作为城市地景的高层建筑的审美主题,而强化记忆性和识别性首先必须强化它的个性和特征。高层建筑的个性和特征表现为与其他建筑的差异性,差异性越大,记忆性和识别性就越强。差异性来自标新立异,是审美求异心理需求。求新、求奇、求变是审美求异心理的衍生物,是审美心理的常态。从差异化城市的实践而言,建筑是城市文化构成的思考和手段。在消解同质城市的蔓延时,应避免走向另一个极端:建筑的异化。

城市精神属于历史范畴,可记忆、可遗传,有延续、有变异,建筑信息反映城市精神。但城市建筑的风格是多样化的,这些风格迥异的建筑是如何共存于一种城市文化与精神之中的呢?按照同济大学常青教授的理解,这与隐藏在"风格"背后的"建筑性格"有关。相同的建筑性格可能在不同的建筑风格中显露出来,是城市精神最直观的表达。建筑文化是一个地域、一个时代的风俗、时尚及技术条件在建筑上的反映,往往被视为建筑风格。而建筑风格的内涵包括建筑外在样式和建筑性格两方面,建筑性格属内在的、相对稳定的,取决于一个地方特有的环境特征、文化"基因"及价值取向,因而建筑性格其实也内在于人的心灵,是集体无意识中被认同的,属于精神领域的东西。建筑性格关联于文化的性格,具有明显的场景性质,高层建筑性格塑造也不例外,它与高层建筑文化特质创意相关。

今天对建筑样式的关注更为宽容,视觉上的审美尺度或审美愉悦早已多元化或多样化了。反之,对建筑空间的感受仍与建筑的性格有关,即对适合自我表现的空间场景的追求,是建筑性格表达的首要依据。

高层建筑是构成形态各异的城市空间的主角,作为城市制高点的高层建筑,其标识性、可识别性形成了城市人性化空间的定位坐标系统,构成城市意向,具有"指向"的功能。标志性是高层建筑独创性和艺术性的体现。从信息论角度来看,高层建筑的标志性源自富有层次结构的信息创新,以及市民对建筑创新信息的可接受量的辩证统一。高层建筑因其巨大的高度和体量而具有独特的心理震撼力,它们往往成为城市空间的标志和人们记忆、定位的坐标,从而显现城市文化的个性,城市发展自己独特的魅力需要现代高层建筑所具有的标志性。同时,城市可识别性的形成也需要高层建筑赋予城市特征化的空间。城市可识别性包括空间物质形态和空间文化形态,前者是后者的物质载体,隐含着形而上的城市文化特质,属于深层次的城市文化层面的内容(图 2.5)。就高层建筑物质空间形态而言,展示个性化的形态固然可以建构自身的美,但融入城市整体环境并使城市空间差异化更为重要,整体性的设计大于个体。因此,高层建筑作为重要元素之一,在构筑城市形象的差异性方面是其城市美学价值的重要表现形式之一,它表征了城市的文化属性和人文精神,构成城市文化特质。文化可识别性是高层建筑所建构的城市空间形态的另一种重要美学价值。作为物质与文化统一一体的高层建筑,既是物质的遮蔽所,又是城市文化的载体。它不仅以实体的造型、结构、风格与细部向人们传达着城市文化信息,而且内部空间也同样具有十分深广的文化内涵。高层建筑构筑的城市空间的文化可识别性揭示了城市文脉,显现城市特有的传统历史文化,张扬了城市人文地理的具体特征,表达了城市自然环境和人文环境的融合。以现代科技为基础的高层建筑形式,具有比任何传统形式更大的可塑性,这也为高层建筑的形态构成提供了无限可能。今天,人们虽不能从城市普遍性建筑的面貌上区分出它的地理属性,却可以为城市创造独特的、极具时代气息的新标志物。

图 2.5　差异化的城市:芝加哥、香港、上海、新加坡

受经济利益的驱使,一些城市中高大体量的建筑纷纷突兀而起,高层建筑"见缝插针"式地建设,这些都造成了城市空间形态的紊乱无序和城市生态环境的恶化。高层建筑发展带来城市文化的失衡主要表现在以下三个方面。

1. 经济竞争与极端个性的张扬

由于商业竞争的客观存在导致追求建筑的极端个性化和广告效益,在高层建筑之间形成了"竞高"和"争奇"的不良局面。相互的攀比和挖空心思的个性展示使建筑之间没有协调呼应,脱离场所环境,忽视城市整体文化,不顾城市文脉,远离人性。高层建筑的表面繁荣虽然暂时带来了城市商业的复兴和经济的发展,但这都建立在城市文化的失衡和城市美学价值的沦丧的基础上,因此,从长远来看是得不偿失的。如重庆朝天门区域的城市建设(图 2.6),这是渝中半岛一个两江交汇的景观绝佳地段,但是由于高层建筑的规划无序,建筑虽表达了各自的信息,却缺乏统一的代码;个性文化得到高扬,整体秩序丧失。

图2.6　重庆渝中半岛景观

2. 城市空间形态文化整体性的缺失

空间形态的完整性表现在空间的协调统一和情感精神的丰富表达。当今高层建筑多以"插入"的模式的建设,难以与旧建筑形成连续的界面,城市空间不能完整构建。由于追求业主利益最大化,高层建筑形式盲目借鉴抄袭、急功近利,为创造视觉效益,引发了自我中心主义。没有明确、连贯的文化主题,城市形态失去了和谐统一。

3. 高层建筑个性在城市天际线中张扬

高层建筑是城市轮廓线的重要控制元素,在城市天际线的形成当中具有决定性的节点意义。受利益驱使,一些高层建筑缺乏城市设计意识,只见树木,不见森林,导致城市轮廓线缺少起伏动态变化,没有城市整体环境概念。城市远景文化的展示是构建山水城市优美轮廓的重要方面,应该强化层次感和节奏韵律感。

现代都市发展的矛盾冲突是多方面的:级差地租造成的高层建筑膨胀与环境质量的矛盾;旧区改造中的经济和文化矛盾;建筑形式与城市可识别性矛盾;等等。其中经济和文化的矛盾最不易调和。在以开放的心态和理性的选择对待城市开发时,探求各种具有事件性和场景性的建筑性格最具有普遍性的意义。

纽约、芝加哥的城市天际线历经百年,蕴含丰富的历史文化,造就了城市特有的文化价值,纷呈的高层建筑在独特的城市天际轮廓构成中扮演了重要的角色,控制着城市的"有机生长"和"文化个性"的形成。目前重庆的城市天际线散漫而无度,缺乏厚度与山地特有的层次,与城市地域背景缺乏和谐(表2.2)。在一些更新改造较快和拓展力度较大的城市,尤其需要做好城市轮廓的规划控制,其中高层建筑的空间布局和高度协调更为关键,起伏节奏、疏密、色调均衡、形态等的掌握是创造城市与自然良好图底关系的必要。从生活向度的角度而言,城市天际轮廓的形成是立体的,对它的塑造应具有生命物化的意义,具有生态文化意义的审美思维是其创意策略的基点。

天际线的个性塑造是个日积月累的过程,是过程化的产物,它拒绝偶然,因此,当我们城市的文化背景确立之时,作为其外显的天际线的格调就已确定,而重要组成部分——高层建筑的诸形态业已确定。

表 2.2　高层建筑发展与城市天际线分析

城市名称	天际线	天际线与建筑文化 特质表现
芝加哥		清晰、层次丰富， 统一与变化的有机
纽约		混乱无序，密不透风
上海		高层控制点密集， 滨江层次感稍弱
武汉		中部过平，总体有序
新加坡		错落有致
法兰克福		与环境背景有机协调 图底关系清晰
西雅图		整体性优美

（续）

城市名称	天际线	天际线与建筑文化特质表现
首尔		图底关系差
吉隆坡		高层控制点过稀,线性单一
重庆		混沌、缺少控制点
多伦多		整体优美,疏密有致
迪拜		秩序感弱,缺乏线性制高点
深圳		天际线单一,缺乏错落层次
辛辛那提		缺乏节奏与变化

　　城市天际线的控制必须充分规划高层建筑的层次与视觉远景效果,做好位置布局,发挥形态与高度对比的特点。重庆与烟台的天际线规划设计方案较好地表达了各自城市特点,符合城市独有的地域文化特质,而高层建筑在其中扮演了重要的角色,参见表 2.3。

表 2.3　城市天际线的失控与有序

典例对比	实例图证	评析
重庆渝中半岛城市形象设计方案	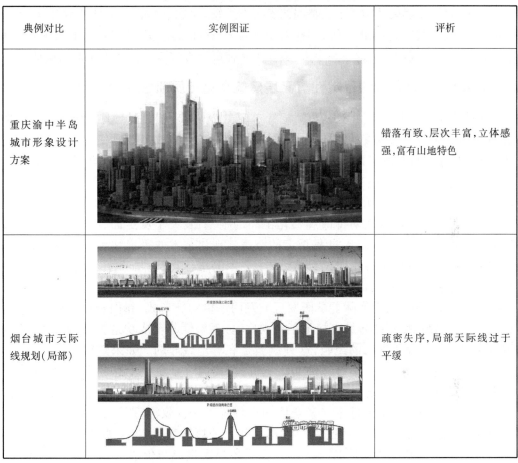	错落有致、层次丰富,立体感强,富有山地特色
烟台城市天际线规划(局部)		疏密失序,局部天际线过于平缓

2.4　高层建筑文化特质在艺术发展的迷惘与困境中探寻

　　人类通过艺术、艺术体验、艺术思维、艺术地认识和反映客观世界,同时艺术地表现和抒发主观世界,通过艺术实践和艺术生产推动与改造世界。艺术是审美的一种方式,一种最集中、最高级的方式;审美是艺术的基础、特性和本质。艺术在于调动人的美感,艺术是人类对客观自然的主动性认识,是从一般中发现个别,从共性中求异、求创造,是人为的第二自然,是主观的、限定性地从各自的评议、侧面、手法、形式去描绘一个全新的自然。也就是说,艺术可以不拘一格,不限其手段、形式、材料,在创造比真实自然更完美和谐的第二自然的过程中表现人类的精神世界。因此,建筑艺术的个性化即为建筑文化的特质。

　　在建筑文化通往和谐生存世界的路途上,艺术和审美活动发挥着巨大作用。它是人的感受力、情感、想象等心理机制综合作用的实践活动,可以避免理性主宰生命的单一化;艺术和审美活动是一种努力向生命本原复归的活动,它抵抗着文明对人类心性的异化,是人类精神家园的守护者。艺术家把外部世界当作描写对象,呈现事物发展的内在规律,这构成了艺术对世界的再现关系,艺术家通过作品抒发性情、表现自我,艺术家的心灵活动成为艺术心理学研究的主要对象。艺术品从创作阶段进入交流阶段,作品与读者的关系主要体现在艺术批评领域里,艺术作品自身的结构形式和语言表达也构成了一个相对独立的研究区域,上述关系构成了完整的艺术生态系统,而这个系统必须是平衡的、动态发展的。建筑作为艺术门类的一种,同样需要建构生态有机的系统,这也是一个充满文化特性的艺术系统。现代艺术发展到今天,表现了一种辩证的"否定"精神和观念化倾向。

2.4.1 现代艺术的否定性与高层建筑文化特质创意互动

现代主义的经典作品虽然否定传统、肯定现在,否定乌托邦理想、肯定感性的世俗生活,但却从未放弃对有深度的精神价值的寻觅,早期现代主义的建筑师们在绝望痛苦中仍然为艺术的重建世界而努力。与此同时,奉行否定精神的现代艺术在文明批判上获得了前所未有的成就,但是,否定性作为艺术的本体却隐藏潜在的危机,即它过分沉溺于否定与艺术传统、文化传统的关系,一味以自我拆解的方式表达对社会的对抗,这就使现代艺术丧失了寻觅新的文明价值和文化出路的根基,丧失了从正面、以肯定的方式表达生存理想的能力,从而陷入自我否定的空虚。现代艺术的否定性到了先锋派,否定即成了一种缺乏具体精神指向的形式,成了艺术的本体,丧失了早期现代主义艺术作品中对超越和永恒等正面文化价值的渴望。"先锋分子远不只是对某种具体的或是一般的新颖性感兴趣,它们实际上试图发现或发明危机的新形式、新面貌或新的可能性。在美学上,先锋态度意味着最直接地拒绝秩序、可理解性甚至成功这类传统观念:艺术被认为是一种失败和危机的经验,这种经验是有意地践履的。如果危机并不存在,它就必须被创造起来。……作为一种文化危机,在我们这个变化不息的世界里,先锋派有意识地投身于推进传统形式的'自然'腐朽,并竭力强化和加剧现有的一切颓败与衰竭症状。"先锋派的否定激进主义和全面的反传统主义仅仅加重了大众对于一切现存事物的失望感,并使自身成为迅速诞生、迅速死亡的疯狂表演,与文明的重建无关。西方"否定"艺术的基本特点是以"破"的反面手段呈现世界与价值观,在中国兴起于20世纪90年代,其创作的目的是揭露文明中虚伪、麻木与残忍,采用了不断触犯人类的审美、道德、法律等价值观念底线的极端手段。但"中国的艺术家一直在破坏,一直在说不,一直说不出是,也就是说中国艺术家只有解构的力量,却没有表现出必要的建构性力量。我们一直在挑战,在反驳,在刺激,却一直没有主动地去建设"。否定的艺术部分成为现代社会精神价值缺失、道德失范的具有反讽意味的写照。艺术"否定"的策略虽然能够消解文明中虚伪和残酷的东西,但当艺术为了否定而否定的时候,当否定丧失了真诚的批判信念而变成一种哗众取宠的表演的时候,当否定超越了最基本的审美、道德和价值观念的底线的时候,丧失了希望和精神拯救能力的艺术只能让人沉沦得更深。不再寻觅新的精神价值和文化重建的艺术越来越退缩为一种没有灵魂的形式,先锋和试验建筑在逐步与后现代精神结合,并不再承担任何社会批判和精神拯救的职责,成为仅仅在形式上自给自足的东西。当代先锋艺术从否定传统和现实发展到否定自我,都没有寻求新的文明价值,因此它完全背离了早期现代主义的艺术精神,也就没有了在当代社会中存在的意义。

2.4.2　现代艺术的观念化催生高层建筑文化特质

现代建筑作品不再通过营造感性与精神融合的艺术形象感动人,而是需要观者通过理性反思与作者的创作意图实现沟通。艺术的视野不再投向世界和心灵,而是在创造中反身追问自我,对自身定义不断发起质疑。现代建筑的发展历程是一个众多建筑流派的理论宣言相继登场的过程,理论的创新似乎比艺术作品呈现世界与灵魂的能力更重要。但是,理论流派频繁更迭的动力对应于人们对新奇理论观念的热望,每当一种新的理论和表现方式产生,就在建筑史上占有一席之地,并被一些人所推崇,这种建筑发展史和理论史的繁荣状况是此前时代无法比拟的。但就每个流派创作的具体作品而言,能够与传统的经典作品相媲美,以表现现实与心灵的深刻程度的却大大减少。现代建筑史出现了这样一种奇特状况:人们铭记的不是某部伟大生动的作品,而是某种独出机抒的理论宣言与流派命名,人们以此获得的精神提升、审美愉悦也空前贫乏。建筑作为门类艺术,逐步走向观念化。这具体表现为在作品中,创作过程与欣赏过程都更多依赖于理性思考而不是对建筑形象的审美直观。建筑师不再像自然造物那样将物质材料融化为一个自在而有机的艺术形象,而是按照预先设定好的创作理念将材料进行富有逻辑的安排,材料与作品整体的关系变得更加机械化、外在化了,观者则需要在观赏中追踪并尽量复现创作者的思维过程,揣测其意图。观念艺术作为一种新的艺术类型有其存在的合理性,但在具体实践过程中,却常常表现出由于缺乏具体可感的审美意向而导致艺术交流无法顺利完成、创作意图与作品的实际效果脱节的现象。一些建筑方案由于没有创造性地转化为一种普遍可传达的审美意象,不仅不能使观众"感同身受",反而因为过分追求视知觉的冲击力,不惜挑战常规的感知方式,挑战文化传统和规范底线而引起观者的厌恶或恐惧感,遭到排斥并导致艺术交流的失败。

艺术的否定化和观念化意味着人与世界、自然与文化、感性与理性、精神与物质的和谐被打破,它呼唤生态精神的建立,使艺术能从自然的法则中获得动力。艺术和审美活动努力使生态文化运动走向创造和谐,它是人类精神家园的守护者,极大地推动着自然生态和谐。但作为文明的构成部分,艺术与审美活动又受到时代整体文化精神的影响,是特定时代的价值观与人类精神状况的具体呈现。在现代,审美活动既表现出与工具理性的对抗,又被文化工业、科技、消费主义意识形态所控制,审美现代性、大众审美文化、后现代艺术与文化构成了一幅审美活动与现代文明既同化又反抗的图景。

通过对它们的分析,可以发现现代建筑艺术与审美活动具有缺陷,它的目标和基点没有指向自然的生态,缺乏生态文化信仰的支撑和哲学美学文化精神,因此,忽略生态文化特质创造的建筑艺术与审美活动陷入迷惘,而不能真正将创作引领出困境,其反抗现代性的任务就不能真正完成。

2.5　高层建筑文化特质创意中精神维度的扬弃求索

从文化的三个层次来观察,当代高层建筑的文化创造的主要特征表现为物质文化极大丰富,而精神文化则比较荒芜,艺术文化则彷徨而混沌。作为文明构成部分的艺术与审美活动受到时代的整体文化精神的影响,是特定时代的价值观与人类精神状况的具体呈现。在现代文明社会中,审美活动既表现出与工具理性的激进对抗,又容易受文化工业、科技、消费主义的意识形态的控制,它呈现的审美现代性、大众文化性、后现代艺术与文化构成了一幅审美活动与现代文明既同化又反抗的生存图景。从此出发,我们可以充分理解人类精神文化的现状,理解精神的缺失给人的心灵造成的伤害。

2.5.1 精神的平庸化与低俗化

先哲们将世界划分为"主观"世界与"客观"世界,或称"精神"世界与"物质"世界,"精神"是"物质"的产物,是"事件"的反映。卡普拉断言:未来世界的文化模式是一个东、西方文化平衡的文化模式,是一个人文文化与科学文化平衡的文化模式。但现代技术强迫自然交出无它寻的物质和能量的行径,不仅破坏了人类的物质生态平衡,也影响了人类的精神生态环境。理性和物用因素的偏执发展削弱了建筑式人造物中的审美情感成分。技术理性淹没了人的性灵,遮蔽了主体的精神世界。现代技术控制自然,占有自然的力量越强大,物的价值就越增值,而人的价值越贬值。这种历史的二律背反,使现代人由失望进而恐惧,于是疏离社会、厌恶机器文明的心理情绪在当今世界普遍蔓延滋长,文化给人带来的一些负面的痛苦、失落和压抑由此可见一斑。敏感的卢梭早就发出了拯救人的自然情感的呼喊——"回归自然"。人们似乎已从离异状态中醒悟过来,他们不再迷恋和沉溺于完善的物质功能的享受,而期待和要求对物的全面占有:从物质到精神,从功用到审美。这标志着新观念的崛起,它要求校正人与自然、人与人、人与自身的关系。它主张人与自然亲和融合;主张人与人消除隔阂相互交流和依赖;主张人自身的灵与肉,理智与感情协调平衡。这一切便是现代文化反省意识的主题,简而言之就是"回归自然"。据此,21世纪高层建筑文化特质创意可追寻生态文化的趋向。

随着自然在现代文明世界中的退缩,随着现代科技手段对生活的主宰,随着消费主义意识形态对社会的全面统治,一个由符号编织的"人造"世界渐渐割断了人与自然、传统、他人的联系,导致了精神平庸化与低俗化,由此,现代大众的精神危机与自然生态危机之间有着必然联系。精神的低俗化与平庸化表现为消解传统、神圣和权威,当代的建筑师们反对历史文化身份的厚重,反对充满理想精神与超越性价值追求的生存方式,转而追求的是价值虚无的平面化生存。精神的平庸化还表现为建筑师的生活视野与心灵境界的狭隘,不再关心自然和社会的宏大主题,而热衷于日常生活。

当代的建筑创作还表现出一种试图从精神困境中突围却力不从心的处境,挣扎的结果是只能停留在价值缺失的迷惘中。由于缺少价值信仰,现时的大部分高层建筑创作既没有历史也无法穿透未来,让人直视现代文化特质的贫弱苍白。

2.5.2 生命存在的物化

现代艺术领域中一个基本现象是身体成为艺术表现的主要对象和手段,身体直接成为艺术媒介,人体成为当代审美文化的主题。现代审美文化表现出的身体本体化倾向是审美现代性发展的必然结果。身体体验在现代艺术中的凸显是审美现代性反抗过分理性化的现代文明的结果,在二元对立的现代文明模式中,身体代表着自然的、感性的存在,张扬身体感觉是为了颠覆文明对自然、感性对理性的统治秩序。在现代思想家们看来,身体由于其更加接近欲望、感觉等人的自然本性,比理性更能触摸到生命的真实,强调身体经验与直觉体验是被理性文明异化的现代人返回真实自我的途径。身体本体化意味着人对自我的重新理解,从理性的、精神的、文化的人转向感性的、自然的人,对于二元对立的现代文明模式来说,身体本体化是对传统形而上学和理性中心主义的反抗。

应该看到,过分强调身体经验使审美现代性走入了另一个误区,即将短暂、偶然的身体感觉赋予永恒和无限的意味。感官经验取代对一切精神价值的追求,在西方,它表现为世俗生活的此岸世界与宗教信仰的彼岸世界的断裂,在中国当代社会中则表现为传统的伦理道德和价值信念在社会生活中的失效。

2.5.3　大众审美文化与生存的功能化

当代大众审美文化更多地停留在审美体验的情绪、感觉层面上,使人在当下的感官愉悦和肤浅的情绪体验中获得沉醉与满足,却不再思考关于存在之根本的问题,它的数量庞杂、形式繁多,但是却很少与人们的精神世界发生实质性关联,人们无法在其中获得心灵与文化的归属感。出现这种状况的根本原因在于审美活动丧失了沉思并体验事物本质的能力,停留在刺激欲望与满足欲望交替进行的模式里。在当代的大众审美文化活动中,人的存在本质正在丧失,文化艺术的精神意蕴正在丧失。今天,"一切必须是当下的满足,精神社会已变成了飘忽而过的快感"。

当艺术作品失去了精神力量的支撑,丧失了对世界之本质的呈现,就成为空洞而缺乏生气的形式。今天的流行文化作品有着令人眼花缭乱的包装与形式,但其内容空之无物。由于作品不再由一个完整的心灵世界作为支撑,细节与整体之间不再有内在有机的联系,细节可以随意替换。形式的新奇繁多并不能掩盖内容的陈腐和精神的贫乏,这样的文化产品永远无法介入到个人精神世界的生成中。

审美能力的萎缩是人与世界丧失本质联系的必然结果。今天的审美文化活动已经完全局限在欲望刺激和感官享受的肤浅层面,由于遭受异化的现代劳动方式将人从一个有意义的完整生活世界中驱逐出去,生存活动仅仅沦为一种创造物质财富的机械功能,人的个性与创造力的缺乏也必然体现在审美领域里,审美活动变成了一种劳动力再生产的机制,它让人暂时摆脱枯燥的劳动,通过感官享受的安逸和对日常生活中心灵失落感的浅薄抚慰,暂时振奋在工作中变得疲惫的身体和麻木的神经,而不再与任何关于存在本质的沉思和精神超越的渴望发生关系。

当代的大众审美活动多半停留在对欲望的暂时性满足与刺激欲望再生产的交替性重复的模式里。通过这种方式,发达工业文明对大众的技术征服和政治征服渗透到了本能领域中。现代工业社会一方面使人变成功能化的人,另一方面将艺术造就成了以消极方式宣泄压抑感、缓解异化体验的领域,从而将人更加牢固地捆绑在现代生产的机器上。透过当代的审美文化活动,我们看到了人的本质的丧失。大众审美文化本质上是一种消费文化,它的审美意象不是来自对世界的真实体验和沉思,对心灵的创造性表达,仅仅是冠以美、品位、精神和个性的字眼。审美的感官享受含义超过了精神升华,肤浅体验超过了文化和哲学思考。忽视文化特质创造的高层建筑创作直接带来人类世界精神维度的缺乏,因而高层建筑文化特质创意是在克服社会精神压抑、文化负担、文化偏见和文化痛苦的负面影响中给人们提供建筑文化享受的满足。

2.6 小结

建筑创作要回归原点,要整合我们所面临的文化价值观。从关注建筑的形体塑造,到强调回归建筑的原点,这是当代建筑文化走向有机整合的一个标志。探讨高层建筑文化特质的概念、本质、构成及与高层建筑美学价值、城市文化价值、艺术发展和精神维度的因果关系等创新内容,寻求高层建筑创作的文化生命力。建筑文化特质创造的价值体系通过关照高层建筑形态的表达,影响城市文化的构成;从建筑创作与审美价值观念出发审视了高层建筑文化特质创造对城市的文化价值创造的影响;从艺术发展的角度阐述高层建筑文化特质失落造成的创作迷惘,揭示了文化特质构成的重要性;运用社会学、建筑哲学与建筑文化学的理念剖析高层建筑文化的社会性和人文属性的生态精神特点,启迪人们从人文精神的角度创造能够传递建筑文化的形式语言。可归纳如下:

(1)建筑的文化特质主要体现在其兼容性、适应性、开放性和创造性与独特性。建构高层建筑文化特质主要围绕以上四个原则展开。

(2)当代高层建筑美学价值正走向虚无,对价值观的创建也陷入迷惘之中。建筑美学价值由技术美学价值和艺术美学价值两部分组成,是科学的建筑技术美学价值和人文的建筑艺术美学价值的对立统一。建筑技术美学价值可以通过技术手段进行评价;建筑艺术美学则具有多元而动态的人文属性,但一定历史时期,同一民族、同一文化、同一地域的社会公众对建筑艺术审美价值存在相对确定性标准,公共期待视阈和共通感的社会审美观可以衡量建筑艺术美学价值。因此,高层建筑文化特质创意离不开建筑美学的价值取向追求。

(3)以高层建筑的文化特质构成城市的文化价值是城市特色形成的重要途径。城市文化价值的充分表达在很大程度上借助于高层建筑的美学价值观念的实现,而这来自人们的城市文化信仰,进而形成城市精神。城市文化价值具有规范性和主观性,因而在一定阶段和一定领域是恒定的、连续的,而在另一些阶段和另一些领域则是可变的、多元的。城市的文化价值外化为高层建筑空间形态,因而又具有技术性、经济性、人文性特征和独特的文化特质。

(4)建筑艺术趋向否定性和观念化使现代建筑艺术与审美活动陷入迷惘。它缺乏生态文化信仰的支撑和哲学美学文化精神的缺陷,忽略生态文化特质创造的特点,也使建筑艺术与审美活动不能真正将创作引领出困境,其反抗现代性的任务就不能真正完成。高层建筑文化特质创意活动在创新和文化惯性中力求突破。

(5)忽视文化特质创造的高层建筑创作直接带来人类世界精神维度的缺乏,因而高层建筑文化特质创意是在克服社会精神压抑、文化负担、文化偏见和文化痛苦的负面影响中给人们提供建筑文化享受的满足。

第 3 章

城市建设与高层建筑创作的文化特质
创意理念探析

目前建筑领域所理解的"文化"是一个比较混乱的概念,这种理解混乱表现在"美"似乎获取了一种特权,在一些概念中来回穿梭,在不同层次随心所欲地使用和交流。"文化"概念使用的混乱状态,使人容易产生困惑,进而影响对它的分析和探索。从另外的角度来进行考察:从这些使用"文化"概念的实例中都可以发现一种相同的或者共通的东西,即对某种特质的肯定或突出,由此导致人的心灵上的感应或者精神上的满足。换而言之,只要产生了文化特质肯定,文化就随之而来,对于使用者或欣赏者来说,同时获取了一种艺术的熏陶或者文化的氛围,建筑也延续了文化的传承或创意。因此,深层次的文化对于建筑创作而言,实质是文化特质的探索或丰富,它包含人文和社会价值因素。

现在的问题是由于现代西方科学技术与艺术发展较快,出现摒弃中国文化的现象。而文化具有张力,它影响、约束和限定社会的表现层面,诸如建筑,有时是潜移默化的,是一个漫长的过程。中国近些年的发展,甚至超过了过去几十年的积累。但是,由于整个社会都急切地盼望着能表达出自己对急速增长的繁荣的自豪感,建筑便被强加上了这一时代的欲望,它使建筑从一种遮风避雨的生活必需品,渐变成了一种显富露贵的竞争性商品。在中国,人们偏爱外形与风格,除了如喜爱相对低而建筑雄伟的北京外,业主们普遍倾向于想要尽量高大、夸张,并带有所能找到的尽量炫耀的现代风格建筑,KPF 事务所的 A. Engene. Kohn 对这些现象曾解释为:"他们想要建房子的一个理由是要赶上西方。他们不认为自己是第三世界,他们选择高层建筑作为城市天际线的形象,这使他们一下子进入了第一世界。"这或许代表了一些现状,在许多人的观念中,高层建筑是某一地区经济发展的标志,所以城市无论大小都在追求这种标志。在这种社会欲望的驱使下,人们往往过于注重建筑的外表,同时又过于容忍建筑在内部使用、环境、细部设计及空间效果上的缺陷。这种取向使高层建筑的创作与建设走上了一条迷惘之道。因此,对高层建筑创作突出文化的创意也即能获得一种文化的氛围,建筑的文化性目标才是其明确的未来。

作为体现社会人文和价值的高层建筑设计负载了文化特质创意要求,而唯此才能纠正当代高层建筑创作中的偏差,避免城市整体建设和高层建筑创作中混沌和均质化的进一步发展,进而突出高层建筑文化特质的适应性、多样性、独特性等特点。而这一切来自创作理念的成熟及对实践方法的正确引导,因为创意理念决定创作高度。

3.1 高层建筑文化特质创意的分类解析

建筑具有功能与思想的双重性，它包含功能产品和文化意指两个层面。现代高层建筑的困境，使建筑丧失意义。表现在建筑对应的功能只是一个"普遍的抽象的主体"，千篇一律的功能与形式，即后现代主义文化观认为没有"差异"的形式。不能蕴藏意义，因而现代高层建筑淡化了文化的功能。由此，现代高层建筑的本质困惑不是功能问题，而是意义问题，也即形式没有意义——文化的意义。

很多时候，不同地域文化之间常常隔着一道鸿沟，现代与传统之间也常被认为难以沟通，然而这不是当代建筑师将同一形式、尺度、材质的高楼大厦放在世界各地的原因。让·努维尔认为，"我真的被国际主义风格震惊了，在我就读巴黎布兹建筑学院（Ecole des Beaux - Art in Paris）时，我发现世界上所有的大城市呈现出高度程式化的面貌，建筑与本国文化没有任何联系，与所在环境也并不相合，只是同一建筑风格语素的重复，这并不是一名建筑师应有的态度"。实际上，在创作中努维尔也是这样践行的。1980 年，由法国总统密特朗提议，在巴黎塞纳河左岸建造一座阿拉伯世界文化中心（Arab World Institute），跨越阿拉伯文化与西方文化的藩篱，使西方大众认知、感受这一悠久文明的价值。主题本身已构成了对于建筑空间设计的挑战，无论是当时流行的国际主义风格的玻璃幕墙大厦，或完全回归传统的一座清真寺，显然都不合主旨。青年时代便坚定了"文脉主义"的让·努维尔，在 1981 年阿拉伯世界文化中心的建筑设计竞赛中脱颖而出，他的设计方案，否定了后现代主义生硬的拼贴，也非当时流行的国际主义风格，而是将阿拉伯文化符号巧妙地融入建筑语境中，在建筑的外部和内部形成了深具文化感染力的空间氛围（图 3.1）。让·努维尔将阿拉伯世界文化中心设计成一个精密的科学产品，建筑的南立面整齐地排列了近

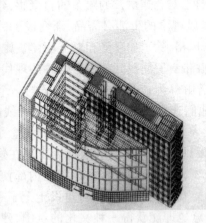

图 3.1 阿拉伯世界文化中心（IMA）

建筑隐藏伊拉克回教的 Minaret de La Mosquée de Samarra 塔。建筑的南立面，使用了类似光圈的"控光装置"，是东方文化的现代表达，北立面则是西方文化的真实镜像，附近巴黎都市风景的图像被彩绘在建筑外表面的玻璃上。

来源：[英]康威·劳德埃·摩根（Conway Lloyd Morgan）编著，白颖译. 让·努维尔：建筑的元素. 北京：中国建筑工业出版社，2004.

百个光圈般构造的窗格,灰蓝色的玻璃窗格之后是整齐划一的金属构件,具有强烈的图案表现性和科学幻想的效果。让·努维尔说:"建筑设计灵感源自于阿拉伯文化,是对一种精巧、神秘、蕴含宗教氛围的东方文化的赞美。我对清真寺建筑的雕刻窗很感兴趣,光透过它洒在地上形成了几何形、精确的、波动旋转的深浅阴影。所以我采用了如同照相机光圈般的几何孔洞,材料是铝,通过内部机械驱动光圈开阖,根据天气阴晴调节进入室内的光线量。"在建筑落成的 1987 年,阿拉伯世界文化中心被评为当年最佳建筑设计,获得银角尺奖。

上述例子充分说明了在高层建筑的功能与形式辨析中,功能与形式的意义统一性。功能可以负载文化因子,形式可以传递文化内涵,形式统一于功能。建筑的最终目标是构成具有文化意义的场所,而具有追寻这种创意的方式是多种多样的,具有时空与地区差异。

3.1.1 不同时期高层建筑文化特质创意表现

建筑作为一种文化形态,在不同时期反映各不相同的内容和艺术特征,表达出不同的文化特质差异(表 3.1)。

表 3.1 不同社会时期高层建筑文化特质表现

发展时期	艺术表现手法	文化特征	高层建筑文化特质表现
古代时期	崇拜—非功能性的尚高	拜物教的体现	摆脱对自然的威胁
中世纪时期	尖而高铸就精神统治	精神的物化	观念与思想的象征性表达
1880—1900(近现代)	新艺术运动	功能理性表达与折中主义的丰富性	由功能简洁至历史再现精神需求
1920—1960(现代)	人—空间—时间的构图理论	理性特征技术美学	从功能和技术方面致力于建筑拓新,合理化和逻辑性的表达
1960—20 世纪末(后现代)	建筑艺术是一种语言,强调创新中文脉的表达	本体论和整体论结合;语境论	多元与多样的重建历史新秩序;形态的文化意味
21 世纪—(当代)	表现生态艺术本体、人文与技术美学价值	诗意栖居的生活世界观	生态文化和时代创新

现代主义建筑的产生是基于功能的回归和人性精神的自由,讲究建筑的科学性和经济性。从"功能主义出发",面向工业化生产方式。具有理性主义内涵,讲求技术美学的特征;取得了认识论的进步,主张空间是建筑的主角,艺术上从二维转向三维。后现代主义是 20 世纪 60 年代风行于西方的一股社会风潮,是建筑界对现代主义的反省。它的哲学特点是主张本体论和整体论结合,从美学上强调审美主体的作用,在建筑上主张消解主体和重构关系。但后现代主义的建筑文化主张也存在其片面性和局限性,它基本上是对历史的回望,仅提供了一种思维方式,并没有建构一种新特性文化。21世纪是知识经济和信息时代,环境和建筑注重可持续发展,是产生观念和价值大转折的时期。

这样以时间为序,勾勒出高层建筑历史现象的纵向渊源的发展变化,时序清晰。因此,从历史的纵向维度研究高层建筑的文化特质创意演进过程,可以扩展视野的深度;并可发现高层建筑文化特质创意理念由理性向诗性转化的过程,以及由统一到多样再到统一的螺旋式发展过程。

3.1.2 不同流派与高层建筑文化倾向中的特质表达

高层建筑与现代主义都兴起于20世纪初,两者都是20世纪生产力飞跃式发展的产物。高层建筑是一种技术高度密集、功能要求复杂、各种制约因素多且在城市中有着巨大影响的建筑类型,它集中体现了多种矛盾的冲突与综合。在高层建筑设计中,功能、技术、艺术形式等因素的重要性似乎高于其他建筑类型,这与现代主义建筑流派所主张的基本原则吻合。

20世纪70年代,建筑流派的变化迅速体现到高层建筑中。因为高层建筑在城市中的突出地位使人们对它的视觉效果提出了更高的要求;另外,经济的刺激和业主的实力与高层建筑相映衬。但是,属于高技术型的高层建筑仍然囿于物质条件与社会经济基础,新理性主义和解构主义设计手法还鲜见在其上实现,后现代主义零星的作品只是浅尝辄止,在高层建筑设计领域尚处于探索阶段。与此相对,晚期现代主义的代表人物如西萨·佩里、贝聿铭、福斯特、SOM和KPF屡有高层建筑惊人之作,体现了晚期现代主义将现代主义重视功能技术的理性原则和现代社会对高情感要求的充分结合,拓展了高层建筑的设计思路,表现出清晰的美学价值和艺术特色。但在线性思维时代,无论建筑流派如何表现,其文化特质创意均离不开现代主义一贯以之的美学原则,即好的建筑作品必须永远是美学上恰当的,这种恰当必须是与美的失误对立分明的,也就是一座高层建筑要成为美的形式,它就应该通过正确的几何处理,清楚地表现出它的材料、结构体系和功能。不同的理论流派追求的不同文化特质创意表明了美学的不可测定性,但基于线性思维的创作说明美学是可以被判定的,因为它具有清晰的创作原则,只是方向不同,殊途同归。

但如何设计高层建筑的问题却从未真正得到解决,它一直在继续不断地使理论家与实践者困惑、烦恼与不知所措。最初是从过去那些弃而复拾、贬而再褒的模式中去找答案,经过作者的分析,其争论的结果是:受到人为意志的控制程度远不如审美原则与艺术观念的直接影响更具创造力。这就是线性思维的魅力。

无论如何,多流派的手法展示了高层建筑发展的多种可能性,证明高层建筑文化特质创意手法的可持续性。正如文丘里(R. Venturi)所言:"今天的建筑师要以丰富多样的作品、变化有序的建筑语汇有别于前一代(现代主义)。"他的观点反映了建筑思潮的变化和审美意识的变换密切相关,这个变化也导致新的流派的产生,建筑创作领域向心理学、符号学、人类学、文化学、哲学、社会学、行为学等学科延伸和扩张,其文化特质创意大致有以下几种方向:①追求自然;②动态感受;③可变易性;④分解扭曲;⑤多样混合;⑥文脉探求;⑦未来意识;⑧文化意识。

解构主义对古典主义、现代主义和后现代提出质疑,对传统建筑观念进行消解、淡化;把功能、技术降格为表达意图的手段,而把建筑艺术提升为一种表达更深层次的纯艺术。它善于利用抽象语言表达历史的不连续性,从本质上看是构成主义的发展,是晚期现代主义的一种时尚表现。各种建筑流派及建筑思潮对高层建筑文化特质表达分析见表3.2。

表3.2　不同流派与高层建筑文化倾向中的特质表达

风格流派	分类		艺术表现形式	文化倾向	高层建筑文化特质表达	典例
古典主义	复古主义		古典建筑原理应用、元素撷取	古典复兴	历史主义、各种固有的文化传承惯性表达	
	折中主义		现代体量＋古典元素			
	装饰主义		符号—象征性使用古典建筑元素			
地域主义	综合性地域主义	复古手法	乡土建筑原型再现	地区文化的刻画	文化的多元与多样性、地域文化、环境、文脉的承袭与张扬	
		折中手法	不拘于原型再现、折中			
		装饰手法	符号—象征性使用乡土建筑元素			
	批判性地域主义		传统内涵＋现代文明、场所感			
现代主义	国际式样倾向		现代主义五特征	理性特征技术美学	合理化和逻辑性的表达，重理偏情，注重时空特质文明	
	机能主义倾向		功能理性			
	形式主义倾向		形式的极端体现			
	几何雕塑倾向		几何体量，造型母题			
	结构表现倾向		结构技术和构件展示			
	高度感官倾向		晚期现代主义特征			
	复杂简单趋势		复杂细部＋简单整体			
后现代主义	东方建筑传统导向式		以传统元素作为折中对象	传统文化的现代解析	现代技术传承和诠释历史传统，拼贴历史	
	西方建筑传统导向式		西方传统建筑元素之蜕变			
	中西兼容式		中西传统元素的整合			
结构主义	解构主义		打破原有建筑的整体性、转换性和自调性；强调结构不稳定性和不断变化特征	反对整体性、重视异质并存	构成主义理念的发展，以否定性理念为谋略，注重"分解"和"打破"的外化形式语言	
	结构主义		结构主导与结构概念的逻辑与艺术思维	差异性是事物的高级状态	"破"和"立"并重，结构艺术语言物化	

（续）

风格流派	分类	艺术表现形式	文化倾向	高层建筑文化特质表达	典例
晚期现代主义	抽象的技术语言及印象派特征,现代主义之后的高技派	表现技术效果、显示光感质地、表现结构创新形式与力度	侧重时代和地方表现,注重形式与装饰结合,并与其他学科交融	高技术人文与美学价值取向,科技与人情味兼重	
新现代主义	强调现代建筑精神、反后现代非合理性	表现生态文化本体与人本价值	诗意栖居的生活世界观	生态文化和可持续发展超前设计创意	

3.1.3　不同文化观念及哲学思想倾向与高层建筑文化特质表达

建筑的文化特质表达再现了不同的文化观念和哲学思想,见表3.3。

表3.3　不同时期的文化观念与高层建筑文化特质的影响要因

领域 \ 年代	20世纪前半叶	20世纪后半叶至21世纪初
哲学观念	功能理性与逻辑实证主义	多元文化哲学观念
美学观念	技术美学与古典美学	多元文化美学价值观念
文化学说	单线进化论	多线进化线性艺术观念
思维模式	分析型	分析型与综合型创造性美学观
科学技术	工业技术	后工业技术与信息技术唯美信息观念
经济环境	民族经济与跨国经济	区域与全球化经济循环价值观念
经济形式	物质经济	物质经济与信息经济可持续发展观念

由于"单线进化论"文化观念的主导,文化被认为有高低、优劣之分,导致产生"欧洲文化中心论",基于此思想的国际风格在建筑中盛行,带来了地域性与民族性的淡化和消失,高层建筑在世界各地蔓延,国际式建筑文化广为传播,甚至有冲击与覆盖其他文化特质的倾向。

伴随"多线进化论"等文化学说的兴起,各文化的自身独特价值得到尊重,地域性和民族性文化再次为人们所重视,不同地区、不同地域文化为高层建筑文化特质创意提供了思想土壤和文化驱动力。

结构主义文化观念推动着建筑理论与创作实践的发展。结构外化表现、表皮技术文化、生态文化构成了建筑形态语言的多元化趋势,为高层建筑文化特质创新提供了发展观念和物质技术保障。

科技文化观——科技也是文化,倡导科技的理性精神,多学科前沿成就为高层建筑文化特质创新丰富了创作手段。

经济活动也是人类文化行为之一,经济对建筑的影响越来越大。一方面,文化的产生与传播依赖技术与经济,"文化"蜕变为技术经济产品的附属品;另一方面,现代经济依赖广告宣传效应,使建筑变成一种广告信息媒体,加速了建筑行为商品化和"商业化"的蜕变。

同时,生物多样性不可否认,而文化的多样性是建立在此基础之上的。21 世纪的建筑文化观突出生态化的人类生存,它的艺术与审美活动重在实现人与自然和谐、身心和谐及理性与感性和谐。高层建筑的文化特性创造之目的也在于人类生活世界的多样化创造,多样化的自然世界需要多样化的生活,即多元文化的特性创造,21 世纪的建筑与文化观念的发展正体现了这一根本目标,见表 3.4。

表 3.4　21 世纪的建筑与文化观念的发展

时代 类型	20 世纪	21 世纪
环境观念	与自然对立	与自然共生发展、人与自然和谐
发展观念	无限制发展	可持续发展
美学观念	技术的美学	生态、信息美学与美学价值
经济观念	物质经济为主	知识经济、循环发展
价值观念	二元对立	多边互补、多元并存
技术观念	技术至上	强调适宜性、人性关怀
利益观念	强调群体利益	关注人类共同利益、公平理性

对于一种文化哲学或人类哲学来说,正是因为具体的、能动的创作活动,才产生了一切文化,同时又塑造了人之为人的东西。人与文化的本质,只是以这种创造性活动为媒介而统一。文化哲学理念是建筑、也是高层建筑文化特质创新性的智慧之源,参见表 3.5 和表 3.6。

表 3.5　不同传统哲学观与建筑文化观念比较

比较项目	中国传统建筑哲学	西方传统建筑哲学
理念主张	天人合一,贵在综合	主客观两极世界,着重分析,征服自然
文化模式	复制式文化发展方式	否定式文化发展方式
特质表达	与自然和谐	个性伸展、社会性发达
哲学观	转身向后	向前、创新

表 3.6　不同哲学思想与建筑文化观念比较

哲学思想	建筑文化观	文化特质创造方法
生态精神	生态文化	生态空间与环境
经济效益	物质文化	集约化、整体化、高度化
科技观	科技文化	技术展示
社会观	社会文化	可持续发展手段
文化观	精神文化	地域与场所

3.2 现代城市建设与高层建筑创作的文化特质创意理念探析

近年来,我国社会经济高速发展,高层建筑建设日新月异,许多城市因为受政治和经济的利益驱动,高层建筑的设计有诸多忽略人的感受和人在建筑中的中心地位的倾向。在利益的驱使下,创造了各种文化品位低庸的虚假建筑,这些建筑给予人们的只是真实建筑的幻象,而非可以满足现实需要的真正建筑。在工业和商业占有主导地位的社会里,环绕我们的常常只是事物的外观而非内容,建筑能够提供给我们的也只是形象而不是实体。许多城市的高层建筑设计,仅仅有花哨的形象而缺乏真正的思想和艺术的想象力,没有情感投入的设计只是标准化的形式,缺乏与地点、本地的气氛和历史的关联,也缺乏对将要生活其中的居民的生活方式和个性特征的考虑,这样的建筑难以使人们产生归属感和愉悦感。因为建筑设计缺乏从人和审美方面的考虑,我们可以理解,为什么在城市里有越来越多的暴力,而郊区变得寂静和了无生气。

建筑的本体是人化的本体,在此思想基础上建立的"人文尺度"是最根本性的衡量建筑的尺度,是唯一真实和内在的尺度。人文尺度的确立,目的在于重建和发掘建筑的人文价值,为人类寻求、发现和设计出生活的理想之境。这就决定了其关注的焦点必然从单纯地对建筑物质形态的操作转向对作为主体的人及其文化活动的把握。但无论如何,"人文尺度"只能表现为一种零散的话语,因此要想对它进行深入、系统的研究是需要一种相应的方法学来推动的。而建筑现象学正是具有这样一种精神的系统化的理论。它的"场所理论"和"知觉理论"是许多建筑师实践的理论源泉,其中最为著名的便是斯蒂文·霍尔。对由技术至上、视觉美学片面化、知觉与真实感缺失和主客体空间分离等造成的文化特质危机和建筑异化,可利用现象学还原的方法从两个方面来重塑建筑人文尺度:一方面是还原到"生活世界",诠释"场所意义";另一方面还原到"主体感知",追求"知觉与体验"。

追溯原型,探讨范式。为了较为自觉地把研究推向更高的境界,要注意从原形的追溯中探寻范式,找出原型及发展变化就易于理出其发展规律(表3.7)。但作为建筑与规划研究不仅要追溯过去,更须面向未来,特别要从纷繁的当代社会现象中尝试予以理论诠释,并预见未来。因为我们研究世界的目的不仅在于解释世界,更重要的是改造世界,对建筑文化的探讨之基本任务亦在于此。

人类创造了灿烂的文化,而文化也反作用于人类的行为与思想,包括人类的文化观、价值观和生活方式。同样,高层建筑文化作为人类文明创造性的一部分,它也凝聚了人类的理想、价值观和行为准则,从而制约人们的行为,包括建筑创作。建筑创作一方面在创造文化,一方面被文化所影响。而建筑现象学的目的就是要去探求建筑的本质,认识建筑的意义,不仅要重视建筑的物质属性,而且要重视建筑的文化与精神的作用,重视生活场景的场所精神。因此,从现象上解析高层建筑创作有助于了解当时当地的文化参照意义,进而指导高层建筑文化特质的创意。

表 3.7　近现代高层建筑设计创意理念及文化特质创意的典例解析

序号	典例简介	图证	设计创意	文化取向	美学价值意义
1	埃菲尔铁塔 法国巴黎,1889 工程师:G·埃菲尔		300m 的高度显示了钢铁结构的优异性能	纯粹高度和材料的展示,预示着建筑向上发展的充分可能	虽无实用,但作为巴黎最有名的标志,其视觉意义突出
2	C·P·S百货公司大楼, 美国芝加哥,1904 建筑师:L·H·沙利文		适应社会经济和技术的变化,创造了新的建筑类型。立面直率地反映框架结构的特征。既有现代横向长窗,又有传统的许多细部装饰和屋顶挑檐	建筑的立面形态既包含过去,又启示着未来。既传承历史,又面向现代	形式是功能的直接写照,开现代功能主之先河
3	伍尔沃斯大厦, 美国纽约,1913 建筑师:C·吉尔伯特		仿古形象是 1930 年以前的美国高层建筑的典型,哥特式的外形使之被称为"商业大教堂"	中世纪风格的延续,历史主义的再现	20 世纪初期美国摩天楼的样本,古典主义的崇尚
4	爱因斯坦天文台, 德国波茨坦,1921 建筑师:E·门德尔松		建筑反映了爱因斯坦广义相对论的深奥玄妙,流线型的体块和别致的开窗表达出一种混沌的印象	强调了主体的内心世界,表达"我"内心体验到的东西	表现派的代表作,表现了艺术的审美主体化倾向
5	东京帝国饭店 日本东京,1923 建筑师:F·L·赖特		建筑师希望借此帮助日本实现由木结构到砖石结构的转变,同时深刻表达日本的地域文化	有机建筑表达了文化的适应性、开放性特质	东方早期现代主义高层在结合地域主义方面的独特表达
6	帝国大厦 美国纽约,1931 建筑师:S·L·H 建筑事务所		102 层、380m 的现代尖塔为一时之冠,经济、技术在建筑上的充分展示,财富攀比和势力的代表	攀高只是为了炫耀,商业文化气息浓厚	现代中夹杂着部分古典主义的气息

（续）

序号	典例简介	图证	设计创意	文化取向	美学价值意义
7	洛克菲勒中心 美国纽约,1939 建筑师:R·胡德		财富的象征,建筑成为资本的最佳代言。综合体高层建筑影响了城市的发展	建筑除了高大以外,还能以体量、规模效应建构城市美学	国际式风格的展现,表达了综合体建筑群的城市文化价值
8	利华大厦 美国纽约,1952 建筑师:SOM 建筑事务所		全玻璃幕墙高层建筑的奠基之作,以材料和技术体现了现代建筑的创新	技术文化倾向	板式的纯净代表了国际式建筑的精美
9	联合国总部大厦 美国纽约,1952 建筑师:W·K·哈里森		杰出处理了高层综合办公建筑群的功能复杂性,组合造型构图具有时代创新性	理性与浪漫的交织,创造性与独特性文化特质的展现	现代建筑风格的完美呈现,表达了一种浪漫的理性主义
10	莫斯科国立大学楼群 俄罗斯莫斯科,1955 建筑师:L·鲁德涅夫		以"宏伟性和纪念性"反映意识形态诉求	政治审美创造独特的文化特质	社会主义民族形式折射政治美学价值;城市景观的控制要素
11	西格拉姆大厦 美国纽约,1952 建筑师:密斯·凡·德·罗		精美纯净的幕墙构造和简洁细致的体块	功能技术、时代精神和艺术的完美结合创造了兼容性的文化特质	技术工艺的精美和材质的考究创造了摩天楼新的美学追求
12	巴西议会大厦 巴西巴西利亚,1958 建筑师:O·尼迈耶		表现三权分立的政治形态,多变的对比形态丰富活跃了建筑群	政治文化美学特质的展现	语言的隐喻象征诠释了客体与主体之间的价值

（续）

序号	典例简介	图证	设计创意	文化取向	美学价值意义
13	皮瑞利大厦 意大利米兰,1959 建筑师:G·庞蒂 工程师:P·L·奈尔维		建筑与结构的完美融合创造了精巧秀美的建筑体态,以其独创性突破了摩天楼风行的单一板式和方盒子	异化了现代高层建筑的形式,富有创造性	打破国际风格单调和沉闷,表达了多样化的美学观念
14	中银舱体大楼 日本东京,1972 建筑师:黑川纪章		表达建筑的新陈代谢思想,追求建筑随时间变化的可能。舱体是小宇宙。又表现了日本传统木构	建筑文化也是生态的	工业化生产的建筑美学。新颖的模块化表达了有机生长的概念
15	纽约世贸中心 美国纽约,1973 建筑师:M·雅马萨奇		双塔建筑的代表。以重复与简洁表现建筑的震撼力	1+1>2	纯净而单调的现代工业美
16	蓬皮杜艺术中心 法国巴黎,1977 建筑师:R·罗杰斯&R·皮亚诺		创新性的文化艺术建筑形态,高技术的另类表达:设备与结构外观	技术文化	技术美学价值
17	波特兰市政大厦 美国波特兰,1982 建筑师:M·格雷夫斯		后现代主义建筑的代表之一。在传统中寻求文脉。以复杂而多余的装饰、艳丽冲突的色调表现自我	文脉主义的文化虚无	后现代主义的混沌美
18	筑波中心大厦 日本东京,1983 建筑师:矶奇新		以剧场性、胎内性、两义性、迷路性、寓意性和独立性建立后现代主义纷杂的隐喻与暗示	面向西方建筑历史的文化杂陈	后现代主义的混沌美

（续）

序号	典例简介	图证	设计创意	文化取向	美学价值意义
19	美国电报电话公司大楼 美国纽约,1984 建筑师:P·约翰逊		古典建筑形式的现代严谨运用,突破国际风格的摩天楼	历史文化价值的现代回顾	不完全等同后现代手法的新古典主义美的寻求
20	香港汇丰银行大厦 中国香港,1985 建筑师:N·福斯特		外显的材料和施工工艺处处表现了高科技的魅力	技术精美文化的极致表现	高技派的代表,技术美的展示
21	伦敦劳埃德大厦 英国伦敦,1986 建筑师:R·罗杰斯		体现现代工业化赋予建筑的崭新形象,同时以不变体外露使建筑具有持续"生长"的可能	展示了技术文化与有机建筑的生态精神	既体现高技美,又创造建筑的新陈代谢的"生命"之美
22	香港中银大厦 中国香港,1989 建筑师:贝聿铭		三角形母体的巧妙变换创造了节节升高的形态,既简洁明快,又寓意深远	以现代科技展示传统东方文化	精致的结构技术美学和三角形态组合
23	东京都新厅舍 日本东京,1991 建筑师:丹下键三		轴线布局和东西结合成就了其标志性,西方哥特+日本江户风	历史主义的再创造	日本后现代主义纪念碑,以精致的技术展现江户时代建筑风采
24	梅纳拉商厦 马来西亚雪兰莪州,1992 建筑师:汉沙,杨经文		富有创意的热带摩天楼,创新的双气候处理解决低能耗问题。被称为复杂的气候"过滤器"	构建的生态文化展示了其适应性	摩天楼生态美学价值的追求典例

（续）

序号	典例简介	图证	设计创意	文化取向	美学价值意义
25	金贸大厦 中国上海,1998 建筑师:SOM 建筑事务所		既有中国传统建筑特色,又能体现现代高科技成就	地域文化＋技术文化	中国古塔的传统美与现代技术美的完美结合
26	佩从纳斯大厦(石油双塔) 马来西亚吉隆坡,1998 建筑师:SOM 建筑事务所		联体双塔建筑的典例	伊斯兰地域文化的诠释	地域建筑美学价值的表达
27	CCTV 新厦 中国北京,2008 建筑师:R·库哈斯		把水平巨环竖向化、立体化,挑战性形态创造了唯一性、标志性	独特性文化特质展示	反形式美学的极端体现
28	纽约世贸中心新塔方案, 美国纽约, 建筑师:M·雅马萨奇		1776 英尺的高度创意来自国家独立的纪念联想,与自由女神形成呼应	象征民主/自由的政治文化特质的衍生品	政治美学价值的追求
29	台北 101 大厦 中国台北,1998 建筑师: 李祖原建筑事务所		以现代技术刻画古塔的韵律美,层叠的平台充满攀升感	传统文化的现代演绎,兼容性和开放性并举	传统精神与现代技术的整体美
30	马尔默"扭转的躯干"大厦 瑞典马尔默,2006 建筑师:卡拉特拉瓦		突破摩天楼一贯的竖向单调,扭转的体态形成了向上的态势,向上感强烈	来自大自然的动态文化特质创造	革新性的形式语言打破了现状思维和美学价值观

（续）

序号	典例简介	图证	设计创意	文化取向	美学价值意义
31	芝加哥螺旋塔 美国芝加哥，1973 建筑师：卡拉特拉瓦		以扭转的玻璃体对应湖面的涟漪，同时兼顾居住空间在各个方向的景观效果	自然的形式展现文化特质的适应性与创造性	运动形成立面独特的动态视觉美学价值
32	东京巨塔 X－SEED 4000 日本东京，拟建方案，日本大成公司		模仿富士山体形态，表达超高层建筑的创新构想	地方民族文化特质的再现	寻求与自然文化对应的高大尺度美学

3.2.1　历史、时代差异与文化特质丰富性、文化惯性、地域性

1. 东西方文化差异造就高层建筑文化特质的丰富性（适应性）

生物具有多样性，文化也有多元性，差异化的文化对应群体和物种的多元与多介。就东西方而言，自古以来，由于时空和地域的限制，东西方展示了不同的文化，反映了相异的哲学观念、美学价值，文化也在发展中强势和弱势地位交替互换，也带来了交流、冲击甚至覆盖。

当然，文化差异客观存在、不容抹杀，它的积极一面是反映了世界的丰富多彩，也包括文化特质的独特性，文化特质如此多样，人们的趣味才如此多样，生活才如此生动，生存的价值才富有积极的意义。

东西方文化是世界文化体系中的两条巨大支流，同属地球文化却存在着巨大的差异，这种差异不可避免地体现在建筑美学和文化特质的创意观念之中。西方的建筑美学观念随着生产力的飞速发展而不断地更新，美学价值观随着思想和技术的进步而改变，是不断进化的产物，其本质是动态而非静止的，西方现代高层建筑美学早期强调工具理性和工业文明，其针对的只是古典主义一成不变的传统范式，以及古典主义对工业化生产的不协调，它对影响深远的古典美学的反叛是当机立断的、迅速的，尽管有失偏颇，但对高层建筑这种现代类型是合适的、必要的；现代主义之后的种种美学观念呈动荡之势，总体表现为多元论的建筑思潮，即要求获得建筑与环境的个性及地区性格……这些都说明了西方建筑界在探索高层建筑的文化特质创意时表现出了足够的灵活性与应变能力，以及对时代与社会建筑美学问题的思考热情。首先，基于古希腊和古罗马美学思想的柱式在建筑上的广泛运用及深远影响，似可看作西方早期在建筑上的向上追求意向；其后基于中世纪神权思想的哥特式更可看作西方古代高层的发端，其奔放挺拔的竖向构图及细部构造代表在建筑上的文化特质创意；之后建立在技术与材料保证之上的现代主义高层建筑开始了真正现代摩天的探索，并以丰富多彩的建筑形态折射了创造性思维的活跃，众多非凡的文化特质

创意与建筑理论相互辉映；现代主义之后的种种思潮、流派如光亮派、后现代派、晚期现代派、高技派、新古典主义等不一而足，它们虽手法不一、主张各异，本身思想也不一定成熟、理论不一定完善，但至少都迸溅出文化特质创意思维的火花，从各自不同的思考角度启迪了我们，开阔了高层建筑创作的视野和文化特质的范围，具有进步意义(图 3.2)。

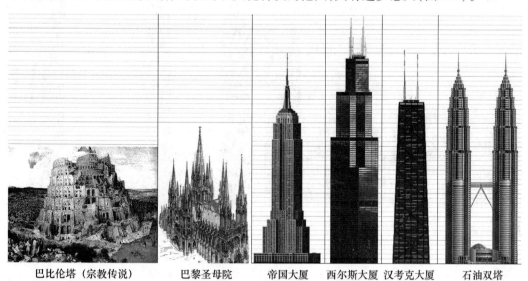

| 巴比伦塔（宗教传说）
古巴比伦 | 巴黎圣母院
法国巴黎 | 帝国大厦
美国纽约 | 西尔斯大厦
美国芝加哥 | 汉考克大厦
美国芝加哥 | 石油双塔
马来西亚吉隆坡 |

图 3.2 西方高层建筑的演进示意

而中国美学自古以来就彰显了天人合一的人文和生态价值取向，在建筑与环境的空间与意境创造上，手法无限且独树一帜，然囿于传统思维的长期统治和思维的僵化，在建筑用材和建筑技术上缺乏开拓性精神，加之在封建社会晚期盲目排斥外来文化和进步观念，美学思想上过于保守，在建筑上表达向上的追求不够，中国自古就以与天地相安共生为指导思想，在高层建筑的探索与城市发展方面缺乏向高空挑战的信念，因此，中国早期虽以大量的塔幢作为高层建筑(构筑物)的文化特质创意形式，但长期如一的现象彰显了文化特质创意革新的不足，传统是精髓、富有艺术感染力和适应性与独特性文化特质，但如何结合现代精神创造出更富时代美学观的当代高层建筑，彻底而完整地建构中国文化特质的适应性系统，尚待时日(图 3.3)。

但正由于文化存在差异，也就有了文化的侵略与掠夺。一些文化在初期都能兼收并蓄、博采众家，当它发展到一定程度而基本成熟时就缺乏了驱动力，无法再进行变革和前进，形成了固有模式和传统。此时，文化群体就陷入一种无意识的文化满足感和文化惰性，这种状态束缚了文化观念的革新，排斥了外部先进文化，不能很好地融合与互补，就意味着此消彼长，强势文化覆盖弱势文化，进一步影响了文化传统的传承与繁荣。但这种文化冲击并不会顺利，定会遭到抵制与对抗，从而创造出纷繁杂陈的文化样式。此时的建筑文化亦不例外，它在自身系统发展成熟后，就会故步自封，漠视社会观念的更新和其他领域的进步、先进文化的存在，抹杀了文化特质的兼容性与开放性特征，不能顺应社会、经济、技术的变革而落后，文化特质创意无从产生，渐渐地失去了创造性和独特性。

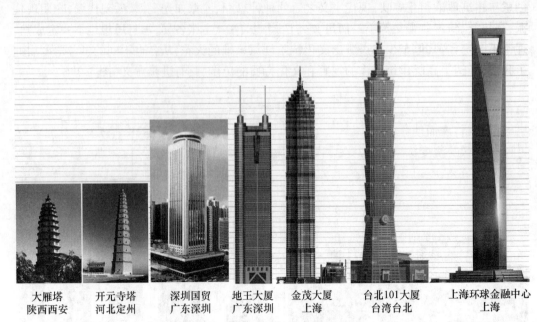

| 大雁塔
陕西西安 | 开元寺塔
河北定州 | 深圳国贸
广东深圳 | 地王大厦
广东深圳 | 金茂大厦
上海 | 台北101大厦
台湾台北 | 上海环球金融中心
上海 |

图3.3　中国高层建筑的演进示意

当然在交流与融会互补时保持文化的开放,要避免极端地盲目崇拜,而应辩证地对待外来如西方文化,理智地结合自身文化和社会特点采取扬弃的方式。以现代高层建筑发展为例,实际上,现代主义在中国直接面对的是历史悠久且成熟的中国古典建筑文化,中国先接受的是形态冲击,而在理论上尚无准备,技术上也不成熟,但就是这种差异的存在,西方主流的现代主义建筑观念强烈地冲击了我们的固有文化,它对建筑功能、内容、工业化及城市建设等人民生活密切相关的基本问题非常重视,并不完全只是"没有人情味的建筑艺术",它反映了工业时代的社会与大众诉求。反观我们的态度,在建筑创作观念手法上随意抄袭而不消化、在建筑理论上盲目跟风而无系统吸收、在建筑文化上失去自我,这种姿态抹平了文化的地区差异和文化的传统贡献,不利于建筑文化特质的适应性特征的发展,也就使建筑文化特质消失于无形。

建筑作为人类文明创造性的一部分,必须时常审慎所迈向的方向,使得任何建筑文化都在形式上多样和观念上开放,保持文化特质的差异性、彰显文化特质的适应性。

2. 社会观念与时代演绎高层建筑文化特质的开放性

时代的进步体现在社会的方方面面,包括价值观念、文化取向、思维、精神与物质追求等,社会的向前标志着大众和文化群体对生存意义与生活世界的意识增强,当然,建立在和谐这个大的共同目标基础上的这种思维意识与文化取向一定是多样与多变的,这正符合世界多极的客观性。同时,社会价值观念作为公众对客观事物的评价与态度体系,它是人类文化的核心并在社会历史实践中形成,因此价值观念也是发展、变化的。高层建筑文化特质的开放性特征表达是与社会观念更新和时代发展同步的,因此它也是动态的、融合各种进步思想和地区文化的。

自20世纪中叶起世界文化的总体模式发生了巨大的变化,伴随着后工业时代的到来,新的文化观念也得以产生。这以文化为本体,探究人的本质及其发展规律的文化哲学受到重视为特征,而此种现象实际上是社会的发展促使人类对自身进行更高层次反思的必然结果。德国思想家韦伯以"文化的相对价值论"提出了文化的地区差异和合理化问题,文化的合理化特征差异导致了价值观差异,从而形成了多样的建筑文化现象;美国学者本尼迪克特认为每一种文化都有其主导观念,将各种分散的文化元素整合起来,形成自己的具体行为模式,她的这种"文化模式"理论揭示了文化的层次结构和整合机制;法国人类学家列维·斯特劳斯的文化系统概念探讨了文化的共通性和差异性问题,从而使我们认识到文化深层结构的复杂性和表层结构的丰富性。这些文化哲学观念的演变深刻影响了当代文化观念的生存与发展,也表征了当今世界文化的多元化格局。

毫无疑问,当代建筑文化和思想的多元化是对 20 世纪现代主义的深刻反思和理论修正,建筑创作的种种主张正是对现代主义的理论与实践的补充、调整乃至发展。现代高层建筑以功能主义原则和纯净式样积极回应了时代的社会需要,展示了与传统建筑完全不同的文化特质,是对封建思想和神权统治的自由心声表达,具有倡导思想和意识的开放和自由观念,建筑形态也诠释了这种开放自由;作为社会发展的综合产物,建筑要满足社会的需要,代表当代生产力水平,反映人们的生活方式、价值观念及审美取向,具有强烈的社会性和时代性,因此随着社会生活需求的多样化、社会阶层的分化,人们的文化素养、生活习惯的改变都必然会深刻地影响到并反映在人们的建筑观念中,建筑的文化特质也随之发生变化,充满动态性和开放性,这正如当代多风格、多流派的建筑表现一样,充分体现了人的主体意识的觉醒。

高层建筑的文化特质创意也正应和在这种多元文化的追求中,深化着文化的差异性与传承特点,以及文化发展的时代观念和社会观念特征。但我们应清醒地认识到,现代高层建筑尽管具有冷漠和同化的缺陷,但也有关心人文、解决人类生活中的建筑与城市中问题的积极一面,不论它之后的晚期现代主义、后现代主义,抑或其他思潮与流派如何反叛,都只是现代主义的良好补充与完善,当然它们都具有高层建筑文化特质的独特创意,极好地丰富和应对了当代社会的大众需求,尽管皆处于探索之中。

3. 高层建筑传承发展的文化惯性与文化特质创意局限性

与其他类型文化一样,建筑文化具有地域性和民族性,在其传承发展过程中,每种文化的内部体系和结构都显示了其独特的方式,而当某类文化发展至成熟时,内部支持其发展的驱动力就会慢慢减弱,随之,这种文化也就因逐渐失去活力而伦至一种纯文化的状态,并渐渐演变成一种固有模式,从而进行一种惯性运动,此乃文化的惯性:文化系统的发展并没有随着时间的变化而演进,而是逐显颓势(表 3.3)。建筑作为一种富有文化内涵的创作现象,既创造着文化,又受制于文化,这具见之于各种形而上的观念系统,当某种建筑文化系统呈现出文化惯性,观念也就表现出僵化的特点,文化思维模式趋于定式,建筑与功能、与科技、与社会发展也脱离得越远,最后逐步形成为形式而形式的状态,建筑的文化特质由于文化惯性的作用也无从创意,建筑设计也就失去了创新。

文化惯性具体表现在思维的习惯性,表现在创作观念传承的一贯性,这并不利于建筑文化特质的创意演进。由高层办公建筑的形态发展可窥一二,在建成 1913 年高 52 层的纽约伍尔沃斯大厦和 1931 年 381m 高的纽约帝国大厦时(参见表 3.3),尽管当时已采用了先进的钢框架结构和劲性混凝土材料,但它们都没有反映出与新的建筑类型相适应的形式。相反,人们的形式观念和文化理念还徘徊在中世纪高直建筑的形式中,可见此时经典的古典建筑的文化惯性是多么强烈,它甚至影响到了几百年后的现代建筑;同样,"国际式"现代高层建筑在第二次世界大战后一领风骚、在世界各地蔓延,见表3.2,其产生的思想影响及至当代。毋须讳言,"国际式"现代高层建筑的文化特质是适应当时时代和社会文化需求的,它重视功能、主张创新、反对套用累赘烦琐的历史样式等主张,顺应了工业时代的发展,其板式平屋顶和由钢窗组成的有韵律感的立面及依托底部裙房的新形式,将简洁、新颖、轻快、明亮等特点发挥到极致,显示了开放性和独特性的文化特质,但这种文化特质长期深入人心且一成不变形成了文化惯性,严重制约和排斥其他文化观念与美学观念的发展,使生存世界同质化,否定了趣味性和生活的多样性,忽略历史与文脉,过分强调工业化特征,致使盒子式的高层建筑大兴,冷漠而缺乏个性,从而受到建筑界和大众的质疑与批评,其发展也遇到了困难,此乃文化惯性使然。

高层建筑的演进历史说明无论曾经多么优秀的文化,曾经怎样新颖的文化特质创意,一旦它处于惯性发展状态,也就失去了自身的驱动力,要么在历经短暂衰败后重新自省,要么陷入外来强势(相对性的)文化的泥淖而完全失去了自我,这对文化在继承中发展是不利的,对文化特质的寄意创新尤其是一种束缚。

4. 地域文化环境特性演绎高层建筑文化特质的独特性

当代建筑和建筑观念已经发生了深刻的变化,其中之一是对人的生活意义和存在价值的重视,这包括文化环境的营造。

在现代建筑结合地域文化的创造理念上,日本建筑师的做法值得学习。在日本,现代乃至后现代建筑存在其他地区共同的矛盾,日本长期坚持引进文化与本土民族的平衡,建筑界也处在本土传统、西方文化和现代技术的取舍与纠缠之下,但日本建筑师对三者的理解并没有局限于简单引用和模仿,而是从自身体验出发、立足本土文化挖掘某种特有的建筑文化特质,从而在国内外创造出许许多多个性十足的建筑作品,这些充满现代气息的作品带有鲜明的日本民族文化印记,让人印象深刻,如丹下健三的东京都厅舍和矶崎新的洛杉矶当代美术馆。

建筑是经济、技术、艺术、哲学、历史等各种要素的有机综合体,作为一种文化,它具有时空和地域性,这是不同生活方式在建筑中的反映。同时,建筑的文化特性影响了建筑设计,并与社会的发展水平密切相关。全球化涵盖了社会生活的方方面面,是时代的必然之势。但这也同时凸显了地域化,文化之两极呈对应及相互影响,片面地发展和强化任意一极都不符合科学发展观的要求。地域、民族文化在一定条件下可以转化为国际性文化,国际性文化也可被吸收、融合为新的地域与民族文化,建筑文化的进步,既包含前者向后者的转化,也包含后者的吸收和融合,这两者既对立又统一,相互补充共同发展。芝加哥事务所 Perkins + Will 在印度孟买设计了一幢高端建筑 Antilia 大厦(图3.4),这座150m高大楼的设计理念来自印度的风水概念(Vaastu)。大厦与能量流动是一致的,建筑的基座采用方形,这是风水的基本几何单元,花园层占据了大楼的中央部分,而这是所有能量汇集的地点。建筑由垂直和水平一组花园组成,划分出大厦不同的功能要素,部分楼层的外墙被格架遮挡,上面放置用溶液培养的植物。为了标志出不同的空间、保护私密性,这些"垂直花园"遮挡住建筑,减少了城市热岛效应。

建筑是一个活的文化生态系统,自有其发展规律。保持文化的多样性,维持文化生态系统的新陈代谢和生态平衡是建筑文化得以保持活力的不竭源泉。传承地域就是选取地域文化中最能制造出文化氛围的建筑语言,重视当地的文化氛围,并将其与现代生活中最激动人心的部分结合起来。

法国哲学家保罗·里柯(Paul Ricoeur)极力主张我们要追本究源,只有这样才配得上参加我们自己的文化争论。他指出:人类正向着世界唯一的文明靠近。它一方面呈现了世界巨大的进步,另一方面则预示着要吞没个别的传统。保罗·里柯说:"自身和他人作比较,首先我们必须是自身而不是为了面对他人。"由此,建筑的发展应该是设法显示出一种能联系具体地区文化起源的建筑,同时还要带有对世界的现代文明有所奉献的性质,这将超出弗兰姆普敦(Keneth Frampton)作为批判

图 3.4 Antilia 大厦

地区主义所提出的建议,但和日本大江健三郎(Kenzaburo Oe)的相对主义的见解却比较一致。弗兰姆普敦在《批判的地区主义建筑》一文中论述:地域主义建筑主要表现在本地区的阳光、地形、场所、文脉和结构模式上。同时,地域主义建筑文化具有开放性和兼容性的特征。同样,凯瑟琳·斯莱塞在《地域风格建筑》一书中不仅简述了地域风格建筑的共性,而且还通过不同国家当代四位建筑师的作品,进一步指明了由于"都散发出他们各自拥有的哲学修养与其所处地理位置的独特背景",所以尽管在建筑形式和材料运用上表达出了某些"共性",但"他们的作品各自具备了强烈的且富生命力的地方语言。"斯莱塞赞赏"对于特定的地域主题做出严肃而缜密的思辨",而批评"对于地方乡土风格粗俗地迎合大众的模仿"。《地域风格建筑》启示我们整合地域高层建筑文化共性与个性特征是现代建筑创作具有地域文化特色的必然途径。"地域主义着眼于特定的地点与文化,关心日常生活与真实且熟悉的生活轨迹……"这说明地域不但包括"地境与气候",也包括文化、审美观念等。地域高层建筑的真谛在于气候特点、地理环境、生产方式以及民风民俗等。

高层建筑是建筑时代性最集中的代表,但其健康良性的发展应为我们所关注。其中之一就是高层建筑地域文化的构建。上海金贸大厦外形与细部的精心处理,加之其轮廓与塔文化的意象,因而广受赞赏;郑州裕达国贸大厦下部几层连为一体,中上部写字楼与客房楼两塔楼适度分离,顶部近似手掌,隐喻"双手合十"(图 3.5)。这是两个在形式上具有象征特点的超高层建筑,隐示了一定的文化内涵,但仍然缺乏广泛地域性,更有甚者如西安合十舍利塔(图 3.5),这种形式上的文化模仿具有明显痕迹,欠缺深度和广度,其内在逻辑性不强,没有可供推广的实践性和理论建立意义,虽然不能否认高层建筑的百年发展史正是前赴后继的建筑师不断为其外形地域化的探索史。在造型上追求建筑的地域性属于浅表层次,也难有广阔天地,唯有在建筑空间上建立场所的地域性,探索空间、场所的文化原型,从而达到"地点"意义的现代诠释。

广义地域文化的探求并不排斥对异质建筑文化的吸收。由于人类生存环境的千差万

图 3.5　郑州裕达国贸大厦与西安合十舍利塔

同是李祖原设计的郑州和西安高塔之"合十"取义合十行礼,此乃佛教徒间的一种招呼方式,以双手合十的造型来营建高塔是对佛文化丰富内涵的诠释;同时内含唐代造型宝塔,实现了时间与空间的圆满融合。当然,形与义的结合过于具象。

别,造成建筑构成的差异性,相互间也很难认同。建筑的区域性或民族性是生存空间独特性的折射和闭塞的使然,独特的文化氛围和信息的不对称必然产生出许多狭隘的、片面的建筑观,因而寻求地域不能抛弃生存环境和地区文化氛围。但除此之外,建筑只有融会吸纳他民族地区的异质文化才有可能出现同质性,古希腊文明、罗马文明之所以能丰富世界建筑艺术宝库,能为众多民族所认同,原因就在于它们广采博取、海纳百川。封闭对立的时代,人们寻求内向的孤立价值,开放融合的时代,人们寻求各民族、各国家间的人类普遍价值。与时代、与变化的世界相适应,与人的认知科学与新场所精神相同步,建筑的创作与变化中的地域精神相一致,才是今天地域建筑所特有的创作态度。地域文化的目的在于创造的生命力,研究地域文化应注意方法论问题,盲目强调差异只能走入死胡同。地域文化应在与先进文化、其他文化的交流中获得新生。物质社会、数字化的骤然降临,不定的、"无始无终"的变化成为时代的主题,高层建筑创作不再会尽善尽美,建筑师总在不断地修改和变异自己的原初设想。

　　无论建筑的目标是什么,建筑学始终在寻求记忆中的空间形式及其生活体验。具有地域特色的建筑布局、空间形式上的象征与隐喻是建筑要素的有机构成。以当代的目光看待传统文化,由于时代的进步与社会的发展,不加修正地直接引用本身就是一种时间上的错位。应当看到,地域性既有相对的稳定性,也是一个动态发展的过程。地域性是一种真正意义上的多样性,它提供一种观念,而最后的答案都需要在具体、真实的环境中求解。由于地域性表现的方式与程度不同,因而具有"层次"的含义,所以在地域性的彰显过程中,建筑师具有主观的能动性(图 3.6)。建筑地域文化的表达往往借助类型学的设计方法,类型学的设计方法致力于对形式的探索——符号化的形式,这是一种确认意义与形式之间既同构又可

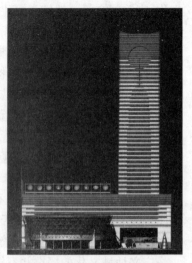

图 3.6　苏州太湖广场大厦

分离观察的方法,它让我们可以直达事物最深层的含义。斯蒂芬·霍尔(Steven Holl)是当代美国建筑界使用类型学较为成功而引人注目的建筑师。他深刻研究美国地方传统建筑的类型并一直致力于将从传统中获得精神和设计逻辑运用到创作中。霍尔将现象学思想与类型学方法结合起来,力求透过空间关系、功能、结构组织等表层分析去真正掌握建筑与场所的精神实质,以求还原"生活世界"的本来面目。在设计中他充分体现典型的类型住宅的构成要素,并利用这些要素来调节、表达和强化场所经验,但这些要素均是可变化的、可选择的,如将其中的部分要素代之以其他的要素形式,这座建筑的"精神"仍然存在。类型学具体的设计方法简单地可分为两步:选择类型(抽象形式)和转换类型(还原形式)。从文化类型的角度抽象出形式,如高层建筑可拟为下部为"檐廊"的"塔",寻找生活与形式之间的对应关系,保持人们所需要的视觉连贯性并取得情感上的一致——新类型。建筑形态的丰富演进积淀为类型,从而构成形态源。但是,类型虽可以表现为一种概念或一种图式,却并非可复制的模型,而是一种内在结构,人们依照这种结构概念变化、演绎而形成结合具体条件的设计实现形态。

3.2.2　经济利益、社会商业化和业主主导的高层建筑文化特质

1. 高楼经济利益最大化与文化特质追求失衡

如前所述,建筑高层化是人类从古至今征服自然、控制自然的愿望,是人类实现力量和财富的手段。但是,高层化引起人口过量集中、交通拥挤、疏散不畅,进而引发城市热岛效应;高层建筑使人脱离地面、疏远自然,人际、人与自然交流少,人性压抑,人们容易出现悲观失望、自私冷酷。周干峙院士曾对我国城市建设中存在的形式主义、铺张浪费的不良倾向提出过严厉批评,他把当前我国城市规划、建设中所出现的这些不良倾向归纳为几大方面:大搞标志性建筑物、摩天大楼越修越高、大马路越修越宽、大搞开发区和 CBD……这些问题反映了在价值观念、行为方式、管理模式、宣传教育等许多层面所需要的文化反思。其中,利用高层建筑作为社会集团或个人财富与实力的象征,在经济市场条件下持此种心理者众多,也无可厚非,高层建筑也有将这种集体或个人的情感放大到城市公共空间中的优势,但此中的关键在各种决策者和公众的审美能力。

在一个商业和金融控制了人们大部分活动的时代,经济的和实用的价值统治了人们的思想和行为。尽管工业社会为人类带来了丰富的物质生活,但人类也因此付出了巨大的代价,这种代价常常使人类放弃许多活动及社会、文化和审美的价值,成为了商业活动的工具,在消费的名义下事实上自己首先被消费了。在现代城市里,经济价值作为唯一的价值所带来的建筑与规划后果是超尺度、超高度代替了宜人的环境尺度,社会与文化相互作用与商业交换结合起来的场所不再存在,单向度的追求背离了建筑、环境、人和谐共生的天人关系。高楼之"高",恰恰是其对人的重要性、人性的小视。拜金主义者以暴发户式的炫耀心态,把对符号的消费作为品牌打造,通过虚无的符号和身份的消费来满足一部分人的心理,财富文化主导打破消费文化主导,引导着都市新贵们追赶时髦。在建筑设计过程中,金钱的效益被许多城市过高地估计了,以为只要堆砌金钱,就可以方便、快捷地打造国际化大都市。深圳是中国经济快速增长的缩影,曾经在许多方面创造了"深圳速度",在城市建设方面也是如此。最高达 81 层的地王大厦和 72 层的赛格广场都是深圳的地标(图 3.7),但如今的出租率却都不到 50%,可见建设定位与实际市场需求存在的巨

大误差。在深圳,清一色的火柴盒建筑和玻璃幕墙是深圳缺乏人文思考和虚荣的真实描绘,海风不能渗透密集的高层建筑,高楼俨然这座城市的代名词;在此模式下,上海浦东高层建筑的快速建设同样如此(图3.7)。深圳市为打造区域性国际化城市,还制订了建设中国特色、中国风格的国际化城市和高品位文化城市的目标;在此方向下,深圳市充分认识到一个城市良好的人文环境、与众不同的文化风格、浓厚的文化氛围是构成一个城市特色的魅力,文化是城市和建筑之魂,倾力建设图书馆、博物馆、歌剧院和文体馆,但这些并不是在很短的时间内完成的,城市和建筑的地域文化特色是一个积累的漫长过程。

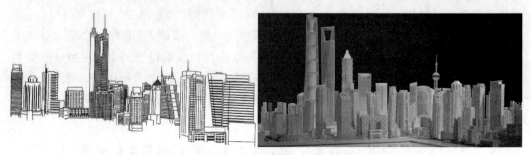

图3.7 深圳(左)和上海(右)密集而雷同的高层建筑群

城市拜金主义影响下的建筑设计,形成了中国许多城市流行的样式:追求气派,追求最高,堆砌贵重材料,强调视觉刺激效果,盲目模仿或崇拜。城市建筑设计的商业化特点,对消费文化的导向激起人们滋生拜金主义思想,对于建构理想的审美文化和社会文明产生偏差。建立在金钱、资本之上的这些城市高层建筑充满了豪华、腐败的气息,人们在此得不到健康的审美享受,取而代之的是享乐主义思想的感官体验。货币经济主宰着我们生活的社会,事物的金钱价值变成唯一的尺度,金钱似乎可以无限地增值,但是经济利益忽略了人类的生活价值,物质与精神分离,迫切建立尊重整体的文化观和宇宙观是不失客观的办法,这需要我们改变思维的方向,如易经告诉我们的"回到最基本的生活"。高层建筑作为一种高效益地产开发的最直接方式,受到了市场的热捧,虽然这也有城市发展方面的原因。

高层建筑是城市化发展的需要,其高度跟随着人类社会前进的步幅同步上涨。曾经,摩天楼几乎是建设发展的同义语。摩天楼对于一个国家、一座城市的作用和意义被单一地定位为一种经济上的象征,它是经济发展俯瞰的制高点,是显示经济实力的标志。其实,在世界摩天楼的建筑史上,从来没有一座仅仅是为了居住而建的,它们的建造总是和一个国家与城市的经济实力相联系,总是体现出一种属于国运的东西。经济和文化方面的多重原因使当今的亚洲成为摩天楼竞赛最集中的地区,现在的亚洲如同70多年前的纽约,城市发展迅速、经济势头迅猛。在这种形势下,没有任何东西能像高耸入云的摩天楼那样具有代表性,在拉动经济增长的同时,显示国力和城市的实力及科技水平、城市风采这些建筑都无一例外地可能成为地标和旅游场所。在中国,摩天楼一直是大都市发展的构想(表3.8、表3.9)。上海在2001年底建成的高层建筑的总建筑面积居世界首位,二环以内有4800多栋高层建筑,目前它正用控制容积率的方式解决城市过高过密的问题。其他城市,青岛国际金融中心以249m成为山东第一高楼;300m高的温州世贸中心占据浙江第一高;陕西信息大厦以192m创造了西北第一高,东北亚国际会议中心以300m高度雄踞东北第一;在天津,有号称华北第一高楼的高银川大厦……在新兴的直辖市重庆,高楼的密集度已成为全国第四,其中又以渝中半岛为甚,在 9 平方千米的土地上,有 300 多幢高层建筑,而 100m 以上的有 200 幢,号称西部第一高楼的 262m 的重庆世贸中心为天际之冠。建造高楼对重庆这座寸土寸金的坡地岛城来说,具有非同一般的意义,对于打造重庆直辖市"第一高楼"更让人趋之若鹜。

表 3.8 当代中国主要城市高层建筑发展态势(一)

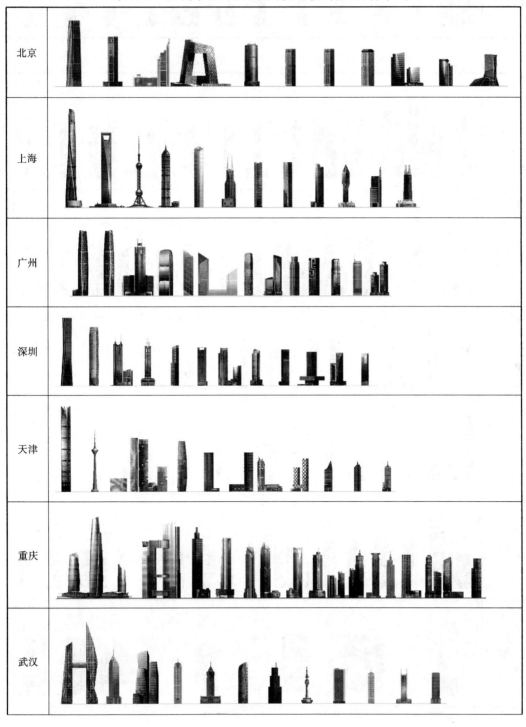

（续）

长沙	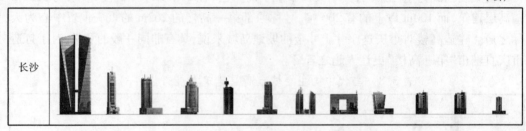

表3.9 当代中国主要城市高层建筑发展态势（二）

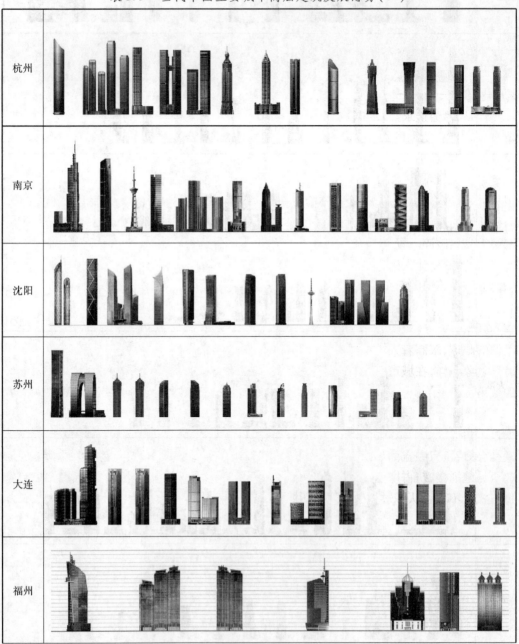

（续）

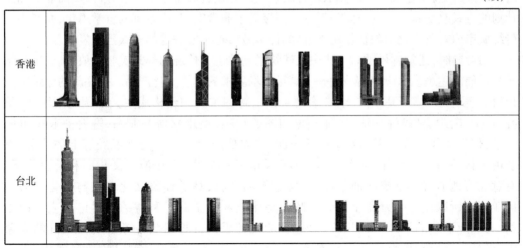

但是,片面追求经济效益带来了城市普遍的"异化"现象,作为城市文明代表的高层建筑伴随着的异化现象是"摩天楼综合征"、人文精神失落等城市问题。高层化的盲目与缺乏规划,损坏了城市原有的自然风光,破坏了原有生态平衡,自然生存环境不断缩小,杂乱无章的天际线会造成视觉污染,高层化的城市同质化现象严重,缺乏个性与地域性,城市失去了场所精神,人们在社会中也失去了位置坐标。在中国现代化、城市化的过程中,一种盲目的追求不可避免地在各地重复着——一座座高楼大厦拔地而起,将城市的天空割裂得支离破碎。置身城市,宛如置身于钢筋水泥构成的森林之中,这种千篇一律的被楼群覆盖的城市,让人感觉到单调、呆板。更重要的是,林立的高楼严重破坏了城市格局,使我们的城市不但缺乏美感,也并不"宜居"——城市作为市民的安身之所,人们关注的并非只是室内的环境,还有窗外的天地,需要的也不尽是繁华和热闹,还有宁静与回味。留白不到位,或以建筑代替"留白",满目密集的钢筋水泥森林,遮挡着人们的视野,冲击着人们的眼球,限制着人们的遐想空间,既无生态美,也无和谐美。如同书画能在方寸彰显万千气象一样,在城市有限规模下,巧妙运用空白,有时可以发挥出四两拨千斤、以巧取胜的效果。

自改革开放以来,我国城市面貌日新月异。但人们也不无遗憾地看到,不少城市建设太过于商业化,一味以地生财、以房生财,只顾眼前利益,忽视长远发展;只顾经济效益,忽视社会效益;只顾盖商品房,忽视公共领域建设。以至于将城市所有空间都填得满满的,甚至见缝插楼,挤占广场、绿地等公共领域用地。有人用"填鸭式城市"戏称这种城市发展方式。不可否认,效益是一种文化,效益可以产生文化价值;反之,文化又可以产生实际效益。但当前,高层建筑已经成为制造利润的工具,因此,建筑的首要功能已不再是服务人的功能需求,传统上与建筑学相关的概念,如美学、舒适的环境、人的使用都被压抑,而要强调与数量有关的量度,如建造时间、造价、回报率。这决定了追求经济效益成为目前高层建筑发展的主要动力,但这种效益并没有产生文化上的价值,从长远来看,片面追求效益只能说是暂时的。

2. 社会商业化与业主意志主导的高层建筑文化特质

毫无疑问,20 世纪 90 年代是中国近代史上最富于创造力的时期。消费群体的形成,居住政策的更新,建筑师正以无法预计的速度设计建造高层建筑,并通过高度商业化和无计划的方式改变着城市的空间与形象。因接受了非常实用、讲效率的哲学思想,而忽略了传统城市原则及文化的象征作用,中国的许多城市正按照香港的模式建设发展。

与此同时,建筑领域的后现代主义建筑思潮冲击了传统的建筑美学价值观念,这归结于其提倡的建筑艺术应该商品化——满足市场要求的建筑文化产品。一些新的建筑审美价值观表现为消费者建筑文化,在表现手法上解构主义和新构成主义强调运用转轴、重叠、错动、断裂、破碎等手法,增加抽象构图的动感,追求新奇与刺激,迎合商业竞争的需求,但有些作品片面强调新奇而显怪诞,造成功能上的极不合理或经济上的浪费,以及由于构图的极端混乱,从而丢掉了形式美的基本规律,它在消费文化的利益驱使下,有意无意地消解了建筑的抽象性、重构建筑的文脉,高层建筑文化取向与文化特质被商业利益所取代。因为商业化设计倾向是伴随着业主对于利益的不尽追求应运而生的,与商业逐利的不择手段相应,商业化的设计手法同样纷繁复杂。喧嚣杂乱的表象下,设计的深层动机都是通过富有创意或别出心裁的造型使建筑在周围环境中凸显,达到传播的广告效果。在突出自身方面至今都是代表的巴黎蓬皮杜艺术中心,充分展示了高科技的魅力,其夺目的外部形态宣告了技术文化在高层建筑上有另类精彩的表现。然而其追求的商业目的正如其创作者所言:"它的目标就是直截了当地贯穿传统文化惯例的极限,尽可能地吸引更多的观众"。除开技术的表达手段,卡通化的设计手法也作为商业化设计倾向被广泛应用于建筑创作中,格雷夫斯格外喜欢这种率直的风格,他始终认为建筑学应与大众保持联系,易于为公众了解和接受,他设计的波特兰大厦就充满童趣。卡通能换回成年人逐渐失去的率真,在愉快的视觉享受中忘却一切,也更能引起孩子无穷的遐想。

但是高速运转、喧嚣杂乱的商业社会摧毁了传统的均匀流逝的时间观念,目不暇接的商业运作让喘息未定的人们不得不面对一个充满变化的时代的来临。现代商业符号化的设计潮流背离了建筑的本体价值,违背了建筑设计的内在自主的标准,因此缺乏文化的立场。高层建筑作为公共艺术产品,而且是有文化特质沉淀的城市建筑,在满足人们物质环境需求的同时,还应该提供积极健康的精神内涵。从美学角度分析,庸俗的商业化设计把一种虚假的符号加给消费者,助长了大众庸俗的消费趣味;从文化角度而言,泛商业化设计缺乏文化根基而流于表面化、视觉化。利用大众的消费心理,取悦于消费者,其背后的商业目的却是潜在的。美国阿奎特克托尼卡(Arquitectonica)建筑事务所设计的位于纽约时代广场的纽约威斯汀酒店是一座45层的高层建筑(图3.8),在这个地区,从高度和体量而言,这个建筑不会毫不显眼,但为了在高楼林立的环境中依然能够引起人们的注意,设计师放弃了高层建筑中贯用的利用顶部变化取得个性的手法,出乎意料地引用了天文地理中的现象:一颗来自迈阿密的流星在建筑所在的第42街坠落下来,流星的光带从上到下贯通建筑主体,并将建筑划分为两个部分,从而用灯光创造了大都市梦幻般的效果,极大地迎合了这个城市稠密的空间和商业氛围,同时,考虑周边环境,高层建筑的低层部分的建筑立面总是充斥着广告。建筑师借鉴了该地区历史上建筑立面由众多广告牌共同形成的像拼贴画一样的效果,将其夸张演变成现代的形式。它自然地呼应了这个地区中人们对建筑的期盼,因为人们在这里期待的与其说是一片精致的立面,倒不如说是一个光怪陆离的占领物。传统的审美意识包含功利性的价值观念,然而,商业化设计却与此相抵触,与墨家的体验背道而驰。按照这种现代性体验,审美的需要是"先于"或"重于"实用满足的。许多设计,虽然在审美的维度上走得很远,但往往由于一种过度的审美追求,而忽视了人的价值所在,对物欲的追求替代了更深层次的审美享受。

图 3.8　纽约威斯汀酒店

突出了美国通俗文化和少数解构主义因素,非常具有趣味和色彩性,
与时代广场和 42 街的特征吻合。

在商业文化的渗透下,建筑已出现了时尚化的趋势,时尚文化是消费社会背景下出现的一种商业文化,是消费社会建构认同的一种重要手段。而随着建筑行为市场化,建筑的投资主体也趋于多元化,从国家财政支出到各种市场主体的商业投资的转变,多元化的投资主体使建筑形式的自由表达获得了物质的支持和保障;同时,市场化的过程产生了各种独立自主的市场主体,个体获得独立发展,商业文化得到弘扬,市场主体也产生了表达个性和寻求认同的冲动与需求。在个性表达和商业展示手段上,由于建筑具有公开性,总是开放地存在于一定的社会环境中,因此建筑从来就具有符号象征和教化的功能,是表达价值观的一种有力的方式和手段,建筑也就成为权力和资本最合适的展示工具。而商业开发项目的逻辑是资本和利润的逻辑,建筑是资本获取丰厚利润的商品,利益的需求通过各种市场操作机制使建筑产生更多的附加值来实现,商业利益文化也通过一种空间或时间上的示差给消费者一种"生活在别处"的精神体验。在此,人们通过消费获取其符号价值、实现身份认同。因此,消费社会中以消费时尚建构社会认同的价值观和行为对社会价值观念体系形成冲击,从而影响了建筑的价值体系和建筑创作的发展方向,高层建筑文化性被商业化取而代之。

当前商业社会的显著特征是时尚文化的巨大冲击时,时尚的意义在于它的变化和出奇,当时尚在被普遍接受与因这种普遍接受而导致的其自身意义的毁灭之间摇晃之际,时尚在限制中显现出特殊魅力,它具有开始与结束同时发生的魅力,新奇的同时也是刹那的魅惑,它似乎也是高层商业建筑文化特质的一种特性。但时尚的短暂性特征构成了对建筑永恒性的消解,消费社会寻求以差异建构认同、以奇特标榜个性,建筑的永恒性受到冲击。此外，建筑片面走向时尚化也消除了形式的深度感，单纯外在模仿导致了一切视觉化的倾向。因此，在时尚的逻辑中为了更快地不断制造差异和消除差异，商品（建筑）的外在形象削平了形式的意义深度。传统意义上的建筑形式决定于时代性、地域性和文化性的观念受到了挑战，尽管这只是暂时的。

但是，归根到底，建筑的商业化倾向是建筑艺术向低层次文化接近的一种思潮，这尤以始于西方 20 世纪 60 年代的波普（POP）艺术的影响为最。"POP 艺术是由高度职业化的专家为大量性观众所制作的艺术品"，波普艺术强调建筑艺术交流程式上的共性、多元化，主张大众化、流行化，虽然在建筑文化与波普艺术之间不能画等号，但波普艺术反映的建筑泛商业化倾向却是客观存在的，并进而影响到了普通审美者的审美趣味，影响到了建筑观的改变，即要求和允许多种建筑文化特质的并行不悖，这正回应了社会生活需求的多样化。台湾建筑师李祖原设计的盘古大厦（图 3.9）力图打造"讲中国语言的世界级建筑"，将华夏五千年龙图腾与中国传统文化精髓有机地融于一体，以高 192m 的写字楼为龙首，三栋国际公寓、一栋七星酒店由南向北依次延伸近 700m，令整座建筑体形如一条通体雪白的巨龙。形态直接而具象，具有典型的 POP 特征。

图 3.9　盘古大厦（北京）

从公众角度而言，物质基础的改变带来了作为审美主体的大众审美趣味的变化，而一项作品能否为社会所接受，在一定程度上也取决于公众的文化素质与审美经验。回顾高层建筑的历史，我们可以明显地看到它的商业性。这种商业性不仅是出租盈利，还在于它是一个个高耸入云的巨幅广告，是投资者和业主的广告，也是租赁户的广告。既然是广告，它就要投合大众的口味，而大众的口味不是一成不变的，建筑师的努力就是在追逐和引导这种口味，或者让大众赏心悦目，或者让他们目瞪口呆，从惊奇中得到满足。

在现代建筑之后的思想混乱时刻，建筑目标不一，各种理论争论不休，后现代与晚期现代相互混杂，大众审美倾向也莫衷一是，此时的建筑文化特质是不鲜明甚至是失序的，高层建筑的文化特质创意充满建筑师个人的偏好与梦想，但同时不容忽视的是，来自业主等的社会作用。可以发现，从 20 世纪 60—70 年代开始，特别是进入 80 年代后，建筑价值观和审美观都发生了许多转变。怀旧思想和新保守主义的抬头、高层结构理论日趋成熟、工程技术飞速发展和新型建材的不断涌现及人们对高情感生活环境和工作场所的追求，使过去那种单调刻板、方盒子式的高层建筑越来越难以接受。不仅大众市民阶层如此，连越来越多的房地产商和业主也看到：高层建筑艺术对他们而言也是一种资产，是一种不需大量投资便可以借此获取更多利润的有利手段。他们希望新的高层建筑形象不再给人以机械、刻板和冷漠的印象，而更富有个性，更富有人情和文化的内涵，以便让人们觉得它们有悠久的历史根基,有深刻的文化传统,有难忘的视觉印象,而不是现代科学技术时代的畸形儿。这样,来自业主的审美取向和需求从一定程度上主导了高层建筑文化特质创意,如应不同业主的要求,约翰逊同时设计出极端晚期现代主义的玻璃教堂和作为后现代建筑纪念碑的纽约电报电话公司大楼(AT&T Tower),而此时,建筑思潮正处于晚期现代与后现代的激烈交锋中。

建筑设计是一种创造性思维过程,其创作源于生活、深于哲理、巧于立意与构思创意。高层建筑的构思是建筑师在一定约束条件下创造力发挥的结果,因为艺术不是抽象的,而是寓理念于现实存在之中,受现实生活诸般因素的影响。

3.2.3　技术文化特质与多元美学价值观

1. 技术科学发展主导的高层建筑文化特质创意

现代世界的发展来自两种想象———一种是技术想象,另一种是文化想象。其中,技术正把世界导入普遍性之中,城市、建筑呈现无差别化。世界充满矛盾,而技术作为一种文化力量,既是矛盾的制造者,又是平衡者,因此,城市发展中技术与文化间的关联性需要予以关注和研究。

现代高层建筑的每一步发展都体现着建筑技术的进步,它的艺术形式与建筑技术的关系不可分割。技术美学表达了一种独特的高层建筑文化特质,为高层建筑艺术形式的创造提供了一条新的思路,极好地丰富了高层建筑文化特质创意。但艺术形式与建筑技术的关系值得慎重考虑和适当发展,技术自有其局限性,完全脱离人的精神情感需求,忽视审美观点,一味注重新技术观念的表达和对工业化生产屈从,只会使其观念逐步僵化和发展逐步停滞,技术最终是为人服务的,它充其量只是一种有效的工具。晚期现代主义的唯技术论对现代主义理论既是超越,又有继承。它倡导的技术美学观念着重新技术、新材料的创造性运用和形式语言表达,具有突出的技术指向性。

技术美学强调纯洁的技术表现、极端的逻辑性等,其形象已趋于后工业时期信息社会的高科技形象。具体表现方式有,表现高技效果,表现材料质感,表现结构等。由现代主义建筑衍生而来的晚期现代主义就常常采用极端技术的手段强调建筑的结构逻辑和光亮形象,将基于技术的形式创造放在了与功能同等的位置上,常常以结构与设备等功能因素作为装饰的中心,它虽然以现代建筑的理性主义为哲学基础,但其以现代技术创造的新颖建筑形象仍然具有文化特质创意,它包含的丰富情感、动人形象及多样化手法应对了当代社会的需求,与工业社会里经济发展之后人们渴望精神生活、逃避喧嚣的心理取得呼应,它不同于现代建筑的抽象简洁和人性虚无的技术文化特质创意为人们提供了别样选择。

现代高层建筑的起源正如菲利普·约翰逊(P·Johnson)所说,"它从美国开始———因为他们有技术、实践知识的技能———在芝加哥和纽约",所以高层建筑就成为"一种独特的美国艺术形式"和"美国最伟大的建筑形式"。现代高层建筑形式发展的一个突出特点是高度的不断攀升,其背后是结构技术的发展。

建筑文化由物质生产决定,它的发展和科学技术的进步紧密相连,技术的发展将对建筑文化发展起决定作用。建筑通过人的有目的创造,充满文化意味。以文化形态为中介,建筑文化是一种物质生产活动,是社会生产力之一。科技的发展,新材料、新技术、新结构的运用,都深刻影响和制约着建筑文化的发展。与此同时,由于生产力的发展,技术同社会发生矛盾,技术的反叛者出现了。从整体来看,这个技术反叛的纲领为技术人性化打下了基础,而这些技术背叛者的主张和实际行动是新文明的组成部分。同时,技术的发展促进了传播工具的发展,形成了传播工具的非群体化,造成了信息和沟通的极端重要性。这些变化带来了社会组织机构的变化、文化模式和文化结构的变化,从而引发了规范和观念的大改变,产生新的文化和人。例如当代高技建筑以其精密的构件向人们展示了高科技的高效和完美。

技术在建筑领域的充分甚至过度表现,产生了一些新的高层建筑类型。如泰国建筑师苏梅·朱姆赛依(Sumei Jumsai)推崇的机器建筑语言,他认为在新的世纪应当建立新的人与机器的关系,一种"机器人建筑学",机器人建筑将作为人—机关系的延伸物而出现,其代表性作品有建于曼谷的机器人大厦(亚洲银行大楼),依托电子技术的机器人建筑学是在现代建筑文化处于荒芜和美学价值观念混沌状态下应运而生的。建筑技术美学是建筑艺术在科学技术直接作用下产生的,技术美学从机器美学出发,宣称现代文明建立在机器之上,用现代工业技术的观点研究和解答建筑美学中的问题。正如勒柯布西耶在《走向新建筑》中号召建筑师向工程师学习,从工业产品中得到建筑创作的启示。但从古典美学向技术美学的转变有一个过程。开始,人们的心情是矛盾的,技术的发展令人鼓舞,但找不到合适的表达形式,因而,"工艺美术运动"的倡导者拉斯金和莫里斯虽反对技术和艺术的分离,主张二者的结合,却又极端仇视大规模的机器生产,主张手工艺术。随后艺术领域和建筑领域的实践使现代建筑理论日趋成熟。汪正章在《建筑美学》中将技术美学的特点归纳为如下四个方面:新建筑与新功能结合的美;新建筑与新技术结合的美;新建筑与新城市结合的美;新建筑与雕塑、绘画艺术结合的美。从中可以看到,科学技术对现代建筑的影响全方位的表现在技术、功能和美学三个层面,技术美学是现代建筑时期最为突出的成就。建筑从而以理性科学和技术成就代表形式上的进步。

但是,工业革命给人类带来前所未有的力量和希望的同时,也带来了不可弥补的灾难。"能源危机"和"环境污染"打破了人们对科学技术的一味神往,信息社会也随之到来。奈斯比特在《大趋势》中表述道:西方正从工业社会向后工业社会过渡,而信息技术等高科技取代工业社会的机器大工业技术成为后工业社会的首要特征。因而,工业社会造就的文化——现代主义已不能满足西方社会正步入的后工业社会的需要。在建筑上,这也表示现代建筑发生革命不可逆转。现代建筑在技术上的运用缺乏新的发展,借用新的科学技术对原有的建筑形式进行变革。在历史主义和地域主义的影响和号召下,在建筑文化上对"精英意识"进行批判,大众通俗文化随之兴盛。

关于技术的本性与特征的研究,是现代技术的哲学反思的逻辑出发点。现代技术发展中的很多现实问题,都是由于人们未能及时反思和适应技术本性与特征的变化而造成的。首先,技术具有文化价值。因为人总要生活在一定环境之中,技术是作为主体的人与环境相对立的媒介。人类存在的本质是超越,能超越环境,也能超越自身。依靠这种超越,人才成其为主体,才成其为人。没有超越,就不可能有知性和对环境的客观性认识。这种超越是符合辩证法的,既是内在性的超越,又是超越性的内在,其中存在着技术。技术是手段,同时又有自己的目的,技术中所包含的主观性的东西,是人的愿望和意志,没有人的愿望就没有技术。其次,技术具有生态价值。生态技术是一种绿色意义的技术,它在于通过技术手段减少对不可再生能源的消耗,它不同于高技术对技术本身精美的关注。

随着现代社会城市化进程的加快,城市建筑规模的巨量化,充满生态文化气息的高层建筑将扮演主角。与此同时,哲学问题的解释和解决却与科学有着紧密的联系。近代自然观从自然界中摒弃了神性,近代技术从技术性思维中摒弃了人文性。当代是技术飞速发展的年代。在建筑领域之中,结构技术、设备技术和施工技术的发展都突出地体现在高层建筑之中。结构技术对高层建筑的形态往往产生重大的影响,甚至由于正确运用和表现结构技术,建筑获得了非同凡响的成功。诺曼·福斯特设计的香港汇丰银行集结构与施工的高新技术于一体(图 3.10),运用悬挂体系,建筑配件外部建造。由来自英国的钢件、美国的玻璃和日本的服务设施组件在现场统一拼装,其精确程度充分展示了细部处理的精致,表达了技术美学的深刻内涵;还有罗杰斯设计的伦敦劳埃德大厦也是高技建筑的高层建筑佳作之一;近百米高的阿拉伯饭店正立面采用双层膜面替代玻璃幕墙(图 3.11),塑膜材料具有良好的可塑性与连续性,应用为建筑的覆盖材料,建筑传统意义上的屋顶与墙壁就被弱化了。

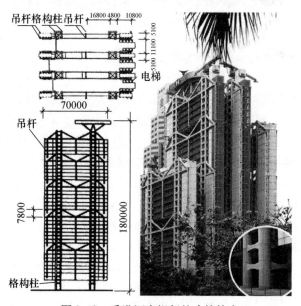

图 3.10　香港汇丰银行的建筑技术

率先采用全钢结构及预制元件装配,内部无任何支撑结构,所有支撑结构均设于建筑物外部,使楼面实用空间更大。而且玻璃幕墙的设计,能够善用天然光。加上其设计灵活,可按实际需要轻易进行扩建工程而不影响原有楼层。

来源:http://www.archwiki.net/index.php/,2009-06-06.

但是,理论界一些观点认为高技派建筑缺乏人情味,显得冰冷。查尔斯·詹克斯在评价晚期现代主义时,曾指责高技派夸张、极端运用技术。因为,置身于全球化"文化图景"中,技术带来的普遍性就要接受各种地域文化的约束和检验。

技术的进步不仅为创作提供更多的理性精神,而且还拓宽了设计者的视野和思路,为项目理念的实现提供创新素材和现实条件。同时,它还深刻影响着人们世界观、价值观的形成和转变。技术利用自身的规则、规范制约着居民的生活方式,进而形成诸多的生活定律,并在某种程度上促使城市文化转型的发生和发展。新的技术带来新的视野和文化图景,同时也造成新的断裂并导致人与自然之间的生态危机和异化危机,其中,异化危机来

图 3.11　阿联酋迪拜泊瓷酒店

自人们对技术的过分关注和依赖所导致的人与文化的分离,最终使人的精神世界日益萎缩,从而出现全面异化的社会危机和文化危机。"文化的产生与传播依赖于技术,越来越多的文化蜕变为一种假属性的产品与附属品,出现'文化产业'现象",城市和建筑逐渐演变成商业信息的载体。但是,城市和建筑文化作为人类生存方式的积淀,既是知识和意义的系统,也伴随着整个社会和历史发展而变迁。技术与文化之间的关联形式是人们改造自然的方法和手段,并演变为一种存在方式和文化习惯。技术作为人类文明的主要标志之一,是文化的重要组成部分。

　　技术的发展原本是获得建筑内部空间和外部形象的策略,但是为了达到建筑形象与技术两相统一的教条,技术却变成了必须表现的对象,进而发挥到极致,与此同时,建筑获得了非凡的视觉效果,业主得到一种"视觉经济效益"。现代建筑大师密斯在美国纽约西格拉姆大厦这座他最重要的高层建筑的设计中,为了应对美国防火规范中钢结构不得外露的规定,而又要充分表现钢结构,他将工字形的铜质杆件挂在柱的外面,以起到其象征真结构构件的作用。这时,结构和技术演变成了一种附加的装饰。同样,英国的福斯特在设计香港汇丰银行大楼时,为了达到将所有结构及设备全部精确暴露的目的,采取了高技派建筑一贯的手法,把一切构件都以高级材料施以精加工后展出,令建筑造价大幅攀升。类似的例子在建筑上不胜枚举。毫无疑问,技术获得了成功,其带来的相关经济效益也是可观的。另外,财富和权力也得到充分展示和炫耀。但是这绝不是建筑的未来方向,当技术变成艺术的奴隶、变为目的时,它本身就丧失了技术的丰富内涵和承载的深远文化价值。

　　当下的技术具有了巨大的创造空间,为建筑表现提供了各种可能。但是,许多具备技术经济条件的建筑在表现,不具备的也在以假的高技表现,形成了技术之上、技术拜物教,如 CCTV 新楼方案。巴西诺贝尔奖获得者何塞·卢岑贝格曾这样描述技术:"在对自然界进行观察以及在与自然对话的过程中……技术总是高高在上,做出主宰一切的姿态。在大多数技术官僚的手中,技术变得野心勃勃,并且常常是带有破坏性的。科学是不容许谎言存在的……而技术却是充溢了谎言的。当今绝大部分技术和基础设施使用的技术,以及相当数量的实用技术,都是为进一步集中权力这个目标服务的。"技术的发展,从其本源之动力来看,它总是为了使其主体(个人、团体、集团乃至国家)在与对方的竞争中压倒对方,从而取得最大利益;或是在向自然的索取中取得最大值。从技术发展缘起和过程中,其所关注的始终是效能和效率;在市场经济环境中,技术总是服务于"积累最大化"这个市场经济目标。

技术突破造就超级摩天楼,然而对于超级摩天楼来说,强风是最大的挑战之一。迪拜塔的外层有一系列平台组成上升螺旋形状,引导气流能够向上,从而避免形成致命性的旋风。中国台北 101 大厦则使用另外一种新型技术来挡风和抗震,大楼楼顶部用钢悬着一颗重 600t 的巨球,像一个钟摆一样,能够使得大楼在摇摆的时候保持平稳。

电梯技术的发明也是使得早期的摩天大楼得以修建的重要原因之一。目前,中国台北 101 大厦的子弹形电梯利用空气动力学原理,能够在 37s 到达位于 89 楼的观光台。专家表示,未来新的超级摩天楼将由磁力而不是传统的钢缆牵引,这样电梯就能够沿着对角线移动,这都彰显了技术的魅力。

现代主义高层建筑中的技术美学以理性名义支配着一切,人文受到科学的统治,建筑技术排斥历史、民族和地方文化,造成文化断裂和人性戕害。后现代和折中主义高层建筑对此持批判态度,并努力从人文主义视野去重新评价技术,表达了一定的文化倾向,重新建立了人文和技术的关系,从一定程度上弥补了现代技术美学的非人性面。但其缺乏持续性发展视野和新文化体系构建,只是融合了建筑文化和技术美学,文化关照科学和技术。当然,当代高层建筑技术价值是从人性化和生态文化的尺度审视技术,突出技术与人文和生态的结合。它体现了技术人文化、地域化和生态化的可持续发展理念,并重建和超越了现代技术理性,当代高层建筑的生态理念正是以技术作为保障的。

2. 不同美学价值观念需求的艺术与文化多样性

建筑是一种文化的存在,它是创造人类生活环境的艺术,人们对于它的理解和认识必然直接受到价值观念的影响。新的生活观念不仅产生了新的建筑观念,也促进了审美观念的更新,对生存价值和生命意义的重视,使现代意义下的建筑审美活动已不仅仅局限于对形式和风格作传统意义上的纯美学关照,而是把建筑纳入社会文化语义场中探求建筑与生活的多样联系与价值确认,注重精神世界表达、注重文化环境重建和注重文化的整体性代表着当代审美价值观念的新趋向,衡量一座建筑乃至高层建筑、一座城市的什么价值,应视其能否为人们的生活提供更多自由选择的可能,这就构成了高层建筑文化特质的美学根源。

新的美学价值观念对现代主义的功能与理性法则形成冲击,并逐步建构了多元化的建筑格局。西方现代高层建筑在 20 世纪 50 年代初盛行,考虑到战后经济和生活急需,建筑主要以简洁、经济、实用为特点,并能适应工业化生产,此时的高层建筑艺术观强调简洁抽象,不同于折中主义的对形式的过分追求,其崭新面貌让人耳目一新,得到了大众和社会的认可,出现了一些建筑大师,其作品和创新观念深入人心。但由于大量和反复使用,原来的一些具有鲜明个性的经典现代建筑所表达的文化特质反而成为了限制人们思维的教条,建筑雷同现象日益突出,严重缺乏艺术个性,文化特质丧失,同时也使功能和技术的发展受限;现代建筑发展所体现的美学观念逐步走向单一、文化趋向单质化,其忽略人的感受与生活气息的片面性,也制约了它的进一步发展,限制了建筑艺术的创造性以及文化特质新的创意。

现代单一纯净的风格和美学观念受到冲击，"反对机器秩序的概念"和呼唤建筑创作"要有个性和特征、要反映时代精神的存在"等对现代建筑思潮向多元论方向发展起到了推动作用。随后，建筑风格表现多样化的个性在 20 世纪 50 年代以后逐渐突出，高层建筑文化特质创意也逐渐丰富。野性主义如柯布西耶的马赛公寓，新古典主义如美国驻印度大使馆，隐喻主义如纽约 TWA 航站楼，光亮式如波士顿汉考克大厦，高技派如巴黎蓬皮杜艺术与文化中心，后现代如约翰逊的 AT&T 大楼……这些思潮与流派大多以实际作品表达鲜明的手法特点，尚缺乏深厚的理论基础，尽管都具有新的建筑美学观念，即强调精神生活世界的表达、突出人的主体。但后现代主义理论较为系统，它的集中思想是注重文脉与场所，可以借鉴历史和使用装饰，如迈克尔·格雷夫斯的波特兰市政厅和休曼那大厦都体现了后现代主义精神，并隐含对新技术的幻想。后现代派的高层建筑美学观念是面向大众生活的，它以丰富的想象表达了多样化的建筑形态，它的重视传统、个性、地方特色与新空间理念既反映了对传统文化的传承，又体现了时代性，这些归结为一点就是它以个性化的建筑表达了大众的时代心理，它对形式语言的注重属于一种浪漫主义的美学追求。

与此同时，同样产生于后工业时代的晚期现代主义表达了与后现代主义不同的美学观念和文化特质创意，这就是他们提出了另外一种针对现代主义的解决方案——技术主义，但它对技术的夸张表现属于一元论的美学观。

"从西方当代的建筑发展来看，应该说自从文丘里在 60 年代开始向现代主义挑战以来，设计上有两个发展的主要脉络，其中一个是后现代主义的探索，采用古典主义和各种历史风格来从装饰化角度丰富现代建筑，另一个则是对现代主义的重新研究和发展，包括对于现代建筑的结构进行解构处理的解构主义，突出表现现代科学技术特征的'高科技'派，和对现代主义进行纯粹化、净化的新现代主义（New—Modernism）。"事实上，无论是解构、高技派还是新现代主义都对新技术的应用倍加重视，只是在高技派建筑上更加突出"高""新"技术的地位，并将技术的逻辑关系上升为时代的文化，引导了社会的"高技"审美趋势。应该说在这一时期里，建筑领域中"高科技"（High Tech）或称"高技术"独领风骚，原因在于其毫无保留地尽显其当代建筑技术的精致、效率及清晰的"逻辑"。这个风格的特点是运用精细的技术结构，非常讲究现代工业材料和工业加工技术的运用，达到具有工业化象征性的特点。在建筑形式上突出当代技术的特色，突出科学技术的象征性内容，以夸张的形式来达到突出高科技是社会发展动力的目的，新技术都可以直接表现于建筑的外表，自然形成新的文化形态。时代的技术、材料特征在高层建筑上一览无余。于是，这样的高技术"表皮"成为新时代审美标准。

但是由于大量存在对技术的选择没有根据自身环境的特征而出现脱离环境的现代高层建筑，人们逐渐意识到技术的通用性导致的文化趋同现象，因而不断尝试将先进的技术和传统的地域技术融合，作为解决建筑与环境更好的共生手段。那些能够降低资源的消耗、降低污染排放的技术被称为"绿色技术"，这些绿色技术的大量推广和使用，引领了又一种建筑文化现象——绿色建筑。绿色技术在很大程度上节约了过去在建筑建造上耗费的资源并减少很多后期维护的费用。绿色建筑的发展倾向是人们越来越多地关心人类居住环境、关心生态平衡问题的表现。正是可持续发展的理念促使人们对建造所选用的技术进行筛选，并对能够降低能源消耗、减少污染排放的技术不断探索、开发，也因此会出现越来越多的饱含绿色建筑技术的建筑出现,并且这将会是一个主流的发展趋势。

越来越多的绿色技术给建筑文化带来新的构成元素,丰富了形态文化和美学价值观。

3.2.4　政治、权力与公众审美观念

1. 政治与权力美学映射的高层建筑文化特质

北京、上海、深圳是我国高层建筑和城市建设发展的代表。但是,在 2000 年夏,德国《明镜》周刊针对在德骚包豪斯举办的"北京—上海—深圳——21 世纪的城市"中国城市建筑展,发表评论认为:"中国正在改造他们的城市——模仿西方的大城市。人民共和国会不会很快看上去像迪斯尼乐园",上海浦东摩天楼群显示了"壮观的文化革命"(图 3.12)。

图 3.12　上海城市规划(局部)

建筑形象是建筑的外在表现形式,是建筑传递的一种信息。从古至今,对于建筑来说,无论对公众还是政府,形象都是他们最关心的。尤其是在迈向市场经济的中国,建筑形象对政府、权力机构具有非一般的意义。建筑构成了城市的主要风貌,是城市的名片,彰显着政府的业绩。建筑尤其是高层建筑由于是巨大的物质财富,因此他经常要表达权力意志、权力审美观,对于官员和业主来说,传统势力的顽固、口号与形式脱节等,忽略或扼杀了建筑原本所具有的目的性。如某省委办公楼造型设计就是一顶旧时的官帽子(图 3.13),尺度夸张的冠帽重重的扣在上面,加之代表"步步高升"的退台处理,极端的形式主义使建筑创作语言表面化,体现了一种官本位思想和官本位文化的滥用,从而表达出不伦不类的"政治文化语言"。

图 3.13　某省委办公楼

79

　　与此同时,我们看到越来越多的城市将"推进城市化"作为经济发展的战略部署,将"国际化"作为自己的发展定位,将城市形象作为政府部门的业绩,将高层建筑、摩天楼作为现代化的标志,但这些城市往往在建筑面貌、价值取向和精神气质等方面都只是泊来文化的不合时宜的改造。例如北京的 CBD 地区规划,摩天楼林立,虽让外行热血沸腾,但对北京城,这种高度的竞争是悲剧性的,这严重破坏了城市的文化性格。

　　哲学家、思想家尼采就认为建筑是权力意志的审美具体化,主张赋予建筑以思想。

　　如果说在建筑设计中,设计师是美学、文化与符号意义的"知情人",他们自身的审美优势和建筑文化素养是他们把握的资本,但政治和经济权力却掌控着项目的资源支配权。当面临着建筑设计的形式问题时,政治和经济支配着形式的选择,建筑的审美品位最终成为政治和经济的共谋。在政治和经济的双重驱动下,审美的道德标准和文化衡量总是非常脆弱的,处于生产前线的专业设计师很难不受到经济利益的诱惑和权力的制约。在一个信奉权力的国家里,城市规划师和设计师的自主权是非常有限的,广大民众的呼声在许多时候是微弱和微不足道的。有人认为,是中国的"权力美学"主宰了当代中国的公共建筑和城市设计思潮,"权力美学"一直试图让民众接受这样的理念:大尺度、大体量和新奇特是衡量城市的唯一美学标准,是评判官员政绩、经济发达、社会繁荣和人民幸福的主要尺度。"权力美学"借助城市设计的浪潮,构筑了新一代的国家主义建筑作品,以此向公众炫耀权力的品质:扩大和崇高、威严和令人生畏。"权力美学"打造出来的高层建筑,虽然可以炫耀权力和资本的存在,却与城市居民的幸福生活没有任何关系,它只能让普通民众望而生畏。

　　同样,凯文·林奇在探讨城市形态形成的原因时,论述了城市规划的价值标准,如满足对服务、基础设施及住房的需求,改善安全和卫生健康状况,增强社会平等、增加社会和谐、增强社会稳定等,他专门谈到了一些权力阶层用那些弱势者的愿望性目标作为美丽的外衣来蒙蔽公众,他们堂而皇之的城市建筑改善方案里包括了"隐性的价值标准"。其中包括:

　　(1) 维护政治权力和政治声望。

　　(2) 传播所谓"先进"文化。

　　(3) 统治一个地区及其人民。

　　(4) 迁走不想看到的活动和人或隔离他们。

　　(5) 获取利润。

　　(6) 简化规划过程和管理程序。

　　只要看看当代城市里许多"献礼工程",我们就可以看到这些设计背后权力所隐藏的价值标准。它们可以无视人的生活经验与记忆,也无视旧建筑与历史文明之间的表意关系,只是采取大跃进的模式,追求城市发展的速度、变化和日新月异的惊奇效果,对城市进行颠覆性和断裂性的改造。主要目的是在任期内改变城市的陈旧面貌,获得一些政治资本。因为要破旧立新、光耀政绩,以便实现城市外表上的整齐美观,达到机械化的效率,因此一切妨碍这些设计蓝图的累赘物都被清除,然而这些"累赘物"往往是当地人们生活习惯和社会关系赖以维持的整个组织结构的基础,把孕育了这些生活方式的建筑成片地更新,常常意味着这些人们一生的合作和忠诚一笔勾销。正是在这种权力作用之下,中国许多城市的改造运动才酿成了空前的文化灾难。

在上述持续不断的旧城改造中,高层建筑在其中扮演了主要角色,而在当代中国高层建筑设计中,广泛存在着功利主义和形式主义。功利主义设计缺乏理论基础和人文思想的指导,片面追求经济效益;而形式主义则完全陷入表面化的泥淖,徒有其表。权力支配了城市高层建筑的发展和演变,"权力美学"是改变城市面貌的一只无形的手,可以超越一切文化创造准则和美学规则,肆意改变城市的建筑轮廓线。

城市高层建筑作为城市标志性建筑的一种文化符号,它是一种空间媒介,是组织、引导城市人文空间一种重要手段,摩天楼是城市的外衣,它可以提升城市文化品位,丰富城市内涵,传承城市精神,影响市民生活,延续地域风尚,但许多城市高层建筑却成为了城市的负面景观,急功近利的操作方法不仅使建筑缺乏思想深度,而且与城市文化没有任何关系。一轮又一轮的城市建设热潮,留下了摩天楼高大的身影,成为城市化运动的象征,是城市现代化的标志。但在权力和资本的支配下,建筑成为城市建构现代化认同的工具,在城市之间的相互模仿和攀比中,按照同一个象征模式在发展着(图 3.14)。

图 3.14　中国南北城市正在同一化

现在一些有争议的建筑设计,表面由建筑师创作,实际来源于领导思想,而领导和权力意志贯穿于"新、奇、特"和"一百年不落后"等设计口号之中,现实状况下建筑师的一个基本职业素质就是"要善于领会和贯彻领导意图",《园冶》著者计成曾说园林设计是"三分匠人,七分主人",这所谓"主人"即"能做主之人",同理可推而广之至建筑。部分权力意志支配下的高层建筑从经济性和功能性角度来权衡可能是不合理的,它们存在的主要合理性就是表达政治家或者业主心目中理想的政治乌托邦,以此来激发人们的奋斗精神并形成利益共同体,最终达到某种政治目标。如马来西亚佩崇纳斯双塔是为了标

榜穆斯林式民主政治的成就和民族自信心,平面采用具有回教象征意义的八角星星
(图3.15);还有如巴西议会大厦(图3.16)、加拿大多伦多市政厅、朝鲜平壤高塔的形态
文化创造都带有一定政治美学价值追求的烙印。

图3.15 马来西亚佩崇纳斯双塔

来源:世界建筑;http://images.google.cn/imgres? imgurl,2009－06－09.

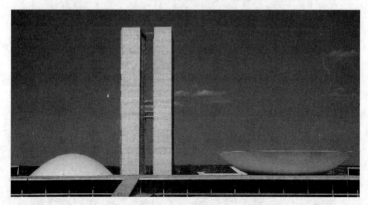

图3.16 巴西议会大厦:浓厚民主意识在建筑上的充分体现

来源:吴焕加.20世纪西方建筑名作[M].郑州:河南科学技术出版社,1996.

2. 公众审美价值观念改变高层建筑文化层级

建筑的阐释不应成为建筑师个人的、小范围的哲学思辨,建筑具有实存的功能和社
会影响,大众化的阐释对建筑的"接受"最为关键。现今,建筑在大众中的反映由于受
商业利益的驱使,成为一种消费文化,因此,建筑师需要了解大众品位,也需要对大众
品位进行正确的引导,建筑的本质是概括地反映群体文化精神面貌,体现在科技水平、
审美情趣、价值观念、伦理思想等方面。所以,公众审美价值可以左右高层建筑的文化
层级。

英国美学家赫伯特·里德在《艺术的真谛》一书中说:"艺术并不一定等于美","艺术
无论在过去还是现在,常常是一件不美的东西"。同样,建筑艺术不但关乎着"美",而且

涉及"丑"。对于建筑美的艺术的讨论,只有把它放到美与丑的对比关照中,才能得以充分地展开,而大众对于高层建筑的审美品评也更多的是以美或丑而表达的。另外,建筑作为生活的容器,人们的审美心理和生活需求在这个容器中得到体验和满足。作为使用和欣赏主体的大众,并不仅仅是建筑被动的接受者,同时也是主动的创作者。建筑的"审美效应",只有通过大众接受过程中的"具体化"才能真正得到实现。期待视野是接受美学最重要的概念,主要是指在接受作品时,由接受者以经验形式形成的思维定式或预期的心理图式。期待视野是一种感知定向,是审美经验过程中的一种特殊指令,它可以唤起接受者对以往接受的定义,并带入一种特定的情感态度中,从而产生对作品的期待态度。期待视野决定了建筑的接受者——大众对建筑作品的期待和选择,它决定了大众能否接受建筑作品的实现及最终的实际效果。由于社会文化系统的构成规则、构成方式、意义传递途径等被接受者自觉或不自觉地内化到心理深层,潜在地成为一种社会认同的文化契约,因此建筑个体接受无法摆脱社会总体的文化制约,有目的地针对大众期待视野的特点进行建筑创作,使建筑真正成为大众诗意栖居的居所。建筑的美不是以"独白"的方式来表达,更重要的是通过"对话"的方式与大众进行交流。模糊性与多义性是艺术阐释的共同特征,它们都来自作品结构的开放性,这构成作品与大众信息传递的基础。而这种开放性结构由作品的未定性和意义空白组成,它召唤接受者以各自不同的方式赋予作品确切而不同的含义。

随着人类社会的进步与发展,普通人的生活方式、思维方式越来越受到尊重,大众文化、通俗文化不可避免地要进入建筑的创作目的性之中,导致建筑空间的"波普"倾向。英国艺术家汉密尔顿曾这样分析过波普:通俗流行(为广大受众而设计)、稍纵即逝(短期行为)、可以延伸(容易被人忘却)、造价低廉、批量生产……共同点是不怕过度、贪大求多、不厌其烦、完全人工。波普主要指 20 世纪中期以来消费社会的文化现象和在这种背景下诞生的艺术创作具有的特点。大众传媒被社会接受,改变了人们对文化的成见。大众传媒的迅速发展,表面看起来极大丰富,却使作品和思想成果的原创性受到威胁,开始贬值。波普艺术所表达的是变化了的观察人、事物、自然和技术的观点,波普文化和大众生活在 20 世纪 60 年代变得密切相关,对私人生活和公共领域都有影响,消费者的习惯和大众行为领域受到重视和研究,有关现象被直接与市场逻辑联系起来,日常生活发生的巨变具有一定的文化启示意义,反映在建筑领域,精英文化逐渐为流行通俗文化取代,主观、强调个人表现、强调艺术是源于生活又高于生活的表现,是建筑表达的中心。

具体而言,波普艺术的主题是日常生活,反映当时的文化现实,揭示这种文化上的深刻变化。艺术的这种变化一旦被广泛地感知,实质影响也表现在人际关系和社会价值方面。随着传统美学观念的被摒弃,波普艺术以其通俗化、商业化、幽默、荒诞等突出特征符合当时人们心理,而受到了大众的欢迎,并很快成为时尚。建筑领域也不例外。站在公众的角度,建筑设计中使用类似波普艺术的手法有时可以创造出幽默、诙谐的效果,但是在运用时要注意遵循建筑语言修饰的基本规则,不能无限度地超出尺度,否则就不是幽默,而是滑稽可笑、弄巧成拙了。如位于北京郊区的天子大酒店(图 3.17),在手法上无视向度与量度的法则,生硬地将一整栋高层建筑套到"福、禄、寿"的身体里,从而造成建筑内部自然采光面太小,而广成为一个令人震惊的可笑例子。

图 3.17　天子大酒店

为了取悦大众和商业目的,形态甚至影响了采光等使用功能。

　　因为面对现代主义建筑的种种弊端,一些建筑师对其提出了质疑,文丘里在《建筑的复杂性与矛盾性》一书中提出了"历史主义"和"民间艺术"是发展当代建筑的两只划船的桨,他"一手伸向古代,一手伸向大众"。随后,他又在《向拉斯维加斯学习》一书中,强调美国的商业文化在现代建筑设计中的重要借鉴作用,以注重不同层次的文化趣味为基础。

　　波普建筑的形式特征主要表现在以下三个方面:①浅显的、具象的。如弗兰克·盖里设计的卡特·蒂广告代理公司总部大楼,将一具象的、巨大的双筒望远镜造型竖在了建筑的前面,突出了大厦业主广告代理的身份,本身起到了广告的作用;格雷夫斯设计的迪斯尼世界天鹅旅馆和海豚旅馆,建筑内外都反复运用了天鹅、海豚、贝壳等具象雕塑物进行装饰,使建筑充满了娱乐性、商业性,从而通俗易懂。②商业的、艳俗的。③诙谐的、荒诞的。波普建筑追求的不是"美"的愉悦,而是对于理性和传统美学的反叛,它嘲笑现实的荒诞和无意义,讽刺人类理性的虚伪。在现代主义运动中,"不可思议""莫名其妙"等手法一直受到压抑,因此,妨碍了对新形式的探索。格雷夫斯在美国加州迪斯尼总部大楼的设计中,将雅典卫城上六名优雅少女撑住神庙的构思改为以白雪公主故事中俏皮的七个小矮人来做支撑,出现在总部大楼的屋顶山墙上(图 3.18);美国的 SITE 集团在发展怪诞、破败的审美情趣方面独树一帜,他们从"反建筑"的概念出发设计了一系列坍塌、破落的建筑形象,通过它企图表明坚硬、安全牢固、没有变化的东西在世界上是不存在的;盖里设计的捷克布拉格某办公楼,在大楼的一端,似乎被外来物重撞一般,整体弯曲变形,造型奇特,引人注目;还有前述如格雷夫斯设计的美国佛罗里达天鹅饭店,以一种色彩斑驳、构图稚拙的建筑绘画,而不是以其建筑设计作品博得公众中短暂欢呼。有人认为,他的建筑创作是他的绘画作品的继续与发展,充满着色块的堆砌,犹如大笔涂抹的舞台布景,徒有浅显的外表(图 3.19),但从文化层级而言,它突出了高层建筑的公众性。

图 3.18　加州迪斯尼总部大楼

图 3.19　佛罗里达天鹅饭店

有一点可以肯定,波普建筑打破了现代建筑的单调和乏味感,给建筑形式带来了活力,是现代建筑的一个很好的补充。但是,波普建筑只是用来阐述那些局部的、个人的认识和需求,它极力回避建筑师的社会职责。同时,由于它过于迎合大众的文化心理,造成了品质上的单调,使建筑流于肤浅。因此,建筑中的波普风是对现代主义形式内容的批判,而不是对现代主义思想的挑战,不可能使现代主义建筑产生根本性改变,所以这种风潮也就完全不具革命性,它在本质上是虚弱的。澳大利亚墨尔本准备建设世界上首座移动电话形状的摩天楼(图 3.20),这座外形奇特的大厦全高 120m,共 34 层,其功能主要为公寓和商务会议室,它将完全模仿移动电话的形状建设。这座建筑由企业资助建设,其商业动机和波普特征明显。在消费社会中,波普建筑作为商业化城市中一个活跃元素是不可缺少的,它贴近生活、走向大众,具有人情味和生活气息。但它的发展有相当大的局限性,不可能大量存在。

图 3.20　墨尔本某摩天楼

另者如俗文化是人类文化的一种模式,俗文化指"创造于民间又传承于民间的具有世代相袭的传统文化现象"。而通俗文化是俗文化顺应时代之需所派生,它流行于城市社会大众,因此具有流行性、大众化的特点,"大众"特指相对高度城市人口的工业化城市民众,这时的"个人比任何时候都更依附于社会或者说被整合进社会,在日趋标准化和同一性的社会生活中'个人'逐渐成为'大众'……个人渐渐失去其个别性而成为被操纵的社会原子和单位"。由于这种大众文化是工业化的产物,所以它比较易受市场或商业化的影响,又因为借助大众传播媒介广泛散布,并为社会大众所普遍接受,因此大众文化所提供的价值观念和行为模式亦具有社会普遍性,并且在功能上具有较大的社会整合作用。在所有文化艺术门类中,建筑因其功用特征而成为与大众社会生活关系最为密切、最具群众性的文化类型之一,当代建筑创作思潮的"多元一体化"而呈现出复杂的局面都与社会中大众文化的现实特征存在密切关联。

技术的进步使产品的生产成为机器的"复制",技术的原则成为标准化的代名词,并渗透到社会生活的各个领域之中,成为一种社会普遍原则,乃至成为精神文化生产的原则。文化产品批量生产,加之文化工业的传播效应,引导人们的文化品位和审美情趣日趋同化。时尚的流行带来个性的泯灭,这也是现代建筑走向国际化的肇始,起端于机器大工业,并经大众传媒和发达交通的传递,建筑地域文化空前渗透和交流,建筑丧失了自我、丧失了原则。

分析当代大众心态,可以发现人们为了在机械的社会生活规范中寻求暂时性的轻松和刺激,根本毋须想象就可介入作品的深层次的精神意韵中,而积极寻求浅俗轻松的娱乐和消遣。这样,现代艺术作品只有成为能够消费的娱乐快餐,才有存在的空间,但艺术的精神和生命正在消失。大众文化以其内容的平淡和形式的简明来迎合文化市场中大众消费的趣味,而这种充分娱乐化的趣味积极地发展能成为"雅趣",过分消极则论为"畸趣"。在建筑创作中采用一些形式突变、象征隐喻等手法,表达一种轻松的幽默和善意的调侃,不失为一种对建筑创作手段的丰富与发展;但无端地渲染破败、扭曲、荒诞,以达到惊世骇俗的效果,则过份强调感官刺激和精神宣泄,此中表达的思想情感就属不真实、不健康了,是追求做作的伪饰,因此,畸趣具有"半文化的病态"。大众文化体现出当前社会大众的共同价值取向,只有从中不断汲取营养,才能把握社会需求。理解、挖掘和开拓大众文化,是创造文化新类型的一个可持续发展之路。

大众文化中所"具有的商品拜物教的特征,它的标准化、统一化和同质化的生产,是排斥真正的个性和创造力的,久而久之会产生出同质、平面的社会主体,一个以时尚为主导的社会文化中,是没有真正深度的精神生活可言的"。热闹的外表只是虚张声势,内心并没有力量。而建筑乃至高层建筑都是一种实用商品,一种反映社会文化的公共艺术品,这决定了建筑的公众性。《马丘比丘宪章》提出:"只有当一个建筑设计能与人民的习惯、风格自然地融合在一起的时候,这个建筑设计才能对文化产生最大的影响。"建筑须解决人民安身立命的问题,对此,汉宝德先生曾言:"我认识了中国建筑自秦汉以来至今没有改变的精神,那就是民众化的精神;而自明代以来,中国的文化已完全俗化、大众化。……如果社会大众接受建筑为一种艺术,那么他所接受的是一个属于他们的建筑,而不是象牙塔里的东西。"

大众文化是现代工业和市场高度发展的产物,学术界对其界定充满歧义。但比较统一的观点认为大众文化主要指兴起于现代都市,与现代大工业密切相关,以现代传媒为介质大批量生产的现代文化形态,是处于消费时代、由消费意识形态来筹划、引导大众、采取时尚化运作方式的现代文化消费形态。在中国,主流文化、精英文化、大众文化构成文化主体。但自20世纪90年代以来,主流文化开始没落而大众文化兴盛,这是中国快速城市化的重要表征。大众文化的迅速扩张和繁荣,浸透到了社会生活的方方面面,建筑也不例外。"文化市场和文化工业突然'崛起',大众文化使中国的文化景观在短短几年内一下子改观。……无论是耳熟能详、朗朗上口的电视、电台广告,还是触目可及的海报、灯箱、公共汽车箱体上诱人的商品'推荐'与商城'呼唤';无论是不断改写、突破城市天际线的新建筑群落间并制杂陈的准仿古、殖民地或现代、后现代的建筑风格,还是向着郊区田野伸展的渡假村与别墅群。……如此等等,不一而足。毋庸置疑,这一特定的文化现实对中国的人文学者乃至人文学科构成了全新的挑战"。

大众文化与商业社会的关系相互交织、不可分割,文化是一个活生生的、积极的过程,只能从内部发展出来,不能无中生有,或是从上面强加而成,大众文化是商业社会的寄生物,其商业性、商业运作的特点正是在新的历史语境中才清晰凸显出来;而商业社会的商品逻辑和利益原则,又常常会渗透到大众文化的中心地带,动摇其存在原则。必须看到,大众文化带有直观性、形象性的审美要素。正如丹尼尔·贝尔指出的那样:"当代文化正在变成一种视觉文化,而不是一种印刷文化,这是千真万确的事实。"文化的视觉转向使我们进入一个"读图时代"。图像与符号的穿透力如此之大,以至于大众会在无意中被它左右自己的生活方式与消费模式,进而形成个人的文化品评观。自 20 世纪 60 年代以来,文化呈现出一种历史性变迁:语言—文字文化正由中心日益边沿化,而视觉文化却正在兴起,而视觉文化是影像与形象占据主导地位的文化形态,更多的是一种波普文化。让·拉特利尔说:"不能低估图像文化,尤其是动态图像文化,由于它们通过图像作用于情感,从而已经并将继续对表述和价值系统施加深远影响"。从感官形态与文化形态的关系来看,视觉对听觉的优越性,视觉经验对听觉经验的优越性,必然表现为图像(形象)对语言的优越性,图像认知总是先于语言认知。

人类早期曾创造了辉煌灿烂的视觉文化(洞穴壁画、图腾崇拜等),但在进入文明社会以后,随着人类的心智、思维的日益发达,人类逐渐放逐了视觉文化,发展完善了高度抽象的语言文字符号体系,这也代表着人类由自然世界走进了人为的符号世界,人对世界的把握由直观面对式的拷问变成了在语言文字世界里的间接探询。于是,鄙夷感性、崇尚理性的思潮兴起,并在相当长的历史时期里成为人们的共识,但由此带来的是:人类的感觉经验日渐贫乏,对事物的感知能力日趋萎缩。当人类社会越来越都市化,视觉对象也越来越丰富。在市场机制诱导下,商品的生产和消费在很大程度上变成了图像的生产和消费,于是导致了视觉文化的生产消费极度膨胀的现代化景观,视觉文化也渐变为一种新的主流趋势。事实上,海德格尔早在 20 世纪 30 年代就指出:我们已经进入一个"世界图像时代",世界图像并非意指一幅关于世界的图像,而是指世界被把握为图像了。

当前,大众文化、享乐主义、消费欲望和都市空间使得视觉因素超越其他成为文化的主因。物质性的消费被精神性的消费所取代,商品拜物教转向了"形象拜物教",更准确的说,形象即商品,大众审美思维需要正确的导向,而不是导向快餐文化,如同莫斯科联邦大厦方案的风帆创意(图 3.21)。美国文化理论家杰姆逊说:"审美进入日常生活,就是形象的大规模复制和生产,就是形象从传统主义和现代主义的'圈层'中进入我们的日常生活,就是我们在一种距离感消失的前提下所导致'主体的消失'"。在杰姆逊的文化"图绘"中,我们看到了视觉艺术素养的巨大文化意义,将素养推至文化前台这样的历史过程。从时间转向空间,从深度转向平面,从整体转向碎片,这一切正好契合了视觉文化生活的需求,所以,视觉文化生活乃是视觉艺术素养的温床,当这个温床让视觉艺术素养开花结果后,才能更好地延续视觉文化生活的蓬勃生机。"大众"并非单质的整体,而是一个异质杂多、充满流动性的关系组合。个体具有个人化的眼光与个性化的表现,社会的宽容和多元化需求加强了大众自我表达方式,因为大众文化提倡一种多元共生的民主精神,主张自由、宽容。

另外,流行是大众文化的必然特征,它着重"现在",不仅不是精致的文化,而且也根本不进行这种努力,它来去匆匆,完全来不及进行进一步的加工和分层,它是在时间之流中以新颖与过时作为区分标志,既没有时间的积淀,也缺乏学术界的深层辨析,在建筑形态构成上充斥着拼贴、扭曲、夸张等手法。一种大众文化在开初总是善于吸收其他文化的某些特点,创出原创性新模式,随即迅速地通过批量化生产而流行开来,从而变得模式化了。但是,由于流行性,导致模式化,又逐渐削弱了民族性和地域性特色,不同地域文化本应存在一种空间距

图 3.21 莫斯科联邦大厦

离感,而流行文化表现的却是不同代际之间的时间差异感。它在不断的演替和回归中,用时间的流逝抹平了地域的、民族的文化差异,流行与复制的动力得力于一组二元对立的文化机制:好/坏、新/旧、进步/落后、新潮/落伍等。大众文化从根本上说具有娱乐文化的性质,就是要使人们获得直观的感性愉悦。

大众文化的即时存在、滋生蔓延,并不表明它同时具备了现代文化的圆满性或唯一性,相反,大众文化使得文化的精神平面化了。大众文化并不以思想性、现实性为要义,而是以娱情性、消遣性和休闲性为宗旨;不是诉诸思想、认识、理解而是诉诸快感、直观和情趣,带有游戏的性质,需要加以必要的引导和限制。应当看到,大众文化的合理发展必须有强大的批判否定力量与之伴行,必须有新的健康向上的精神力量不断将之提升,必须有多元的文化选择展开现代文化的多元性层面,还必须有强有力的制度性、法律性力量对之予以监督和制约,这也符合大众文化的多元包容精神。只有这样,才能形成一个健康的文化生态。建筑的"审美效应",只有通过大众接受过程中的"具体化"才能真正得到实现。期待视野是接受美学最重要的概念,主要是指在接受信息时,由接受者以经验形式形成的思维定式或预期的心理图式。由于社会文化系统的构成规则、构成方式、意义传递途径等被接受者自觉或不自觉地内化到心理深层,潜在地成为一种社会认同的文化契约,因此见仁见智的建筑个体接受无法摆脱社会总体的文化制约,这就是大众文化期待视野的存在之所在,也造就了一批"大众化"的建筑作品。

今天,大众的消费趣味正成为审美文化的主导趣味,建筑创作正呈现出消费主义倾向。对此,英国学者汤林森指出"资本主义文化的扩散,实质就是消费主义文化的张扬,而这样的一种文化,会使所有文化体验都卷入到商品化的漩涡之中。"法国后现代理论家让·鲍德里亚尔认为,西方资本主义社会"消费与信息"合成一种符码系统,这种符码系统是一个无意义的浮动的网络,它操纵和制约着大众的思想行为,并形成文化霸权。

消费社会的一切活动在不同的层面上追逐着消费者有限的时间和注意力,目的就是通过刺激大众的消费欲望来获取巨大的商业利益。当今各个领域的文化都面临着一种文化物化的问题,消费社会把一切文化形式都当作可消费的产品来获取利润,建筑本身已是消费社会中的一环,建筑的本质也从形而上的艺术转变为形而下的产品。商业逻辑一旦支配建筑创作,就可能把人的情感包括人的本能当作商业资源来开发,建筑走向虚妄和不真实。作为消费社会的表征,建筑艺术正成为一种流行文化,而且在弱势文化中流行得更快,如 KPF 在中国的一度盛行。正因为流行,所以周期变得更短,消失和更替得更快。建筑设计并不能反映个人体验和思想,只是流行肤浅的嫁接品,建筑艺术的流行化趋势也使建筑艺术留存的寿命大大缩短,使建筑不再具有永恒的品质而变得脆弱,这些因素加速了当代建筑所蕴藏的文化意义和文化价值的销蚀。

建筑作为一种消费品负载的价值观念和生活态度使建筑具有文化上的象征性,在强势文化得到推广和普遍认同同时,人们常常忘记或无视这种逻辑和秩序中根深蒂固的利益、种族、文化歧视与偏见,以及贯穿始终的经济与政治上的不平等,消费主义为这一切提供了文化—意识形态的合法性和支配权。

建筑艺术如果一味地以满足个人的消费心理为目标,则迟早会陷入庸俗的境地,导致建筑作为一种文化形式所蕴含的精神与意义的消失;另外,消费文化在世界范围内的强势扩张,也会导致特色文化和地域文化危机。单质性是传统和消费文化的确定因素。消费文化代表了倒退势力,它对国际商业中央控制或许有用,但却枯竭了世界多样和不可代替的文化源泉。

人们有时追逐时尚,在设计中建筑师也如此,往往用符号的拼贴、复制手法来取悦迎合大众。但是,我们应该从利益的角度理解时尚,追逐时尚实际上是在追求某种公开或隐藏的利益,即时尚是为他者追求的。越是在一个信息化的世界里,时尚就越重要,因为时尚能带来大量的效益。然而当追逐时尚成为潮流之时,即宣告了它的反面——对时尚的迎合很可能是浅薄和庸俗的代名词。时尚文化对传统意义上的审美价值的挑战导致了追求一种奇观式图景的符号存在。传统意义上的美丑对于时尚已不再重要,它"以随意的态度在这情况下推崇某些合理的事物,在那情况下推崇某些合理的事物,而在别的情况下又推崇与物质和美学都无关的事物,这说明时尚对现时的生活标准完全不在乎"。时尚建筑消解了传统意义上的美学逻辑,建构了一种新的形式逻辑——消费的逻辑。

3.2.5　整体城市与生态新文明理念

1. 高层建筑文化特质创意与城市文化的整体性、变异性

最理想的美的尺度是无尺度,因为它具有一切尺度。高层建筑是以其大尺度和压迫式的体量而成为都市中控制性的建筑类型,它展现的是一种超常尺度的独特性文化特质,其影响遍及都市生活的方方面面;同时,高层建筑在某种程度上解决了社会对集中和密集的要求,并引入了新的空间体验和生活感受。今天,许多城市仍然在用高层塔楼作为实用的城市建筑,利用它们提升生活和工作的场所,但这并不意味着已经解决了高层建筑所带来的环境和城市问题,尤其是城市文化的整体性和变异性。摩天楼在城市无秩序的规划中胡乱生长,这些高楼在地上投下巨大的阴影,顶部高高升起在人行道上,它们对城市的风和空气的流动影响呈复杂状态;它甚至来不及顾及城市界面的连续、城市文化的传承及

文化的创新,留下的只是孤单的高大和无所顾忌的尺度。

但是,尺度在高层建筑中应该与人体的尺寸、人的感觉、行为方式及感情联系在一起,它不应单独地只与结构和经济的考虑相关。所有新的规划和建筑,应该符合城市的总体秩序,应该反映原有的空间形态,高层建筑成为现代城市象征,应保持城市文化原有肌理和发展脉络,并点缀与强化它。而20世纪的城市规划一直忽视城市形态,我们新建的城市往往是只由密集的独立建筑组成。5000年的城市史告诉我们:点缀在复杂的矩阵式的街道和广场中的高层建筑既是效果良好的通信网络,又是识别特征和决定方向的手段。这些传统的概念即使在今天的现代城市中也仍然是有效的,它理应是城市整体文化的信号站和传承平台。

高层建筑是一座城市有机组成部分,因其体量巨大,是城市重要节点,对城市产生重大的影响。从对城市整体影响的角度来看,表现在高层建筑对城市天际轮廓线的影响,城市天际轮廓线有虚实之分,实的天际线即建筑物的外轮廓;虚的天际线是建筑物顶部之间连接的光滑曲线,高层建筑在城市天际线的创造中起着重要的作用,它代表和叙述了城市之间的文化差异。因城市的天际轮廓线从一个城市很远的地方就可以看见,也是一座城市给一个进入他的人第一印象。因此,高层建筑尺度的确定应与整个城市的尺度一致,而不能脱离城市,自我夸耀、唯我独尊,不利于优美、良好天际线的形成,直接影响到城市景观。高层建筑对城市局部或部分产生的影响,是指从市内比较开阔的地方,如广场、干道、开放的水系和绿地所看到的天际线,也直接影响人民的日常生活。因此,城市天际线不仅涉及人从城市外围所看的景观,也直接影响到市内居民的生活与视觉观赏。

高层建筑与城市各构成要素也有重大关联,高层建筑的位置、高度的确定,也应充分地城市尺度、传统文化,不当的尺度会破坏城市的整体性,改变城市传统的历史文化,也会改变原有城市各构成要素之间有机协调的比例关系。例如在上海,黄浦江是城市的一条重要水系,原先具有宽大、雄壮的气势,但由于后来"东方明珠"的建成,且过于靠近江面,其他高层建筑也跟着黄浦江建设,从而使黄浦江的尺度感猝然变小,失去了原有的风采,也改变了老上海的历史与文化。因此,尺度是人类自身(包括肢体、视觉和思维)衡量客观世界和主观世界相关关系的一种准则,尺度是认识自身及客观事物的一种方式,比较和差别是尺度运用的基础,建筑的尺度与人体活动的速度有关。人体活动形式与建筑的关系表明:建筑的尺度是人体尺度的延伸和扩展,但无论是外部的尺度还是内部的尺度,都与人的运动速度有关。运动速度的变化是人类改造自然、利用自然方面最杰出的成就之一。运动速度的改变,影响了人类生活范围的尺度,也影响了人对建筑实体与空间的体验,以及建筑本身尺度的改变。不同的社会时期,人拥有不同的运载工具和运动速度,建筑及城市的尺度也各不相同。古代的城市和社会,大多数人是以步行为主,有限的非机动工具的运动速度是十分有限的。在这种运动的基础上,人们建造了与其相适应的建筑和城市,形成了以步行为主体的城市尺度,道路宽度较小,除宫廷和祭祀建筑外,一般建筑物的高度和体量都不大,形成了当时的城市形态、城市环境和城市风貌。现代的城市交通体系发生了巨变,城市间的高速公路、城市内的快速路及若干道路层次、地铁、航空港、车站、码头等,使城市的内部与外部、一座城市与其他城市连为一个整体,成为多维的开放系统。在此系统中,人作为城市主体和交通行为主体的地位并没有改变,多种运载工具形成的多种运载速度,使人在不同的运动速度中形成不同的尺度感。从根本上讲,速度和尺度的关系,就是人与时间、空间的相互关系。尺度感的变化,在城市建设中形成多种建设尺度,从巨大的运输港、宽阔的城市干道、高层建筑到亲切宜人的住宅区、步行街等,形成了多层级的错综复杂的尺度系统。

图 3.22　日本横滨标志塔

高层建筑的外部尺度分为五种主要尺度:城市尺度、整体尺度、街道尺度、近人尺度、细部尺度。在高层建筑近地尺度设计中体现并延续城市文脉的巧思妙想俯拾即是。70 层、296m 高的日本横滨标志塔(图 3.22)是横滨市的地标性超高层建筑。在其近地空间设计中保留了一处 1896 年建成的旧横滨第 2 号船坞(长 100m、宽 10～30m、深 10m)。设计者将其巧妙利用,设计成颇具特色的室外环境,让人们在其中休憩之余,追忆横滨的历史(横滨曾是日本第一大造船业基地和著名的港口城市),畅想横滨的未来,成为唤起市民"集体记忆"的场所。

时间和空间是一体的,是物质、能量、信息及各种事物的基本属性,建筑有着自己的时空形态和时空特征。人所创造的建筑与城市是一个不断变化、有限的时空过程。建筑是人类智慧与大自然相结合的产物,建筑所表征的不仅仅是使用功能和建筑艺术,而且还包括社会、经济、文化、技术、思想、意识及人类自身存在的方式。建筑的生成是与当时当地人类社会的政治、经济、技术、文化等多种因素紧密相关的,而这多种因素本身就是一种历史的延续。建筑生成时所需的自然条件和物质、能量、信息等基础,是在某一时空范围内的聚集过程。建筑本身的功能和形式,也是社会历史不断演化的产物。建筑本身具有的空间形式和时间因素紧密相关,构成建筑的时间—空间形态。建筑的时空形态,构成城市时空序列中的一个点——建筑生成点。当建筑生成以后,其功能、性质、体量、高度、色彩、造型等对周围建筑、环境、街区、城市乃至整个国家都开始产生不同程度的影响,产生不同的张力和引力。建筑和城市环境的艺术无时无刻不在影响着每一个居民,他们无法回避它,而大多数其他艺术表现形式,诸如文学、绘画、音乐、芭蕾,人们只能去主动寻求。而随时间—空间的变迁,大多数建筑颓倾了;甚至在城市没有重大社会变迁的平稳时期,建筑也在不断地繁衍,少数杰出的、具有艺术感染力的建筑保留下来,成为某个时代的标志物和信息源,在时空中的影响范围也不断扩大。部分古代高塔和现代高层的存留就是实证。

资本对城市自然资源无止境的盘剥,城市建设的超常速度、密度和尺度制造了人类史上前所未有的壮观,抑或噩梦,技术将消费和享乐中的人群推向彻底的颠狂之境。资本和市场催生了"激烈的实践和实用主义",这种实践和实用主义也制造了一些政治上和文化上的景观差异,在不同的地点和时刻,也带来许多资本图景——社会和物质景观,但这些并不一定全部内含独特的思想和文化,仅仅限于一些范式和代表着资本对文化的冲击,尽管这种冲击具有潜力和引起文化思潮的动荡,却不具备建构真正的文化的根基——缺乏对社会现实和日常生活的根本关怀,如重庆渝中半岛高楼林立的高层建筑(图3.23),因为高层建筑虽创造了差异文化,但失却了整体文化。

图3.23　重庆渝中半岛建设现状
城市景观的整体性与差异性营造意味着建筑文化建设的连续性。

　　"9·11"之后,有两个重要参照可以帮我们理解人类对超大尺度建筑的渴望。其一是对神及人间代表的权力表达。从一开始,高层建筑就成为宗教体验与祭祀仪式的重要表征。其二虽然明显但很少被人提到,对疆域、地平线、景观规模概念上的扩大与转换,同样促使大尺度建筑的出现。从金字塔到曼哈顿的天际线,一系列可与自然景观相对照的效果,早已成为建造的决定性因素。在文艺复兴时期,体量大小是一个独立的变化因素,对建筑而言并非本质性特征。但勃鲁涅列斯基、米开朗琪罗精彩的大尺度作品则是对此构成原则的超越,显示出对技术与结构创新的尊重。激进的观点认为"大"是对领域和社会整体性的后建筑反映,"大"与传统无关。大建筑始终是当时宗教、政治、经济最强力量的表征。从比萨斜塔到圣彼得大教堂,"大"的奇观总是居于显要地位。也正是由于这一点,两处"大"的范例成为袭击的靶子,即巴米扬的两座大佛和世贸双塔。

　　现代文化反省意识孕育了新的环境观念,唤起了新的环境要求。人们期待和要求一种置身其中能感受到人的价值和尊严,保持身心平衡的全面占有式的空间环境,这种期待和要求无疑要靠艺术来实现,换句话说,只有艺术才能改善人类的生活环境,以往任何时候都需要艺术的介入。因为,既然高技术的环境是人类社会发展的必然。那么,它必然会引出另一种补偿性的必然,即环境的高情感。只有艺术能够使空间环境充满人类的情感,只有艺术的情感表现力和情感激发力能够使造物不只在物质功用上而且在精神审美上给人以慰藉和关怀,使之成为一个向人向自然开敞的环境。都市物质的壮丽发展遮盖不了人们精神世界的贫乏,亚历克斯·柯尔维尔以"我们是谁?我们像什么?我们应该怎么做?"折射出人们不可言说的焦虑,也是当今人类对现代生存环境的焦虑。技术与理性为人类筑起工业化的都市环境,人们在理性的庇护下躲避了自然的危害。然而,技术与人造物的增值则严重地阻隔了人与自然的生命联系,这一切动摇和破坏了人类建立在基于对抗自然之理性基础上的自信、乐观和幸福感,一种忧虑于人自身逐渐丧失的危机感在迅速加强。事实上,我们已经降临并生活在这种令人忧虑和沮丧的空间环境中,拯救这个环境也是拯救自我,而拯救的手段在于精神贫困的解放,即群体生活环境文化特质的寄意,包含高层建筑文化特质的构建,它会给人们以精神文化的愉悦和享受。

2. 具有可持续发展的高层建筑生态文化观

有学者认为,20 世纪人类文明最深刻的觉悟之一是生态觉悟,生态建筑的美学观是当代建筑美学发展的具有历史意义的突破,它对"人类中心"主义的消解,对整体性、多元化及人与自然和谐共生的追求,体现了当代美学发展的新成果和趋向,生态美学观强调作品的创造性和开放性,以及人的体验和心灵的解放。毫无疑问,生态高层建筑创造是人文精神的高扬。

生态文化是基于生态原则价值和相对自给自足的不同地区文化,这些地区文化在相容的基础上互相作用。灵活的、分散的产品技术,为当地特定目的最大限度地生产出多样性产品,建成形式是当地文化和材料相结合,吸收了适应当地条件的进口技术。

晚期现代主义在努力解决高层建筑防火、交通等问题的同时,开始了智能化、生态化、使用者心理等深层次的探索,这些在创造新颖的建筑形象的同时也为使用者带来了更理想、更人性的工作或生活环境。诺曼·福斯特设计的法兰克福卡默兹银行就体现了高层建筑在环境生态等深层的功能概念的探索。建筑的标准层平面为一个具有柔和曲线的三角形,它由三个平面区域围绕贯穿整个建筑的中庭部分构成。在任何一层平面,三个平面区域中的两个是办公空间,而另外第三个部分则是一片庭院——空中花园,这些绿化庭院高达四层,并环绕着中庭呈螺旋上升,可为建筑的中心部位提供新鲜空气、自然光和风景,这就使整个建筑拥有了多个不同朝向的空中生态层,所有里侧的办公室均可以透过中庭看到一个花园。根据平面形状,将交通核、洗手间等辅助空间布置在标准层平面的三个角部,把平面中间的部分处理成透空的中庭,这样使用者的视线可以不受遮挡地从各个方向欣赏空中生态园,此外,为阻挡高层风的破坏,在空中花园的外部设置了相应的防护设施。贯穿了生态文化气息的设计带来高层建筑新的外部和内部空间形态,充满了创造性。

同样,针对东南亚热带地区的气候特点,马来西亚的杨经文在高层建筑的设计上作出了卓越的探索。他设计的 HITECHNIAGA Tower (图 3.24) 独具特色,这幢大楼由一个基本解构骨架加上穿插其中的如豆荚般的构件组成,这些豆荚实际是一些功能房间,分隔的豆荚构件一方面与骨架紧密相连,另一方面又把各功能空间分开。在利用豆荚构件的缝隙时,设计师巧妙地布置了绿化平台,它不同于其他的用"减法"创造空中花园的方法,这些绿化空间作为建筑的"绿肺",使人可以自由地呼吸新鲜空气,但从外观来看,这部分是用围篱包裹起来的。从政策层面而言,1989 年的《盖娅住区宪章》提出了"为星球和谐而设计、为精神和平而设计、为身体健康而设计",对建筑生态性的认识,不仅有物质实体层面的表现形式,也有精神文化层面的内涵理解。建筑可形成良好生

图 3.24　HITECHNIAGA Tower

来源:www.jersemar.org.il/2000/photos,2008-12-16.

态的环境,也可破坏自然环境、恶化生态,包括建筑组群以至城市相互关系之间的"建筑生态",未来建筑的健康发展在很大程度上要制约于满足可持续发展要求的人居环境条件。

无独有偶,汉莎·杨(Hamzah & Yeang 建筑事务所)设计的科威特阿尔·高发大厦(AL Ghorfa Tower)具有典型的生态设计意义(图3.25)。这个建筑总体上由两个形状不同但相互连接的部分组成:服务与被服务,这种分离的服务营造了具有特殊营销特征的可变空间。最主要的特征是沿建筑北立面建造的中庭,以空中花园来重新诠释传统庭院,对文化的理解是现代科威特所诠释的概念的核心;另外,建筑在生物和气候上充分展示了生态理念,该建筑是在炎热干旱的国家设计被动模式摩天楼的例证。独具特征的中庭提供了一个蒸发和冷却的区域,为空中庭院、集合平台和观景平台提供空调设施。中间的空中庭院(花园)形成了凉爽的小气候,应用植被和水形成宜人的环境。分层的立面是减少空调荷载的被动设计特征。狭窄的平面使楼面能够接收自然光照射,外部百叶控制阳光强度,保护建筑免受风沙的影响。

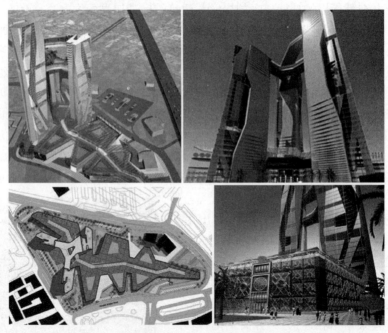

图3.25 阿尔·高发大厦

生态塔创造传统庭院或城市的天空,免受沙尘暴和过度太阳辐射,通过使用特别设计的皮肤或过滤器,
利用植被和水功能提供蒸发冷却。通过生态长廊和平台把城市生活向垂直方向引入。

来源:http://www.al-anjari.com/product2.aspx? id=17,2009-06-20.

生态建筑主要是根据当地的自然生态环境,运用生态学、建筑技术科学的基本原理,合理地安排并组织建筑与其他领域相关因素的关系,使其与环境成为一个有机结合体,由此可以看出,技术是生态建筑得以实现的保障。日本东京都港区仙台媒体大厦是一座具有生态意义的"高技术"建筑,该建筑采用时下最先进的建材和技术,新型结构解决了内部巨型空间的难题,显示了技术的人性化。在其弧形三角形平面中,电梯、楼梯和设备间被成组地安排在三个角上,中间布置疏散楼梯间,到上部形成巨大的中庭,形成"烟囱效应",达到了节能的目的;同时,每一层的各个朝向都能获得良好的视野和采光,整栋建筑辐射出高度科技的生态文化之光,体现了节能环保以及自然人性的技术之美。

另外,现代科学技术的发展促进了各学科之间的相互融合与渗透,如仿生学在高层建筑上的应用,建筑仿生学就是将生物学的成果和思想方法引入建筑设计领域。其实,人类在建筑上遇到的所有问题,自然界早就有了相应的解决方式。这是由于生物体在长期的自然选择下,必须进化出高效低耗、自觉应变的生命保障及调节系统。建筑幕墙设计就是一个典型的例子,我们已经认识到:幕墙其实可以像生物的皮肤一样,被设计成为具有"自由呼吸"的功能,并依据外界气候条件加以调节,优化与自然能源的交换。RWE AG 总部大楼在发展"可呼吸的外墙"方面策略优越。它良好地解决了平衡热绝缘要求和日照、自然通风间的相互矛盾,通过控制和利用日照以及室内外空气的流通,以满足节能策略对建筑自然通风和有效利用日照的要求。RWE AG 总部大楼高 128m,采用直径为 32m 的圆筒形平面以使表面积最小(图 3.26),最大限度减少能源的损耗。"双层表皮"由外层的单层平板透明玻璃和内层的双层平板玻璃构成,在内外层之间是宽度为 50cm 的空腔,其中安装有可旋转百叶,以起到遮阳和热反射的作用。同时,在幕墙上设计有一种鱼嘴形结构,它使每个独立单元空腔内存在风压差,促进空腔内的空气流动。在采用双层幕墙系统后,外界气流经空气腔的阻隔和缓冲

图 3.26　德国爱森 RWE AG 能源集团总部大楼

精心设计的圆柱状的外形既能降低风压,减少热能流失和结构损耗,又能优化自然光的射入;固定外层玻璃幕墙的铝合金构件呈三角形连接,使日光的射入达到最佳状况;内走廊的墙面与顶部采用玻璃,折射办公室内的阳光以作照明;外墙由双层玻璃幕墙构成,用于有效的太阳热能储备;内层可开启的无框玻璃窗,可使办公室空气自然流通。整个大楼 70% 通过自然的方式进行通风,热能节约在 30% 以上。

来源:http://bbs.chinagb.net/viewthread.php? tid = 53492&page = 8,2009 - 03 - 20.

穿过内侧可开启的窗户进入室内,创造出接近于地面的自然通风效果。这幢玻璃大厦运用表皮处理的技术,成为一幢"自由呼吸"的可渗透形性的建筑,既节约了能源,又创造出一个舒适的室内环境。

类似思想的设计比比皆是,由建筑师斯蒂芬·霍尔(Steven Holl)设计的美国波斯顿麻省理工学院学生宿舍高 10 层(图 3.27),他通过对建筑形态空间的有机处理,运用生态设计理念创造了一个合乎逻辑的独特的生态效果,具有鲜明的特色。基于对宿舍功能的独到理解,斯蒂芬·霍尔将建筑考虑成为一个多孔的"海绵体"。

通过多个上下楼层贯通的带有大窗户的奇特光井,利用热压差使建筑物内的空气流动,再加上宿舍单元可灵活开启的组窗,形成建筑腔体与表皮协同作用的调节机制,生态效应明显。与此同时,斯蒂芬·霍尔深入研究了宿舍网格状小窗户作为表皮的潜力,创造

图 3.27　麻省理工学院学生宿舍

出具有个性的建筑外表面。开窗的设计处理方式使建筑外墙产生一种节奏,小窗与内凹的墙壁自然地挡住了夏日的阳光,而冬天低角度入射的太阳光,却能照射到建筑室内。

当然,生物学的启示可以昭示人类建筑活动的许多方面,并不局限于以上的几个有限的实例。可以看出,建筑的生态整合也不仅仅在于表皮,也可以像生物体那样因适应环境而自组织为独特内部构造。

在新建筑运动之前,古典的建筑学更多地着眼于建筑形式、哲学、文化与美学的法则,涉及建筑科学和技术问题并不多,然而建筑技术与建筑艺术创作绝非孤立存在,随着现代建筑的发展,现代科学思维、新材料、新技术在设计中不断融入其中,建筑艺术与技术的关系更加紧密地联系在一起。生态与可持续发展的理念从有利于人类生存环境的改善和协调发展出发,着眼于生态环境与人类长久持续的发展,成为人类文明发展过程中一次新的革命,这种以减少对环境破坏为标准的可持续原则为传统的建筑学带来新的思想和方法,也为建筑设计观念的转变提供了契机和动力。近年来,运用生态学原理、生态原则进行设计的绿色建筑理论体系迅速发展并逐步成熟。1969 年,对绿色建筑学的产生与发展起到深远影响的 L·麦克哈格的《设计结合自然》发表;1995 年,西姆·范·德·莱恩(Sim Van der Ryn)与 S·考沃(Stuart Cowan)合作完成了《生态设计》;布兰达·威尔和罗伯特·威尔提出来《绿色建筑学:为可持续发展的未来而设计》;以及杨经文的《设计结合自然:建筑设计的生态学基础》等为高层建筑学的发展开辟了新的天地,建构了独特的文化视野。

3.2.6　其他创意理念:学科协作、极端审美和巨构理念

1. 多学科创新理念与高层建筑文化特质寄意的创新性、系统性

建筑是多种综合的产物,深入研究与建筑有关的各科,交叉融会贯通,所得的成果自然会出新。吸收人文科学、自然科学、技术科学的新成果,融入到建筑中去。这种创新有广阔的天地,源泉不竭。虽然由于各人研究侧重面不同、方法不同,但所得成果亦百花齐放,而其水平由建筑文化的深浅所决定。

　　建筑创作是一项社会性系统工程,需要了解建筑学与其他学科的交叉边缘关系,了解建筑心理学、环境行为学及城市社会学,甚至经济学、历史学、哲学等。

　　同样,高层建筑是多专业、多学科的综合,尤其是结构学科。建筑空间不仅是建筑内部功能的外在表现,而且是建筑结构技术的外在表现。结构的重要性正如 M·E·托罗哈所说:"结构设计与科学技术有密切的关系,然而却在很大程度上涉及到艺术,关系到人们的感受、情绪、适应性以及合宜的结构造型的欣赏"。在空间艺术创作中,结构为空间提供有效的骨架和支撑,是空间形态的物质附着物,从而创造特定的空间形态。反过来,空间形态反映结构的规律,是结构内在理性和技术美学的外在表现。同时,结构通过对空间的限定和组织,表达丰富的形式语言,而且赋予建筑空间以丰富的精神和文化内涵。赋形授意、意寓于形、形之表意三种表述,完整地表达了建筑结构、空间形态和空间神态的关系,建筑空间感人的力量正是技术与艺术、力与美的完美结合。因此,技术美学中的结构技术不仅以其逻辑性和理性支撑空间的实体要素,而且将其美的形式和内容融入空间艺术的整体之中,诠释了高层建筑空间的文化。

　　此外,当代科学已经跨过了机械论和形而上学的自然观,从精确事实、分析为主转向综合,不再局限于各个部门与门类而开始研究它们之间的联系和发展,分门别类的研究方法不能真正反映事物的全貌。星野芳郎在《未来文明的原点》一书中这样描述机械文明的设计思想:"这是一个将复杂物变成单纯物,再把单纯物变成复杂物的过程。"这种技术方式拘泥于自然规律的某一方面,而忽略掉其他方面,与自然过程的真实状态相违背。但是,现代科技正呈现出整体化趋势,不断分化与不断综合。

　　为了扩展建筑学的领域,建筑师常借鉴其他学科的方法来生成建筑,将另一领域的体系带入建筑设计中去,以便尝试使建筑形式具有功能之外意义的可能性。如结构文化展示的是科学的"严谨和创造"之美。结构科学对高层建筑的艺术形态往往有决定性的美学价值,许多现代高层建筑的形态美都和结构科学的创新表现直接关联,颂扬了结构创新的奇异美学价值和科学开拓文化。一些新颖的结构体系为高层建筑创造丰富多姿的美学形象提供了便利,并展示了一种动态空间文化;而材料赋予高层建筑以"人性"之美,现代高层建筑借助材料科学的进展创新出许多让人难以想象的建筑,无论在形态上,还是在肌理上,都充满了文化特质创意之美。如蓝天组设计的欧洲中央银行,既利用结构技术形成扭转的形态,又充分考虑生态因素;建筑既是一个好的结构系统,又是一个好的生态办公系统(图 3.28)。

2. 极端审美个性与反形式美学主导的高层建筑文化特质

　　许多高层建筑的设计竞赛过程和结果表明,在功能、结构、经济方面雷同或相似的情况下,最易被选中的方案往往是最新颖、最富个性的,也是最为人瞩目的。因为建筑艺术也如歌德所说的艺术一样:"艺术的真正的生命正在于对个别特殊事物的掌握和描述。"可见,个性追求所创意的建筑文化特质往往是以新奇特的手法获得文化上的大众心理认同的。

　　在各种建筑思潮中,解构主义者皆具有鲜明的个性。在哲学思想上,他们主要把德里达的解构主义哲学理论应用于建筑创作;在手法上,他们打破原有结构的整体性、转换性与自调性,强调结构的不稳定性和不断变化的特性。解构主义的核心是反对整体性,重视异质性的并存,它提供了一种新的思维方式和角度,其作品往往出人意料。此外,富于个

图 3.28　欧洲中央银行大楼

性创造的建筑师如盖里（F. Gehry）、库哈斯（R. Koolhass）、哈迪德（Z. Hadid）等纷纷以别出心裁的文化特质创意表达了自己对现代建筑的未来畅想，他们运用深层结构理论和语法学规律、形象构成手法实现建筑的生成和转化，从表面上看，这类建筑生成形式呈现无秩序的状态，构成对传统和世俗的挑战，但他们构思的内部逻辑和思维过程却是清晰的，只不过以其他途径表达着建筑的意义罢了。无论是解构主义的发展，还是构成主义的延续，它们都试图通过文化特质的新的寄意因应现代建筑的当前困境，对纷繁的世界和人类生活具有开放的心态和独特性气质。

　　法国思想家、情境主义国际运动的发起人之一盖·德波（Guy Debord）曾言："奇观，是现代被动文化帝国中永不衰落的太阳。"奇异建筑反映了建筑界追求新奇、刺激的思想，部分是建筑师为了表达与众不同的观念，将建筑设计成奇特形状或破落形态，追求广告视觉效果和吸引目光，但部分表现了一种颓废的思想情调和反传统价值观，部分以反形式美学的手法对应时代的畸形消费需求，反映了一种极端审美心理。反形式美学观是一种与古典建筑美学的形式美法则相悖的美学观。它提倡建筑形式中的冲突性和不稳定性，强调冲突、破碎、极力表现"怪异"和"奇特"甚至"丑陋"，以一种非理性的姿态示人。这种对传统美学观念的叛离模糊了大众的对"美"的一贯认识。反形式美学观的产生是有其社会根源的。工业时代建立起来的现代建筑讲求功能主义和纯洁主义，"形式随从功能"就是最好的诠释，这种理性的机械美学观仍以真善美为其美学原则，但当现代建筑在一些先进国家和地区完成物质需要之后，建筑的众相造成的场所感、独特性的丧失，对地域性和文化差异的忽视逐渐失去了人们的信赖,不能反映多样化世界的群体文化心态。在这样一个建筑文化断裂的特定阶段,在先进的技术保障下,反形式美学观就应运而生并充分发展。

然而,个性建筑与奇异建筑不能正面建筑经济、技术、功能的要求,因而也是少量的、试验性的、先锋性的,它创意的反形式文化特质代表了一种文化取向和艺术思维,丰富了整体文化,提供了建筑文化特质创意理论以借鉴,但它究竟如何发展? 尚需实践和生活检验。

具有特异色彩的年轻的日本建筑师隈研吾,特立独行地从西方历史主义中寻找创作的源泉。他的 M2(Matsu-da 第二组织,1991 年)的设计借用了一个巨大的爱奥尼柱式,并附加上各种历史的造型片段,脱开了建筑部件所具有的原来意义,对历史主义元件的"曲解"便成为隈研吾设计的出发点。建筑设计的完成,是通过计算机对已有建筑文件进行简化、变形、集合、构架,是一场计算机建筑游戏的产物;该建筑从意义、功能、尺度等建筑的规则中解放出来,像是患了分裂症。相同的设计手法还表现在"陶立克(Doric,1991 年)"作品中。这种直接引用古典柱式的形式并将其加以超尺度放大的手法并不是简单的抄袭,而是属于一种超常规的手法,具有特立独行的个性,也表现出建筑师某种极端的态度。

再者利用"反重力原则"达到颠覆高层建筑理性和逻辑也渐被常用。按照重力法则,不符合万有引力定律和力学平衡原理的建筑就会坍塌,但建筑师却反其道而通过一种违反上述原理的形式来抗衡,大尺度的悬挑就是改变人们关于高层建筑稳定形态的认知。如北京商务中心区的 CCTV 大楼(图 3.29)由荷兰 OMA 建筑师雷姆·库哈斯设计,它的实施反映了当代中国的大众心理:大胆创新、对未来充满信心,他认为"中国所处的情况,更能理解真正的创造性"。当然,230m 的高度也许在这样一个地段并不突出,但其纯粹的几何形"门"字造型、简约而充满趣味的设计手法,都试图改变人们对传统摩天楼"一柱冲天"的印象。

图 3.29　CCTV 新楼

其实,这幢建筑只是为北京 2008 年奥运会提供资讯服务的中央电视台的新办公大楼。但由于其挑战了地心引力的巨型悬挑、力学结构无奈所致的网状外壳使这个建筑充满张扬的个性、创意独特。然而对 CCTV 大楼有很多评论:狂野、大胆、富有冲击力;独具创造力;西方式的、男性般的、雕塑感的、震撼力的地标……毫无疑问,即将使用的 CCTV 大楼似给平庸的城市特别是 CBD 高层建设注入了一针强心剂,但这个个别的案例将给建筑何种指向值得思考。单一的构图或许完美,但应把这个建筑放入整个城市空间之中去衡量,建筑应与城市互动,他应是活的有机物,而不是静止的陈列品。对此,库哈斯表达过这样的个人观点:"对超高层提出建议,并不需要在同一场所,相反,在北京向纽约发出信息,效果将更好。"可见,他把设计 CCTV 当作一种文化信号,认为建筑是产生文化的工具,表达了一种拥挤城市的新高层建筑解决模式。但是,查尔斯·詹克斯把这种表现归结为图像建筑,即形象工程,在他的著作《图像建筑,不可思议的力量》(*The Lconic Building*, *the Power of Enigma*,2005)中已有阐述。

其实早在 CCTV 新大楼 10 多年之前,美国建筑师埃森曼为德国柏林市中心设计的马克斯·莱茵哈特大厦(图 3.30)就属于这种曲尺形悬空连接体,设计师认为在两塔楼间以一曲线体相连的造型为单性繁殖,一些观点称这个造型比 CCTV 新大楼艺术得多,柔和、自然得多。但是,这个方案终因造价太高而未实施。

古典美学追求的是一种和谐、完美的美学意境。但与此相对,当代反完美倾向的兴起,通过追求破败、混乱以对传统的完美观念进行反叛。这种倾向的兴起,一方面在于美学探索者借助商家的资本重新开拓美学的疆界,另一方面在于这种反形式的独特视觉形象被商业追逐和被大众所认可而得以迅速传播。盖里一向酷爱有缺陷为完成之美。他表示:"就那些已经完成的建筑,我们都更喜欢构筑中的建筑……结构物本身往往比完成后的建筑更具震撼性的诗意。"盖里的许多作品都充满了这种现象:冲突、杂乱。同样,SITE 集团也推崇反形式美学的创作手法,向

图 3.30　马克斯莱茵哈特大厦
来源:彼得·埃森曼作品集[M].汪尚掘.
天津天津大学出版社,2003.

往一种非完美倾向的建筑文化。他们宣称:"没有纯粹,没有可靠,没有一成不变。"弗吉尼亚 BEST 商店的一部分像一张纸似的从墙的表面剥开;休斯敦 BEST 商店上方一堆砖块从上至下倾泄。SITE 创造的不稳定和破坏形象对完美的信念提出了挑战和质疑。

毫无疑问,人们需要强烈的刺激以震撼被工业化、标准化摧残的麻木了的神经,反形式的形态平衡了这种社会需求,对应了这个时代混乱、无主题的文化态势。这再次证明:建立文化评价系统的迫切性,重新认识思考和正确评估当前乃至未来的建筑文化决策机制是顺应时代的需要。

从城市的整体而言,在创作中通过改变建筑或构件的尺度,来让大众获得吃惊、猜测、体验进而留下印象,这种夸张的手法往往由于它的存在使城市片段变得新奇而富有活力,欢快的气氛能感染周边所及的人,虽然它有时显得不合常理和逻辑,甚至稍有不慎,就有可能成为败笔和建筑笑柄。在限研吾设计的东京 M2 大厦中,就有非常醒目的高达 30 余米的爱奥尼克柱头;盖里设计的西海岸总部大楼,入口处极为逼真的四层楼高的双筒望远镜,使得来此的人恍若来到了大人国。曾如文丘里所言:"尺度的对比与模糊,伴随着不寻常的并置,是创造惊奇、张力和丰富的城市建筑的传统手段。"

同样,建筑师 Make 设计的位于伦敦的沃特斯大厦(The Vortex)(图 3.31)是零售空间、顶层是公共空间还包括一个螺旋形屋顶花园。旋转的双曲面对于高层大厦来说是不常见的形式,但它具有自己独特的优势。建筑的上部和下部楼面较大,中间最小,其表皮

由倾斜的直柱构成,这些柱子交叉在一起形成简单但有效的结构,这种外形也将风荷载降到最低。该建筑利用风驱动的涡轮、光电板和地下水制冷减少建筑对矿物燃料的依赖;利用新的电梯技术以减少核心筒的体量,增加可用空间,双层的独立电梯与延伸到空中连廊的快速电梯共用一个电梯井,公用电梯可以沿着斜着的柱子向上到达顶部的公共空间。该建筑的书简形式打破了摩天楼常规的一贯形态,具有鲜明的可识别性。

法国哲学家雅克·德里达(Jacques Derrida,1930—2004)曾出版过著作《怪诞风格——时下的建筑》一书,他也主张"混杂的建筑"(Contaminnate Architecture),认为"应使建筑与其它媒体、其它艺术对话",这表现了他主张通过向哲学和历史回归来探讨建筑本体的方法,这直接指向了当前高层建筑创作的文化多元性。

图 3.31　沃特斯大厦

来源: http://images.google.cn/imgres? imgurl,
2008 - 10 - 23.

如上所述,任何城市和建筑文化都不是为某个单一的思想范式或批评立场而存在。现代的审美取向,不单是对崇高的推崇,而是追求震惊的效果。对外面世界的追求,取代了对家乡的固守;对陌生的认同已不再是背井离乡,而是对新生存体验的追求。神奇之城迪拜正构思一座 7 星级的"丛林"旅馆(图 3.32)。这个构思奇特的建筑由英国的西巴里特建筑事务所(Sybarite Architects)设计,28 层的高度将完全矗立在距陆地 300m 的大海中,进入旅馆需要通过船和直升机。为了减少建筑物在海中的荒凉感,在建筑的最高两层设置了一个可控温度、长满热带植物的丛林。建筑因与海的关系,具有鲜明的外观个性,整个建筑虽高度不断向外悬挑,并形成优美流畅的弧形轮廓,建筑恰似深海贝类。

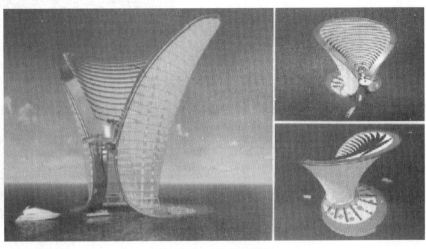

图 3.32　"丛林"旅馆

当代高层建筑的反形式美学主要体现在反形式和反意义两个方面，二者在总体上背反了传统建筑美学精神，与追求和谐完美的审美理想、讲究比例、尺度、均衡的形式美法则的传统建筑美学是格格不入的，从而使高层建筑审美脱离了社会共通性，失去统一标准。它虽表现多种多样，本质就体现在"反"字上。反形式美学以摧毁关联性为目标，把完整的高层建筑分割为许多碎片，将一些互不相干的建筑历史片段塞进建筑中，并有意把形式弄得不完整。拼贴、冲突、碰撞和断裂是当代高层建筑反形式美学表现的重要手段。反关联的高层建筑表现在形式的断裂，它不仅表现为一种反有机、反和谐的建筑形式，而且意味着一种新的高层建筑审美观念，其美学价值首先在于促使人们以一种新视角来欣赏这种冲突美，反关联的拼贴所带来的断裂引发震惊，而当人们逐渐适应这种震惊之后，又会欣赏这种震惊并期待震惊的继续出现；其次，反关联丰富了传统建筑美学的内涵，满足了人们猎奇的心理；最后，反关联推崇偶然性，反对必然性和连续性，呈现出灵活、多元的审美观念，以及兼容而非排斥的审美态度、发散而非线性的思维模式。以上方面反映了在复杂多元的社会中，反形式美学满足了对高层建筑艺术形式的千差万别的不同需求。如芝加哥静电复印中心有意在统一而理性的外墙上拼贴一片破乱不堪的玻璃幕，制造一种惨败凄凉的气氛。

归根到底，高层建筑反形式美学的本质是通过与传统美学对立的方式彰显自身。对于反形式、反完整及复杂刺激性的追求，折射出当代人的文化世界和心理需求，这与人类文明发展状况相关。当人们厌倦了原始艺术的二维平面、古典艺术的和谐完美、现代生活的贫乏单调，就转而向往个性追求和强烈的刺激，反形式美学提倡多元化、多中心，并且把模糊性、不确定性推至极端。高层建筑中找不到关于某种特定意义的暗示，甚至认定某种意义的存在也是不必要的，反形式美学反对高层建筑具有明确的主题和清晰的信息意义，但强调意义的虚无和含混，表现出错位的现实世界观和人生观、价值观。瑞士艺术家、建筑师U·贝格尔于1970年创作了美术拼贴画《撕裂》，第一次展现了"残破的大楼和岌岌可危的大厦"这一高层建筑美学从未涉及的美学形式，以当时最激进的批判形式"坍塌、碎裂和破败"来对抗"稳重和整洁"，以"丑陋"对抗"完美"，这是艺术对贫乏文化生活的极端回应。

但是反形式美学在理论上缺乏文化的根基，它没有设立任何新美学标准（因为它从根本上否定存在唯一、绝对的艺术标准），它否定人的中心价值标准体系，对高层建筑审美采取了价值中立的态度，存在矛盾性和不严谨性。在反形式美学制造的建筑理论混乱状况下，技术俨然成了美学创新的希望，然而依靠现代技术标新立异的表面繁荣并非艺术创造的结果，只是高科技的表演，如纽约10011th大厦（图3.33）凭借技术的支撑，导演了一出现代高层建筑形象创造的狂野好戏。创造性的萎缩和技术美学的独盛，使反形式美学的高层建筑又走向了技术美学的倾向。而与此同时，在当代西方一些先锋的反形式美学建筑陷

图3.33　10011th 大厦

来源：http://images.google.cn/imgres? imgurl.

入技术的狂热之中时,功能和经济却付出了沉重的代价,最终牺牲的是人及其生活的空间。

建筑艺术是具有艺术共性和独特个性的综合体,其独特个性在于它把实用、经济、技术和安全等要素视为重要的、理性的美学标准。因此,不论建筑美学和价值体系如何变化,作为建筑的技术和经济理性都应当予以重视,特别对于我们这样的发展中国家。

3. 巨构理念:高层建筑高度与规模竞争文化观

从高层建筑诞生起,高度就是其文化特质,也是建筑者们追求的主要目标。随着更高再更高欲念的不断激励和工程技术及材料的保障,高度的竞争就成了不少新建大楼暗中的角力,这使得摩天楼的高度记录再不可能像 20 世纪那样可以保持 20 年甚至 10 年以上。

目前,最让世人为之侧目的地方当属迪拜,这个波斯湾畔的小城近年来越来越多地进入我们的视野,这完全是因为那里雨后春笋般出现的各种各样超现代化的摩天楼。其中以迪拜塔为代表,这座建筑为了保证高度竞争的优势,它的最终高度一直保持神秘。迪拜塔犹如一座待发的巨型火箭,具有太空时代风格的外形;塔座周围采用了富有伊斯兰建筑风格的几何图形——六瓣的沙漠之花。当然,高层建筑在亚洲其他地方的脚步从未停歇。上海浦东"三塔演义"的最后一座摩天楼上海中心日前开建。它与 420m 的金茂大厦、492m 的环球金融中心成品字形布局,580m 高度(总高 632m)的外形如同一条盘旋的巨龙,象征中国和谐的文化精神,体现中国和世界的连接。而 2007 年奠基的俄罗斯塔(原计划 2012 年竣工,现停工中)坐落于莫斯科国际贸易中心,设计高度 612m,建成后可为 2.5 万人提供工作和生活空间,如同一座人口密集的空中城市,它也将成为欧洲最高的大楼。俄罗斯塔最令人骄傲的是它拥有最先进的能源循环利用系统,这使该建筑成为世界最大的自然通风系统的摩天楼。

高层建筑发展至今,高度日趋增高、容量日趋增大、内容也日趋多样和综合化,城市中心区的一些主要的高层建筑已发展成功能综合、配套设施齐全的"城中之城"。由此,在现代城市中,摩天楼占据了统治地位,这些用钢筋、水泥和玻璃构成的建筑物耸立在大都市里,常常通过它们所代表的规模、资本和权势使人们感到震慑,而不是用精神和道德的意义使人们得到提升;当这些高楼大厦的规模和它们暗藏的力量不断增长时,它们所引发的敬意也不断增长。摩天楼提供了引人注意的规模和外表,并在体积和高度之上相互竞争,密集的摩天楼标志着现代都市的中心,是商业主义的象征,具有典型的商业文化特质。

在经历了工业化时代的技术和现代建筑带给人类的工具理性、情感淡漠后,今天的人们更渴望在生活的空间中获得一份亲近感、得到一种安全感,然而在现代生活中,人们经常迷失在现代城市巨大的尺度中,这不仅给人们带来了生活的不便,而且也导致了情感的疏离。一个生活在城市里的居民,除了希望建筑能够满足物质生活的功能外,还希望建筑成为精神文化的载体。在城市超常的空间中,人们很难对城市环境产生认同感,也很难获得密切的人际交往,建立起良好的邻里关系。因此,重塑城市多样化功能代表了人们对城市设计的渴求,建立物质与精神同构的新型城市理念乃城市发展之必然,正如扬·盖尔所言:"能方便而自信地进出;能在城市和建筑群中流连;能从空间、建筑物和城市中得到愉悦;能与人见面和聚会——不管这种聚会是非正式的还是有组织的,这些对于今天好的城市和好的建筑群来说仍是很关键的,就像在过去的城市一样。"

纽约世贸中心重建方案"自由塔"（图3.34）建在原世贸双塔倒塌的位置上，自由塔的总高度仍保持原设计方案中象征美国建国年份的1776英尺（541.3m），但改变了原方案中不对称的螺旋状尖顶设计。正方形的楼体也随着高度的增加，四个角逐渐被斜切，组成8个巨大的等腰三角形，使大楼中部断面构成正八边形。纽约州州长帕塔基在设计方案公布仪式上说，"面对重新设计自由塔的挑战，我们今天看到了一个更好、更安全，更令我们自豪的自由的象征。这一新的设计方案代表了我们对自由的纪念和对安全的承诺"。虽然它的高度与同期建设的其他高层建筑相比没有优势，但其政治意义和象征性足以让世人高度关注。在这里，高度衍生出一种文化。

图3.34　纽约"自由塔"

高度代表了美国式的自由、民主。

来源：image2. sina. com. cn/dy/w/p/2005 - 06 - 30/2008 - 06 - 09.

随着城市建筑以及人口密度的不断增长，大型公共建筑如大型商场、高层建筑综合体等将不断建设，但是这些空间如何接近自然、如何合理利用能源将受到日益重视。确实，高度与规模的发展带来另类文化景观和城市气象，但在技术上，它们如何实现人类生存的意义呢？琼·朗恩于1994年提出了"垂直城市设计"理论，后来绿色摩天楼倡导者杨经文将此理论发展并大量实践。在此，行为学以及行为环境学的经验将帮助我们去理解为何在高层建筑与其他大型建筑中需要更多的公共空间与功能。高登·库仑在"城市景观"一书中，曾提出在城市设计中的系列"图像要素"——压缩、偏转、隐蔽、折叠、展开、合成、提升及形成"这里"或"那里"的场所感，而这些在水平城市设计中的要素在杨经文的垂直城市设计中都有所体现，这种将生态小气候（空中花园、空中公共空间）融入建筑空间的思路势必对未来景观建筑的发展产生影响。未来城市可持续发展的挑战，是引进创新城市发展模式，利用最新的管理制度、体制和科技，以达到社会公平、环境不受损害以及经济效益多个目标。据此，超高层建筑成为巨大城市魅力构建的重要手段。如日本东京是一个拥有3000万人口的大都市圈，但是这并不成为形成魅力都市的障碍，正是巨大的都市圈，聚集了知识水平高、有活力的群体，在都市与都市的竞争中具有潜力，都市振兴的最大课题是：以东京大都市圈为前提创造舒适的环境，使它有足够的魅力吸引世界各地的人们来工作和生活。这里首先考虑的是超高层建筑，规划认为只有超高层建筑才能使3000万人中的大部分能够方便地工作，尽可能紧凑地居住，但是像纽约、香港那样超高层建筑林立的都市，建筑高度密集，并不能给人舒适的感觉，超高层建筑之间应尽可能留出空间进行绿化，产生绿地中有超高层建筑的街道，再加上都市魅力要素，成为"垂直花园城市"，使每个人的空间和自然环境都可以变丰富。"垂直花园城市"的构想：分散的土地整合起来，建造集约超高层的建筑，增加每个人的都市空间，创造出绿意盎然的开放空间。工作、商业、居住、学习、休憩游玩、教育、医疗等多彩的城市功能立体复合、紧凑的街区。

只有这样才能适应高度知识、信息化产业时代和高龄化社会,是未来大都市的新形象。东京六本木综合体是一个都市大规模再开发的有效尝试,它从创新理念、观念资源整合、街区的再生与复兴等方面建立了一个模型和范本,但它似乎对于日本传统来说,变化太大、太突然。东京六本木综合体(图 3.35)在极其有限的地块上最大限度集约统一,以一个超级的复合建筑体融入了高品质的文化、艺术、娱乐要素。建设地块局限在城市老区中,没有整齐划一的道路,新的开发就在老区的缝隙间规划设计新的街道、广场和有意味的空间形式,建构了另一种生活文化图景。城市设计与项目设计相互结合,充分利用地铁交通和城市公路交通,园林设计立体化,整体设计趣味化,具有丰富的设计内涵。美国 JERDE 建筑事务所负责六本木购物中心及公共空间设计,JERDE 在购物中心设计中非常注重将项目设计为旅游目的地,立面变化丰富,不断让顾客产生好奇心,延长顾客的停留时间,很多顾客停留一天还没有单调的感觉,实践证明 JERDE 的设计思想是成熟的,空间的构思将综合体连接为整体。由此可以看出,规模化集约发展城市高层建筑在部分地段是恰当合理的。

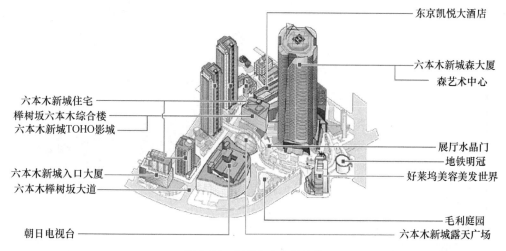

图 3.35　东京六本木综合体

来源:http://images. google. cn/imgres? imgurl,2007 – 12 – 24.

英国"流行建筑"公司打算在伦敦建造一座史无前例的 300 层高摩天楼——"伦敦通天塔"(图 3.36),它将有 1524m 高,形如一根高耸如云的雪茄。塔楼中将有数十万套公寓、商业中心、剧院,甚至还有学校和医院,据称可容纳 100 万人同时居住。根据建筑公司的蓝图,"伦敦通天塔"为钢筋骨架结构,主要靠外墙承重;塔楼中部将是一个巨大的天井,从而将光线和新鲜空气引入建筑中央;塔楼每层都有许多巨大的圆形空洞通向户外空间,那儿将用来修建花园、公园、溜冰场、植物园、户外剧院、网球场等各种设施,让塔楼内的居民有充分的休闲场所;与此同时,"伦敦通天塔"将是一座可以自给自足的人工智能型生态城,塔楼将利用太阳能提供主要能源,而新鲜的淡水则可以在阴天时从塔楼顶端的云层中采集,经过滤之后通过管道运送到塔楼各户的家中。此外,"伦敦通天塔"中央有五条垂直通道,安放大型磁力电梯,它可容纳 200 人同时乘坐,就像一部竖向运行的地铁,将居民迅速地从塔楼内一个"社区"运送到另一个"社区"。由于每个居民的工作场所、电影院都在塔楼内,而所有的朋友也都将住在同一个塔楼里,因此他们再也无须每天乘车上下班,甚至可以永远不用离开塔楼了。"伦敦通天塔"目前仍处于构想阶段,但有望在2016年之前完工。值得一提的是,由于经过特殊设计,"伦敦通天塔"将可以像搭建积木一样,继续往高空修建。英国著名建筑师福斯特近日为人们勾勒出一幅"未来城市"的"画卷"。他表示,"未来城市"将会进一步向高空发展,将单幢摩天楼变成一个独立的城市,把居民日常生活中所有的设施都纳入大厦之内。福斯特说,"未来城市"将是一个配套完善的社区,商店、学校、戏院、公园和小型医院等公共设施一应俱全。还有绿草如茵的"空中花园",是居民休憩的好地方。这种"垂直社区"无高尚住宅与贫民窟之分,可谓"大同世界"的实现。大厦的住宅类型多样化,有适合年轻和低收入人士租住的小单位,也有专为超级富豪而设的豪宅。福斯特指出,人口不断增加,是对现今城市规划的一大挑战,建筑师都设想商住大厦向高空发展,希望可以容纳更多的人,这就使高层建筑的发展导向高空化。

图 3.36　伦敦通天塔

来源:http://images. google. cn/imgres? imgurl,2007－11－03.

中国当代许多城市的建设是以牺牲城市空间为代价的,高密度的高层建筑破坏了城市的空间结构和整体尺度,同时也改变了城市人的空间社会结构关系。在一个具有良好建筑架构的城市里,空间应该是丰富多样的,满足城市人不同的物质和精神需求,而且应该表现积极的功能意义。城市结构的区域空间其实就是城市社会的结构空间关系,组成城市空间的建筑,其审美和文化功能在于产生一定的情感激发作用,建筑的形式与情感的联系是有生理基础的,它以有机体的生命运动为前提。同时,这种联系也是社会实践的产物,是人把自然规律和普遍形式的把握主观化了,使其具有了人的意味。例如,高度意味着对现实的超越,垂直构图的形体显示象征着崇高向上,建筑的符号意义在审美功能上能够产生重要的效果。

事实上,从历史角度而言,无论是万圣图还是玄穆钵哈拉都描述了一种场所,一种超越于物质现实又存在于物质现实之中的空间图景及其关联的生活情节,这是一种象征和隐喻,是人类精神中发现的一种存于现实及隐藏在难以捉摸背后之间的连接,它嫁接了思想的两极:直觉/逻辑、左半脑/右半脑、阴/阳、理性/浪漫,营造了一种意向中的空间秩序。我们现在创造的生活空间,在空间秩序的层面来看,是与万圣图的宇宙和玄穆钵哈拉绿洲存在一定关系的。神秘天堂和现实之间存在一种非连续性的张力,过去与现在、现在与未来之间的神秘距离浸入并调整人们的视觉,成为幻想,这种倾向在哥特建筑空间中表露无疑。"在那个时代,火热的信仰把一切思想、一切智慧、一切行动全都集中在一个点上,艺术家越来越高耸地把自己的创造推向天空,只是朝向天空,并在它面前仰望着,虔诚地举起祈求的手……狭长的窗、柱、穿顶伸向无穷的高处;空灵的特制的尖顶像一缕轻烟在它们之上升起,伟大的庙宇同人们的普通住房相比是那样的伟大,可见我们心灵的需要同我们肉体的需要相比要高出多少……把它的墙壁筑得高些,高些,尽可能高些,无数有棱角的立柱像无数支箭,不要有任何截断、弯折、柱檐等改变它们方向的东西,缩小建筑物的尺寸! ……让尖顶更空灵一些,更轻盈一些! 让一切东西越是往上越是奋力飞升,轻盈透亮;而且要记住最主要的一条:这里不存在任何高度与宽度的比较,宽度一词应该消失,这里只有一个权威的观念——高(图 3.37)……"2007 年日本大成建筑公司提出了一套名为"X – Seed 4000"的东京摩天巨塔设计蓝图(图 3.38)。这是一个超级城中城设想,它仿照富士山的形状建造,预计高度将达到 800 层、4000m。巨塔底座面积将有 $6km^2$,可以同时入住 100 万居民。由于摩天塔将进入云层,其最底层和最高层之间的温度和压力差异、各个高度的空气压力、生活在高处的居民的缺氧问题都必须被充分考虑。"X – Seed 4000"超级城中城将是一座可以自给自足的人工智能型生态城,主结构是钢骨,外墙拟采用太阳能板,利用太阳能为巨塔提供能源。建筑内部将尽量自然采光,并且能根据外部天气变化自动调节照明亮光,大楼内部还有人造公园等"自然水景",用水将会是 100% 循环水。2000m 以下的楼层将是居民主要生活区,更高的区域由于空气寒冷可作为冰雪运动场。当然,这个高空发展方案只是个设想,大成建筑公司拟把它建在东京湾。

图 3.37　格洛斯特教堂

来源:陆邵明. 建筑体验——空间中的情节[M].北京:中
国建筑工业出版社,2007.4.

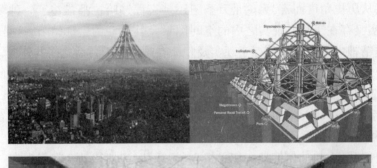

图 3.38 "X – Seed 4000"摩天楼

来源:http://images.google.cn/imgres? imgurl.

3.3 高层建筑文化特质创意的形态理念解析

世界高层建筑形态的发展,日新月异,尤其是近 20 来年,更是进入了一个纷繁多变的阶段,表现出文化观念与美学思想的丰富多样。但高层建筑终究是一种形式化极强的产物,透过形态语言的意义分析其创意理念的根本就显得直观而具体,也可避免陷入盲目的理论与思潮"争吵"之中。

3.3.1 高层建筑文化特质创意的形态倾向和影响要素分析

1. 当代高层建筑文化特质创意的形态倾向

当代高层建筑创作具有多元化倾向,如场所的地域化、建筑环境的生态化等,但就其形态分析而言,主要有如下几种思路:

1)形式倾向:理性与感性并存

形态塑造是建筑创作的原点,也是建筑获得大众认可及与城市协调的重要元素。亨利·考伯(Henry N. Cobb)在 1986 年完成的达拉斯泉水广场大厦(图 3.39),采用了"方盒子"折叠技术,以剖面的视角探索双对角平面的变化,建筑具有清晰的结构层次和形态构成肌理,而其连续律动的轮廓激活了天际线。建筑建成后,从不同的视点去看建筑形式都会产生戏剧性的、多边的轮廓,从而产生这样一种错觉,就是当年在它四周移动时,这个 60 层高的巨大的雕塑也似在运动,像在进行舞蹈表演。

图 3.39　达拉斯泉水广场大厦

运用平面和剖面上的双对角折叠,获得不同视点上的建筑形式,建筑多变的轮廓给人以运动的感觉。

2)产品倾向:产品与情感结合

指建筑作品运用新材料、新技术、新结构和新设备以创造新的建筑形式,体现时代特点,如巴黎蓬皮杜中心,从这些作品中可以看出产品倾向开始与人性情感结合,脱离纯粹技术表现。库哈斯在《癫疯纽约》中曾发展出一个理论:把曼哈顿阐释为一个建筑产品,用公式表示成幻想,而且这种教条不再局限于他所自创的岛屿。

3)地方倾向:世界文化与地方文化的结合

建筑应以开放的姿态进行文化的融合与诠释,表现地方特定的场所精神。英国当代著名建筑师特里·法雷尔大力倡导都市主义,他认为:"建筑不应是生产线上的产品,它是具有独特表现力的事物。它应该和城市的文脉环境相衔接。"场所是建筑的媒介,建筑在场所中被赋予一种活跃的空间形象和"文脉"。

4)人本倾向:回归人本主义

该高层建筑创作倾向重在从现象学和人类学的角度发掘人性,追求人性、亲切的建筑尺度。由于高层建筑是一种独立的建筑类型——所有问题在其内部自行解决——这就使得当代城市变成了单体建筑的集合,各自独立的建筑物通过街道相互连接,却未能真正与城市整合。传统的高层建筑与城市之间的衔接方式是将塔楼置于广场之上,然而这种空间之多使其空虚感构成了都市生活毫无创作力的讽刺画面。

5)信息倾向:观念的交流与传递

建筑通过能指要素即建筑形式,为"读者"提供所指信息即建筑的意义,建筑本身成为信息媒介。具有信息倾向的作品深化了建筑视觉艺术的本质内涵,反映了建筑审美要求。信息传达中形式和意义的联系必须有一种映射方式来实现,如联想、隐喻、象征等。

2. 当代高层建筑文化特质创意的形态影响要素分析

(1)技术要素。

(2)社会学要素。

(3)艺术要素。建筑史中的很多事实表明,某种在艺术引起反响的思潮会在其后的建筑中得到体现。

（4）环境要素。现代主义导致城市的异化和场所意义的丧失，导致视觉趣味的丧失和都市性的否定。都市性能够提供多样性和多选择性，而现代主义却造成空间的无名性和均质性，而作为现代主义代表的高层建筑发展尤其如此。现代主义的"建筑设计"总是试图把设计对象从环境中分离出来，总试图分辨图底关系。但以辩证的观点来看，把建筑过程看作既是造型过程也是生成背景的过程也未尝不可，造型作为一种符号替代的运动过程。

3.3.2　高层建筑文化特质创意的形态美学倾向分析

中国 CCTV 新楼虽然创造了独特的美学价值，但它的形式突破是建立在违反建筑艺术和技术常理之上的，因而褒贬不一。近年来，从库哈斯到哈迪德再到卡拉特拉瓦，他们都在尝试建构一种高层建筑的美学新理念。因而，这也代表了当代高层建筑美学一种新的探索方向，故由此带来的一些争论正说明了当代高层建筑美学的发展正处于前进的十字路口，徘徊在理性与非理性之间。

1. 理性倾向

理性主义是一种哲学，它是由柏拉图、笛卡儿和康德发起的。理性主义强调直观感知的真理，不依靠任何经验。理性主义已证实一个先验的数学真理，有关空间、时间和因果关系的绝对真理，并不依赖于对外部世界的理解而存在。所以理性主义者认为只要遵循正确的推理方法，从无须证明的命题可以演绎出一整套的真理。同样，建筑的理性主义认为只要以理性的方式遵循某些普遍的原理，就会创造出完全合乎一定规矩的"真实的"建筑物来。

高层建筑是一类特殊的建筑，它通过先进的结构技术和垂直交通技术成就，提供了建筑向上发展的可能，产生了新的城市人文精神和美学观念，具有严谨的理性之美。而且，一贯以来，理性主义都主导着高层建筑美学思维的发展（这里的理性主义被定义为知识可以从理由与推导中得到，而与感觉、体会等无关。理性主义的方法是依据理由来推断的，它不需要感觉和体验来证明或者否定。因此，真理的发现是通过逻辑的运作。它们显示出在本性中，哪些是可能的，哪些是必须的）。无论古典建筑时代还是现代主义建筑时代，和谐、秩序、逻辑和完美的信念牢牢印在建筑师的脑海中，即使是当代新古典主义、新乡土主义、新理性主义建筑师，都始终如一在贯彻这一原则。在功能、结构、技术和环境等方面，高层建筑皆严格具有科学性和合理性。在理性思维主导下的高层建筑提供了一种新的、不同于以往任何时期的美学新形象。坚实稳定的造型、高直挺拔的线条、自下而上收分的形体、简洁光亮的塔身等，造就了建筑新的时代，如尤为经典的伍尔沃斯大厦、克莱斯勒大厦等。理性主义的建筑形态建立在理性思维基础之上，它要求严格遵守形式逻辑规律，强调思维的客观性、相关性等。基于理性主义思维的建筑美学建立在维特鲁威美学的基础之上，崇尚普罗泰格拉提出的"人是万物尺度"的理念，讲求功能合理、逻辑清晰、结构科学、形式协调，这种思维和美学理念长期主导着高层建筑的发展和演变。如在沙特利雅得王国中心大厦的设计竞赛中，业主阿尔瓦力德亲王要求：建筑应结构单一对称，外观既简洁又不失威严，体现气势和全球化风格。为此，最后中标的美国建筑师埃勒比·贝克特的方案是一座截面为橄榄形的摩天楼（图 3.40）。该方案为了既遵守利雅得城市建筑的最高楼层限制,又拥有鹤立鸡群的绝对高度,建筑师用一个跨度为 60m、高度占了大厦整体约 1/3、内部没有任何楼层的流线形巨型中空桥架在大楼顶部,这样大楼的顶端高度达到了 300m,并在城市的任何角落都清晰可见,成为了城市的象征,空中廊桥也成为了最高最好的高空观景台。

图 3.40　沙特利雅得王国中心大厦

来源:http://www.xooob.com/369954_1041471.html,2009 - 6 - 10.

　　基于理性思维,上小下大的稳定形式成为人类一种习惯性的高层审美方式;对自然界高大的形体的认知使得人们对于高层建筑形式的心理期待,表现为一种逐渐收分的形式。还有,结构体系的上下对齐,使力的传递更为直接和合理。因而理性的高层建筑造型自然应当是一个挺直或收分的筒体,这才能符合人们安全而稳定的视觉感受。如史塔宾建筑事务所设计的 304m 高日本横滨标志塔(图 3.22),就属于理性高层建筑的代表作。它既是城市的标志性建筑,又拥有完整的、富亲和力的公共活动空间。这座建筑将东方感觉和当代技术融为一体,细部设计溶入日本传统文化。其精美的渐缩式形态优雅的立于横滨港,与远处的富士山相得益彰。但是,这一审美习惯形成的定式恰恰制约了高层建筑形式语言的创新,成为文化一成不变的"瓶颈"。因此,一段时间以来,高层建筑美学风格并没有发生根本的嬗变,仅仅表现为表皮的不断更新和符号的流变,也就无从突破既有的审美定式;而随着这类高层建筑的逐步增多,它们往往成为城市的背景,失却了自身的标志性。在这种背景下,不论单纯从建筑审美看,还是从商业功利上看,理性主义下的高层建筑在体现其"城市坐标"方面渐显力不从心。虽然理性主义的建筑艺术和建筑教育长期占据着主导地位,但现代高层建筑创作遇到的发展瓶颈就证明了完全理性的建筑审美是片面的,它限制了建筑创意的广度和阻碍了建筑艺术的发展。

　　理性主义建筑师意大利"七人小组"曾在《意大利评论》这样发表他们的建筑观:"新建筑……应该是逻辑和理性密切联系的结果……我们不主张创造一种风格。而是通过坚持不懈地运用理性,以达到建筑与其目的完全相适应,事实上,通过选择,风格也一定是不可避免的结果……重要的是要确信,有创造类型的需要,一些基本的类型……重要的是要认识到,至少是一段时间,建筑组成必须部分地放弃这些东西……"若干年后的现在,理性思维的高层建筑美学形式已经以大量经典的作品成为众多城市的标识,也在一定程度上固化了人们的心理认知,形成了特定的文化特质,也基本能够表达高层建筑应有的全部美学价值。此时理性倾向强势地主导着高层建筑的发展,尽管它的未来还未完全明确。

理性主义的高层建筑主张具有社会发展阶段的合理性,它的发展态势是强劲的。

2. 非理性倾向

对生活平庸化的不满和艺术化生存的文化向往,导致对理性倾向的质疑和对抗随之产生。

在摆脱理性思维、探索新的发展方向上,崇尚"非理性"倾向渐成潮流。部分作品在形态创意上整个组织逻辑和体形特征都发生了根本性的改变,突破了结构和功能的束缚,挑战了平衡和稳定定律,表现出明显的反传统、非理性的特征,当然,这些兴起于西方建筑师的美学思维代表了当代西方社会的思想状况和文化、经济、科技发展状态,绝非偶然。可以看到,当代西方建筑审美思维出现了以"非理性思维"取代"理性思维"的倾向。而非理性思维是人们通过直觉、意志、欲望、本能来认识和把握世界规律的思维方式,远在古希腊哲学家苏格拉底提出的"求援于心灵的世界"中就得到了明确的体现,近到反现代理性的先锋米歇尔·福柯(Michel Foucault)就强烈反对理性、发出对主体的责难和对差异的呼唤,充满挑战性和反叛性。此时,非理性思维在与理性思维的矛盾运动中逐渐站住了上风。

由于当代审美观的多元化倾向和建筑美学价值追求建筑艺术的意义,这就大大超出了传统美学着重研究"美感"的范畴,比例、平衡、统一等传统的构图原理已不再重要。这样,一些过去看来并不美观甚至怪诞丑陋的建筑,由于其强烈的表现力和刺激性而能够满足现代人猎奇的心理,引起情绪上的波动,就达到了建筑艺术所要追求的意义,就已具有了审美价值,也许这就是文丘里提出"向拉斯维加斯学习"的美学依据,这一点也能很好地说明西班牙建筑师高迪的浪漫作品为何直到近年来才受到人们的高度重视,这是因为其作品的怪诞形式在提倡"装饰就是罪恶"的年代是不可能符合传统的审美观念的,但恰恰与后现代时期标新立异,追求广告效应的精神不谋而合。

当代西方社会自身所不可避免又无法根除的各种深刻矛盾,使得人们对于未来的发展方向产生了迷茫,对于传统的理性观念产生了质疑,危机意识和异化观念的增强,也对非理性主义的发展起到了推动作用,并最终促使建筑审美思维由总体性、线性和理性的思维方式向非总体性、混沌非线性和非理性思维模式的转变。非理性思维影响下的先锋、实验建筑师,尝试对协调、统一的美学观的突破,追求一种"令人不安的、搅乱人心的、使人愤怒的和不可理喻的"设计,这正如埃森曼所言"我们必须重新思考建筑现实在媒体化世界的处境,这就意味着移换人们所习惯的建筑的状态,换句话说,要改变那种作为理性的、可理解的、具有明确功能的建筑的状况。"埃森曼设计的柏林莱因哈特大楼(Max Reinhardt Haus Citygate)创意独特:来自于"莫比乌斯圈"的灵感使建筑的塔楼两部分向内弯折、扭转并在空中连成一体,整体表现为一张表皮而没有终结的三维形态。这个构思奇特的方案虽然由于造价原因没有实施,但建筑师追求的不稳定形态(Weak Form)和折叠(Folding)的设计思想、关注于媒体社会建筑所应有的视觉效应,却并不关心高层建筑本身所内在的结构和功能逻辑,以至于建筑从外表看来失却了应有的安全感和合理性。无独有偶,库哈斯在北京 CBD 的 CCTV 新大楼的设计中,也应用了"环"——高层建筑在空中巨挑相接的构想,意指电视制作的流程。越来越多的打破理性思维的高层建筑创意,寻求着独特的美学价值观念,代表了高层建筑创作中的非理性倾向。

高层建筑中的非理性思维主要有两种表现形式:一种是无意识的梦幻形式,追求一种超自然、超现实的效果,主要通过富有动感的线条、自由的形体和强烈的色彩来实现,如Aedas 事务所首席设计师 A·布鲁姆伯格(Andrew Bromberg)设计的 LEGS 塔,象征种子从土壤中发芽并不断生长的有机生命体,建筑形体曲折而富有弹性,完全颠覆了人们对于结构和交通体系的理性认识;再如 SOM 提供的纽约世贸中心重建竞赛方案(图 4.18),建筑群如扭动的舞者,体态柔美颀长。通过这些"扭曲"和"软化",高层建筑实现了从"阳刚"向"柔美"的转变,摩天楼也随之改变了往昔"方正"形态的冷漠和威严。另一种则是非逻辑、非秩序、反常规的要素并置与混合的方式,主要通过拼贴、倾斜、扭曲、切削等"荒诞""怪异"的手法来表现,如哈迪德、矶崎新、李伯斯金等合作完成的米兰 FIERA 展览中心建筑群,"瓜皮状"的摩天楼如同一个好奇的孩子在俯瞰着整个城市;还有如日本北九州国际会议中心利用"拼贴"各种互不相干的历史片段,在建筑中造成"冲突",将不完整的建筑形式带给人们;再者以"切削"的方法可以使高层建筑获得雕塑感和形成"尖锐""危机"和"冲突"等强烈的视觉冲击。F. O. A 事务所在伦敦的 ELIZABETH House(表 4.7)的设计中,采用切削减法,使建筑以脱众的形态"强烈地改变泰晤士河沿岸的景观",并"在伦敦的天际线上脱颖而出,成为当代都市发展的真正范例"。

建筑艺术由理性向非理性方向发展也是艺术自身发展规律使然。艺术本身的发展重视创造的个性和独立性,要求打破常规、突破原有的艺术法则。当一种艺术形式或美学风格发展到一定阶段,否定既有成果,价值的冲动就会促使艺术家探索新的表现形式,并经过一定时期的正统与反叛的碰撞和融合,产生新的艺术形式和美学风格,为高层建筑新的文化特质提供了创意。当代具有代表性的前卫建筑师如库哈斯、哈迪德、梅恩等表现出的质疑和批判现有美学的反叛精神,也创造了当代建筑美学许多惊人的成就,并由此形成了"非"建筑、"反"建筑等非理性的建筑文化新景观。特别当这些创意理念发生在高层建筑这种自身符号感突出的建筑之上时,往往呈现出超乎寻常的文化景象,让人惊叹不已。如贝尼斯及其合伙人事务所在德国汉诺威设计的北德银行总部大楼(图 4.11),随时各向堆砌与叠加的形态完全否定了传统高层建筑标准层强调的连续性与完整性。建筑由支撑在几根立柱上的去中心感体块组成奔放之势,俨如撕裂一般,自下而上的各向悬挑、穿插与拼接突出了建筑的零散,因此也给建筑带来了不安全感,这种反文化的景观挑战了人们传统的视觉心理接受。如库哈斯在《疯狂的纽约——曼哈顿的宣言》一书中虚构了一座福利宫殿大厦,以开裂的地基、横穿旅馆的断层和濒临倒塌的塔楼,无情地对抗着追求稳定、整洁和完美的纽约高层建筑风格,正是这些艺术构想,为先锋派建筑师在实践中颠覆现代高层美学的理性核心和传统文化观,打破秩序和惯性,挑战平庸,建构充满自由精神、富有个性色彩的另类高层建筑美学和文化特质做好了有意铺垫。

高层建筑追求非理性表现,也是时代条件下高层建筑美学价值的一种表现。由于功利、商业、政治目的,当代高层建筑在追求非理性方面容易走入误区和极端,往往过分强调视觉感受和冲击力,以此迎合市场和大众的"猎奇心理"。如前文提到的西班牙马德里"欧洲之门"(图 3.41),建筑就完全违背了力学原理而故意倾斜,从而让人为之侧目。

图 3.41　西班牙马德里"欧洲之门"
来源：http://images. google. cn/imglanding? imgurl.

　　建筑应该具有艺术的诗性，同时也应具有技术的理性。理性的技艺确保了非理性的思想光芒闪耀，理性和非理性倾向的高层建筑文化特质创意贯穿于发展与嬗变的始终，它们成为互补并相互映照、彼此不可或缺，充分反映了人的意识活动乃理性和非理性的辩证统一。如卡拉特拉瓦(S. Calatrava)的建筑作品就既有理性的智慧，又闪烁着非理性的光芒。他一贯追求运用理性的手段传达出结构的动势，当结构的传力方式通过特定的组合构件被清晰地表达出来，并让人们能够凭借常识和经验作出判断时，它就会使观赏者产生某种共鸣，或者是稳固带来的愉悦，或者是危险带来的惊叹。当这种结构系统越接近"临界点"，它就越具有心理上的震撼力，因为它使人们产生一种对变化的期待感。基于这样的审美心理，通过清晰可辨的结构系统和分工明确的传力构件来增强其作品的"可读性"和震撼力。卡拉特拉瓦在寻求新途径以打破和摆脱功能主义的单调与简单化方面独树一帜，他用理性主义的方法探索和创造更复杂性的、更具有表现力的建筑形式，兼有理性与非理性的光辉。不管非理性主义的成就如何突出，它并不能完全抛弃理性主义的光辉。建立在非理性思维基础之上的高层建筑文化特质创意，带来了全新的高层建筑艺术形式，也使人们的审美视角和艺术思想得到了极大的解放，促进了高层建筑美学的繁荣和文化生活的发展。然而，非理性美学对高层建筑审美采取了价值中立和意义悬置的态度，无价值判断和无意义选择使高层建筑审美过分溺于对形象的标新立异追求之中。这种态度完全抛弃理性主义，抹杀了建筑形式所蕴含的比例、尺度、肌理等一系列审美客体元素，抹平了建筑艺术和非建筑艺术之间的差别，带来了高层建筑美学评价的混乱；另外，大部分非理性的高层建筑是建立在结构、经济和功能非理性基础之上的，这也直接导致了它的难以普遍实现。

　　理性和非理性的高层建筑美学倾向创造了不同的形式语言，在文化特质创意上它们殊途同归，只有方法的差异，而无目的的不同。非理性的高层建筑的出现恰似一颗巨石投射于理性的湖面，它必然荡起巨大的波浪，而这也是摩天楼成为"城市的激情所在"和"最惊人的建筑奇迹"的缘由。建筑中的理性主义和非理性主义都应使建筑免于背离其本质而健康的发展,若任何一方走向独裁,就会使建筑病态的发展。因为,建筑毕竟不单单是物质活动,其方法也不仅仅是技术问题,建筑还有其精神的一面,而且这种精神性将随着物质的发达而逾来逾有意义。

当代建筑在美学上表现出一种不同于任何时代的独异性,一种新的精神:通过故作高深的哲理表述而传达出来的激进的怀疑和批判精神,通过反讽和游戏的表达方式凸现出来的颠覆现存价值体系的反叛("非"或"反")精神。从大众审美角度而言,建筑的魅力或许并不一定在于完整和完美,有时也存在于零碎和狂怪甚至丑陋之中;建筑的审美或许并不一定限于建筑的终极效果,有时也可以存在于建筑的过程之中和建筑的表达方式之中;建筑的造型、结构和空间布局固然给人以美的享受和回味,但建筑的精神蕴含,那种诉诸于心灵的内在性,更具有一种持久的审美效果。关注大众生活的意义和生命存在的物化,建构基于生态文化的审美价值和思维,无疑是解决否定一切既有价值的冲动,是创造主体感到创作陷入困境时的一种习惯性冲动,是一种批判和矫正策略的极化(Polarization)的一种策略方向。

3.4　小结

回归原点,作本质上的概括,并在新的条件下创造性地加以发展,从流派的纷争和商业主义的文化炒作中解脱出来;从以形体塑造作为建筑创作的原点,到聚居需求、区域文化、技术经济、环境和生态文化等原点出发,找到高层建筑创作的精神维度原点。

(1)本节运用分类意识法从历时性角度、创作流派思想及文化观与哲学观视野探析高层建筑文化特质创造的现状及背景;采用历史的、哲学的、科学的、人文的多种思维方式和融贯性、自在性、开放性、实践与创造性的研究方法,寻求高层建筑文化特质属性、特质性及系统性的理论实践定位。

(2)运用现象学方法分析当代高层文化特质创意的混沌特点与复杂性。以高层建筑文化特质研究为学术理论平台,运用社会学、建筑哲学、建筑文化学的最新成果专题探讨建筑文化特质与文化惯性、文化排斥性、文化交流与覆盖、文化地域性等的传承、发展、反思、创新的问题及创作哲思理念的新定位;从历史回望的角度探析高层建筑文化特质创意的理念和手法,运用文化特质创意的分类表达对创作实践作历史的分析和文化观、哲学观分析,并详解了高层建筑文化特质创意的理论动力和规律。

第 4 章
高层建筑设计创作的文化特质寄意思维与方法

当代社会物质文明极度发达,而自然生态危机日趋严重,与之相随的则是信仰缺失、欲望泛滥、自我孤立、生存意义平面化等人类精神方面的危机。思维方式与世界观的转变是新的文明模式得以诞生的深层基础,近代自然科学确立了机械论世界观和二元论思维方式,它导致了自然生态危机与人类精神生态危机,这深刻地表现在城市文化与建筑文化的创造与继承上,表现在高层建筑的文化特质创意上。作为构成人类物质生活和精神生活家园的载体,建筑乃至高层建筑设计创作面临文化荒芜的困境,创作理念混沌不清,其最主要的原因是创作思维的创新缺失和方向迷惘。

建筑创作的核心是思维问题,建筑创作是创造性的思维过程,创造性思维,实际上就是兼具逻辑思维和非逻辑思维特征的综合性活动。人的思维活动相当复杂,毫无规律的随便思考一般很难创造性的解决问题,包括建筑设计。高层建筑文化特质创意关键在于通过思维方式和文化意识的变革来培育一种新的生活世界观和生态文化信仰,通过有规律的方法建构一种文化特性精神,而创造性思维的技巧就是敏感地抓住混杂于时代中主要新趋向的细微变化,将其放大,促成这种趋势的形成并达到顶点。建筑的创造性在于它的应变力,建筑的进化在于它超越了自身,促成了历史趋向。毫无疑问,高层建筑文化特质的创意就是应对当前创作的困难局面,从具有生命力的文化视角探求创造性的设计方法,而思维正是实践的导引。创造性思维是科学思维和艺术思维的融合与互补。美国物理学家钱德拉塞卡认为:"科学家之所以研究自然,不是因为这样做有用。他们研究自然是因为他们从自然中得到了乐趣,而他们得到乐趣是因为它们美。如果自然不美,它就不值得去探求,生命也就不值得存在。我指的是本质上的美,它根源于自然各部分和谐的秩序,并且纯理智能领悟它。……由于科学理论的首要价值是发现自然中的和谐,这些理论必定具有美学上的价值。一个科学理论成就的大小,事实上就在于它的美学价值。……科学在艺术上的不足程度,恰好是科学上不完善的程度。"设计思维理论受科学的指引,人们把科学的一些理论引入建筑学,如复杂性科学、系统科学等,从而创造性的拓展了思维的方式和创新实践的方法,推动了建筑学的发展。

当代的高层建筑乃至摩天楼大部分只是在肤浅的高度层面上相互竞争,而对于其类型的再创造和发展方面并无特殊贡献。因此,在科学理论的指引下,高层建筑文化特质创意的创新方法根本在于思维方式的拓展。

另外,建筑是文化的载体,文化是建筑的灵魂。建筑设计的竞争说到底是文化的竞争,设计理念要体现文化的创新。

4.1　高层建筑的设计创新思维与文化特质

4.1.1　创造性思维演化的文化特质

建筑作品向人们展示着一个智慧的世界,智慧世界是可能的新世界,这种智慧总是事实地、特殊地进行思想,建筑作品应该包含严格的构思关系。布洛克(H. G. Blocker)认为有机的形式应涉及整个作品,具有直觉的丰富性和可供感知抽象的构架。建筑师在独特的设计中浇铸着严谨的构思,并经物质化的形态完成为作品。另外,建筑作品的智慧总是导致新的理解方式,作为一个非常的创新对象,它能够推出新的事实、震撼人的心灵、激发不寻常的感受。入微刻画的作品蕴含绝不相同的个性,与其说一个人理解了作品,不如说他(她)理解了自己所期望的那种理解方式,因此,蒙塔莱(Eugenio Montale,1896—1981)提出,"艺术始终是既为所有的人,又不为任何一个人。"建筑作品的根本意义在于它创造性地改变人们的习惯体验和感受态度,生成了比普遍物品更为丰富的智慧世界(图 4.1)。

建筑既有共性又含个性,文化乃其共性,文化特质即其个性,而文化特质的发展具有独特性、适应性和创造性。

1. 逻辑思维与形象思维铸就高层建筑文化特质的兼容性

建筑文化具有严格的科学性和严密的逻辑性,结构计算和设计中的偏差可能带来严重的后果,创造性思维的多向特点创造了文化的科学性与艺术性。跨越二元对立的思维模式,工业时代的科学思维模式侧重于"分析";信息时代则从"分析"转向"综合";工业时代的文化价值观表现为"人类与自然""传统与现代""国际性与地域性"的二元对立,而信息时代的文化价值观则是"多样互补"。因此,地域与国际文化将互融共生,高技术、适宜技术和传统技术共同表达高层建筑的文化多样性。

传统思维科学是线性的,它通常把人类的思维分成两种基本形式:抽象思维和形象思维。抽象思维又称为逻辑思维,是指在实践活动和感性经验的基础上,以抽象概念为形式的思维,它通过思维过程中的分析、综合、比较、抽象,从现象中抽取本质,从个别中抓住一般,使表象转化为概念,并构成特定的理论体系,直接揭示事物的本质和规律。抽象思维主要是以形式逻辑和辩证逻辑两种方式来进行的,形式逻辑反对思维的自相矛盾,辩证逻辑强调思维反映事物的内在矛盾;辩证逻辑思维必须在形式逻辑的基础上形成,形式逻辑应该向辩证逻辑发展。形象观念是形象思维的基本形式,形象观念能在富有特征的现象中反映出深刻的本质,在具有典型意义的个别中反映出带普遍性的一般,它用感性认识的外壳包容着理性认识的内涵。

一切艺术审美活动都包含主、客观两个方面。属于客观的是形、景、境,属于主观的为神、为情、为意。情景合一、形神兼备是文化艺术表达的最高境界。在西方美学中,形式是一个十分宽泛的概念。形式反映美的本质和规律,为人们长期以来所关注,尝试从数理、心理、伦理等不同方面阐释有关形式的问题。与建筑关系密切的如毕达哥拉斯的"数理形式"、格式塔的"完形结构"、卡西尔的"符号学"及源自哲学和社会学的后现代、解构主义等。受西方当代哲学与科学思想的双重影响与推动,亚洲当代建筑的审美取向也发生

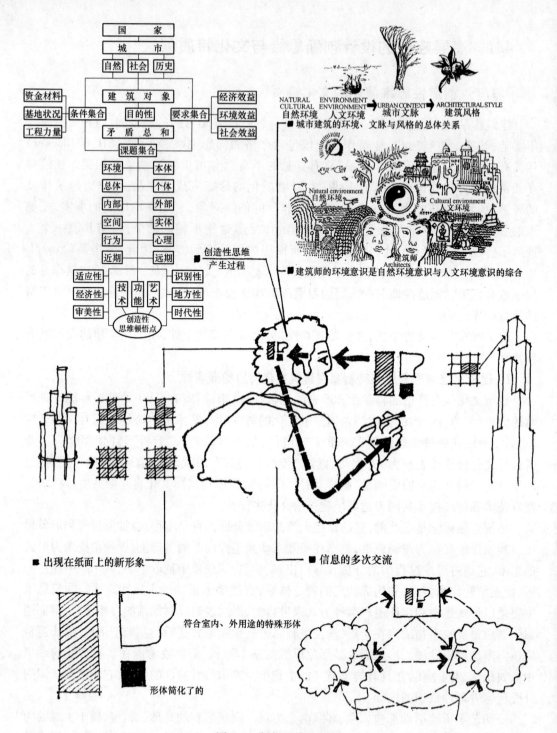

图 4.1　创新思维的过程

了重大的变革。如当代建筑美学领域的变异,对传统的经典美学产生了反叛和质疑,使其摆脱了总体性、线性和传统的思维贯式,向一种更富有时代性的思维迈进。美学思想由客观标准走向主观倾向,美学范畴由一元转向多元,人们的审美意识也向这种复杂化和多元化发展。从当代一些富于时代性的作品可以看出,非理性的设计思想、混沌的非线性思维拓宽了建筑师的创作理念。建筑形态从原来的讲究体量的主从关系、虚实对比和光影效果等来显示建筑的性格和魅力的传统观念中跳跃出来,在一种新型秩序原则的统领下追求混沌深奥的美,在给建筑带来新形象的同时使其获得新的意义。形式思维讲求意向生成,是"人们心灵的一种普遍的功能",反映在建筑创作中,建筑师个体的神思或灵感的活跃程度、意象生成的质量千差万别。而形式的产生来源于积累,阿瑞提在经过实验和研究后指出,"意象与过去的知觉有关,是对记忆痕迹的加工润饰",它来自"这个人的内在品质以及过去与当前的经验",这说明形式意象来自于建筑师对生活的观察、认识和领悟。

逻辑思维和形式思维是一体之两面,构成建筑作品的文化意向和审美意向。没有逻辑思维,形式就变成虚妄;而如果缺乏形式思维,则逻辑就流于教条。在中东的阿联酋,福斯特事务所继设计中央广场之后,又设计了一个新的阿布扎比广场(图4.2)。这座新的广场平面呈现错列的建筑矩阵,外观由一系列高低不等的大厦组成,其中底部楼层布置零售和休闲设施,低层部分主要为饭店和办公楼,高层部分是住宅。模块式的建筑突出整体性、逻辑性,强调了广场本身的场所感和内敛的空间效果,而键盘式高低错落布局又充满了自由与随意,具有可拓性和灵活性。

图4.2　阿布扎比广场,阿联酋
键盘式高低错落布局充满了自由与随意,模块式形态具有可拓性和灵活性。体现逻辑与形象思维的互促关系。

在审美实践中,如杜夫海纳所言:"思考和感觉的交替,构成审美对象愈益充分理解的辩证的前进运动",阿恩海姆也指出,"一切知觉中包含着思维,一切推理中都包含着直觉,一切观测中都包含着创造"。建筑创作综合了语符、情感、逻辑、意志力等多种本身能力,在创造过程中保持统一性。建筑具有功能与思想的双重性,是一组有意义的石头,它是包含功能产品和文化意旨两个层面。但现代建筑的困境,不是无法使用,而是没有意义。

"抽象"是和"具象"相对立的,根据简明不列颠百科全书的解释:"抽象是把许多事物所具有的一个共同因素分离出来或者阐明它们所具有的一种关系的心理过程。"由于抽象包含着对复杂事物的概括、综合、简化……常常突出一个方面而忽视其他,表达方式又比较"含糊",因此容易引起一些争论和各种评价。R·阿恩海姆在《艺术与视知觉》中这样讲到:我们无法知道将来的艺术会是什么样子,但肯定不再会是抽象艺术,因为抽象艺术并不是艺术发展的顶峰,然而抽象艺术确实是观看世界的一种有效方式,也是一种只有站在神圣的山峰上才能看到的景象"。抽象艺术在于创作思维的自我启发,正如A·阿尔托在《抽象艺术与建筑》中指出的:"抽象艺术形式对于现代建筑运动提供极大的刺激",他还认为抽象艺术不仅为建筑创作提供了某些形式,而且提供一种思维方式,人们可以把积累的知识、经验和感受经过简化、提炼、抽象而贯注到建筑创作中。

西方近代美学中的移情概念（Empathy）和格式塔学说（Gestalt）进一步丰富、完善了隐喻的理论。所谓移情，就是人们在观察外界事物时设身处地在事物的境地，把原来没有生命的东西，仿佛也有感觉、思想、意志，人可以对事物发生同情和共鸣；格式塔心理学认为人们的知觉不同于感觉知觉是对事物整体的感知，知觉基于人们过去积累的知识和经验，因而从简单的形体也可以获得丰富的内涵。这些都建立了抽象思维的基础。建筑创作是把思维具象化，通过某种草图和模型，凝聚了对时空的巧妙构想，反映出建筑师的个人哲学思想和对与建筑相关问题的正确分析。创作之前，建筑师往往要把客观条件加以罗列、分类，考察其对创作制约的相互关系，通过进行艰苦的思维活动，重点突破，提出优秀的方案。

建筑思维一般包括图像、结构与概念三个内容。

图像，是认识的最初阶段，也是创作最后具象的雏形、混沌的映像。随着问题的深化、具体，逐渐形成了某种模式。

结构，包括一系列的符号信码，各种图像需要一定的符号信码来表达。符号信码形态各异，组合有别，结构中反映了建筑师的组织方法。

概念，包括总体的完整设想和哲学概念，需要通过一系列的客观条件的验证方能形成。根据以往的经验或其哲学思想来进行创作，有时也不能对客观因素完全把握。

建筑思维出于建筑师个人的经验不同、知识差别、哲学修养、文化素养、条件把握的不同，可以分为不同的方法；通常根据不同的对象，采用不同的思维方法，其中逻辑思维和形象思维是构成创造性思维的重要环节。创造性思维是打破程式化模式达到创新的根本途径，在《决策学的艺术与科学》中提出了创造与逻辑思维分析模式（图4.3），其中讲到概念开发的"松弛"环节非常关键，因为在一切科学研究和艺术创造的过程中，"松弛"有利于消化、利用和沟通既有资料，有利于冷静回味以往的得失和被忽略的线索；此时，游离态的知识容易得到某种新的启发而突变，产生灵感，从而创新。客观的各种因素在思考过程中加以理性条理化，层次分明清晰，前后关联正确，利用网络、数理判断等理性原则，进行有机地组织、系统的优化，这是逻辑思维的特点。现代科学的发展，加速了高层建筑形态模式的变换，也促进了数学研究的深化，这也被应用到建筑创作领域，计算、演绎、推理是一个逻辑思维的过程。

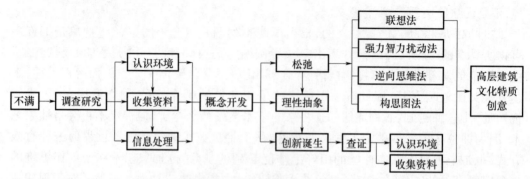

图4.3　高层建筑文化特质创意的逻辑思维分析模式

形象思维是想象的具象化,通过大量的调查研究、资料占有,把对目的物的想象通过勾画出的简单形象和气势,表现建筑的原始雏形,这种知觉形象、实际形象、综合形象或理性形象,往往有一个客观物象的类化、因袭模仿和借鉴的过程,在这一过程中对建筑进行必要的修正、加工、补充,使之达到最终的目标。其中也有某些象形的触发,来自自然界、生物界的某种形象,或来自各种客观事物的形象。解决形象思维存在的偏颇,首先是对形象信息的占有;其次是对原有形象的提炼、简化、概括;最后具象过程中要把目的要求、客观启示、哲学思想、美学意义、建筑构成等综合考虑加以确定。

建筑创作,虽然可以通过直觉表现、理论推演、系统考察、逻辑分析、形象借鉴和灵感促发而得到预期的结果,但其结果有高下之分。建筑创作还要有创造性思维,创造性思维过程大体可分为准备、假设、成果、实践、检验等几个阶段。创造性思维可以较系统、全面地趋向于追求终极的目标,有助于对非理性潜在意识的直觉、灵感、顿悟的把握,捕捉思想深处的闪念;其思维方法通常分为以下几个方面:发散思维、复合思维、反向思维、侧向思维、顿悟思维、动态思维、求异思维和智能思维,这些思维方法已广泛应用在当代高层建筑创作中。

其实,创造性思维的机理来自突变论,它具有环境、条件的孕育过程和瞬间性。突变是客观存在的普遍现象,发现与运用它是创新的关键,以突变为机理的创造方法是现代设计与分析的基石。当然,不是所有的自然、社会、思维状态都可以被控制者随意控制的,而是只有那些在控制因素尚未到达临界值之前的状态是可控的,控制因素一旦达到某一临界值,则控制为随机的,甚至会变成无法控制的突变过程。突变理论告诉人们,事物的质变方式除渐变方式之外,还有一种突变方式,如何掌握突变方式问题,是一个科学思维问题。而由突变方式引起的质变自然时效要高,创造者如何求得这种时效,关键在于树立突变观念和掌握突变思维的方法与艺术。当代高层建筑创作的许多优秀案例就常常体现出创造性思维的突变性,从而取得艺术上的成功和新的美学价值。如由 FXFOWLE Architects 建筑事务所创作的印度塔(图 4.4)的设计思维就表达出理性之中的秩序突变,但整体形态虽创新却和谐。

图 4.4　印度塔,孟买

竖向秩序就在正常的思维发展中突然产生变化,在形体和材质上。

2. 非线性思维模式表现高层建筑文化特质的创造性与独特性

今天的建筑正趋于一种新理性化、生态化、复杂化的转变中,这种转变部分源自于非线性科学和后现代哲学的发展,而非线性思维已然成为科学思维的时代特征。建筑的形式语言在经历了解构主义的消解和颠覆后,也开始倾向一种非线性科学思维的建构,即对事物的复杂性还原的认识,对时间和空间的重新认识。非线性思维的形式语言体现的是一种动态的、流动的开放性语言,其目的是以新的形式语言来对建筑作出新的诠释,但它并非是反建筑的、非人类理性的,因为它并没有颠覆建筑的本质存在,而是对更高层次上的更加人性化和诗意的建筑形态的追求。它不需要为任何预设的目的建立和谐的统一,也不需要单一的空间来强调某种恒定性,只有互动与共生、历时与共时叙事的交织。

设计过程的发展是渐进式,渐进的过程中既体现出复杂性,又体现出有序性,这种设计的复杂性涉及思维的非线形性发展特征,而思维的自组织性与设计的有序性密切相关。所谓线性和非线性最初是作为数学中的概念出现的,线性指的是两个或多个量之间存在正比关系,它实质上体现了系统的各种作用因素的相互独立性及其时空分布的对称与匀称性等特点。

当代建筑艺术的审美倾向正从现代建筑时期的"总体性思维、线性思维、理性思维"转向"非总体性思维、非线性思维、混沌——非理性思维"模式,在建筑形体塑造方面,反叛了以往现代主义的单一形体与强几何形体。最初有关线性与非线性的争论来自有关自然界发展规律的认识领域。在很长的异端历史时间内,人们对自然的研究主要都是局限在其线性相互作用范围内,人们应用线性理论在对大量简单系统的应用过程中取得了令人鼓舞的成就,并由此逐渐形成了一套完善的、专门的线性系统理论的研究和分析方法。然而自然科学的新成就,从研究存在到研究演化,都有力地冲击了机械、形而上学的自然观,达尔文的进化论、不可积系统的发现都说明我们面对的自然界是一个复杂的非线性世界,人们对自然界非线性特征的研究,也导致了对其他领域中非线性问题的研究,并使得"非线性"具有一种普遍性的意义,如哈肯则认为"复杂系统之间存在着深刻的类似性",事实上,从自然界的物理现象到生物组织再到人的生理及心理,确实存在着"复杂系统之间的深刻的类似性"。思维作为心理的主要成分同样也将具有发展、运作的非线性特征。

建筑创作的过程不完全由客观知识所证实,因为建筑作品既不是逻辑关系的描述,又不是建设者需求关系的满足,它还涉及建筑师的信念、哲理、组织方法和创作思维,还关联到建筑的社会价值取向。无论建筑创作采取何种思维方法,终究离不开人和人的社会存在。当代的一些高层建筑作品表达出一种与以往建筑形式完全不同的创意,失去清晰明了而走向混沌交融的另类新建筑体验,即反先验图式的审美效应。非线性科学思维更使得建筑语言的运用完全摆脱了传统建筑语言中有关模数、比例等与语法规则直接相关的空间构图原理的制约,使得真实自如地去描绘来自建筑各层面的文化内涵的复杂性成为可能。但是,建筑语法规则的演变,始终是以建立秩序并使建筑整体得以认知为其目标的。反先验图式的建筑语形系统建构可以灵活多变,而隐现于"潜秩序"及其"另类整体"中的新规则,则会贯穿于一。正是后者相对稳定中的"不变",成为前者在创新中"求变"取得成功的基石。

近来,在高层建筑的外部形态设计中,出现了追求抽象展示人体的倾向,令人瞩目。建筑师的抽象思维结合了多门学科知识,充分利用现有结构技术和计算机模拟技术,创造出许多独特的建筑景观。建筑师汤姆·梅涅(Thom Mayne)设计的"Morphosis"(灯塔)(图4.5),位于巴黎德芳斯拱门与CNIT展览馆之间,建筑高68层、300m。其不规则的造型充满纯静的雕塑感,看似拖曳的长裙;上部采用透明的双层幕墙,底部故意裂开的外表好像撕裂的裙角。另外还有位于捷克首都布拉格的"跳舞的房子"(图4.6),这是捷克最受争议的后现代结构主义建筑之一,坐落于沃尔塔瓦河畔。它建于 1992 年至 1995 年,由 V. 米卢尼奇和 F. 格里两位建筑师设计,扭曲的造型使得这栋房子看起来像在跳舞。还有中国建筑师马岩松设计的加拿大"玛丽莲·梦露大厦"(图 4.7),以及 Aedas 在阿联酋 AI Reem 岛设计"美腿大厦"(图 4.8)。在一个充满了"不断的讨论"(约瑟夫·博依斯/Joseph Beuys)的实验场中,一类建筑产生了,它们能发展起来完全基于这样的理念,即革新性的解决方案必须以开放性的态度为前提。建筑师可以在技术的辅助下对作品进行不断的完善和评估,这是一些先锋建筑创新的源泉,证明了他们的思维是动态的、非线性的。用格雷斯(Grays)的定义来描述,艺术上具有创新性的作品是相对于线性的时代发展而独立存在的。将人体的形态与情感赋予建筑,或将人类自身的功能形象直接、间接地投射于建筑,使无生命的空间与材料充满活力,是人类自我表现的本能意识之一,黑格尔认为:"建筑学可以被理解为是自身物质的表现,而在表现的过程中可以采用人体象征的手法"。乔弗莱·司古特亦指出:"我们把自身与建筑外表等同起来,从而使整个建筑不自觉地赋予人的运动和人的情绪,将自身改写为建筑术语。这就是建筑的人文主义,把我们自己功能形象投射为具体形式的倾向"。作为结果,以建筑为媒介的身体被转化成一种在建筑内部的旅行,无生命与有生命的物质在此寻找到一个新的会合点与连续性。这种人体化建筑模式由于技术的引入,具有一定的灵活性、智慧性和与人交流的能力。它不是主流的建筑思潮,更不是一种建筑流派,它是体现在一些建筑上的共同现象,代表了一种更新的态度,即建筑是社会的产物;它只是安静地反映社会的复杂,展示着建筑的多样,释放着建筑的多义。

图 4.5　灯塔,巴黎

图 4.6　跳舞的房子,布拉格

　　建筑师采用的思维方法,要解决由于社会发展而提出的新问题,要探求新的模式与之相适应,才能达到创作的目的。当然,这些并不能全由建筑师来抉择,还有赖宏观的决策与规划管理的要求。建筑师在把握正确的思维方法后,还应善于观察社会,既要看到有形的内容对创作实践的影响,更要把握无形的概念对建筑创作的作用,其中最为重要的是文化系统思维对建筑的潜移默化。

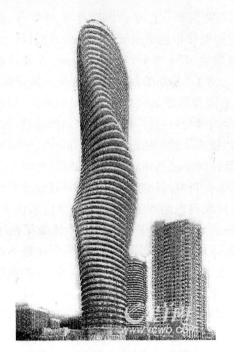

图 4.7 玛丽莲·梦露大厦,加拿大

来源:http://images. google. cn,2008 –
09 – 22/2008 – 11 – 12.

图 4.8 美腿大厦,迪拜

来源:www. 99cad. com/info/html/16092600.
shtml,2007 – 03 – 22/2007 – 05 – 12.

"桥梁横跨河流……它并不是连接了已有的河岸。河岸之所以成为河岸是因为桥梁横跨了河流,是因为桥梁才有了可跨越的河岸,是因为桥梁才使两岸相向延伸。河岸也不是作为平地上两条带子作无动于衷地沿河延伸。通过河岸,桥梁给河流带来河岸后面的地景,它使河、岸、地互为邻居。桥梁使大地在河边聚集成地景"。这是海德格尔"存在哲学"对建筑场所意义的诠释,他认为一座桥梁就成为我们反思的样本。因此,他进一步认为:"无疑,桥之为物全由它自己,因为桥以这样的方式聚集四位一体以至于它允许为之有一场地,但只有那些自己本身就是一种地点的东西,才能使一场地成为空间。地点,在桥出现在那里之前并不存在。在桥架起之前,沿着小河有许多可以被占据之点,正因为桥的关系,其中之一被证实成为地点。所以,不是桥预先达到一个地点然后矗立在那里;相反,是因为桥才使一个地点显现出来。桥是一种物,它聚集四位一体,但它以这样的一种方式聚集,即让四位一体具有场地,地点性和方式则由这场地确定。建筑作为一种现象,使场地成为有意义的空间特定的地点,并进而与环境、区域构成有趣味的空间。"但是,按照海德格尔的观点,地点和场所是首要的和根本的,空间只有通过场所和地点才具有其生活的特性和存在的立足点。进而,他还阐明了如果仅仅将空间作为间隔和距离来加以对待,也就是说将"空间"作为空泛和抽象的"位置"来对待,那么空间中具体的建筑物便可以由其他建筑物,甚或一个符号来代替。这样,特定地点的特定建筑就失去了其独特性、地方性和存在性。

根据以往的经验,在通常情况下,技术知识仅仅与自然科学和技术性学科相关,因此,由工程师作出的与科学不相关的决定往往不受到关注。然而,虽然日常生活中的很多事物都受到自然科学的影响,但工程师构思它们的时候却并没有都使用科学的思维方式,尤其是针对它们的外观、形式和材料的设计。达·芬奇就是一个典型的例子,他的1500张设计图直到几百年以后才得以建造出来,他的事迹是工程师职业演进史中的重要一环,证明了一直以来直觉和理性思维的结合是非常重要的。

毋庸置疑,现时的高层建筑形式语言丰富无穷,对于这一现象,不能仅仅以形式或技术角度来看待,单纯研究它们的形式生成和建造的问题,其实低估了这一现象对于当代建筑学的意义。高层建筑无论在早期还是在当代,给人的第一印象是具有独特肌理的形态,但其实它并非高层建筑主要的设计出发点,真正的关键是控制内在组织结构的操作性策略,形态只是组织结构的外在表现。高层建筑不易摆脱图像符号或形式表现的设计方法,也不可避免风格和表象的讨论,这是一种惯性思维。但高层建筑的操作性策略应强调通过建筑体量限定出空间特性,从而赋予城市生活积极可变的空间。早期高层建筑的组织策略建立在结构主义理想之上,具有本质主义的倾向,试图建构另类的人类生活新模式,让意义与形式统一,成为直接的建筑语汇。当代高层建筑用相对主义突破了本质主义的倾向,超越了表层结构与深层结构的二元对立,从科学的世界转入解释的世界;从结构、逻辑的方法转向解构、解释和游戏的方法。一方面,拓扑几何改变了欧几里得几何的控制,拓扑关系的组织与形式之间的变形机制激发了建筑学中对德勒兹"弱形式"的关注,用关联替代了关系,即用偶然的联系替代了一般的主次、轴线等级,从而避免对形式的僵硬控制。另外,当代高层建筑恢复了现代主义以理性之名否定掉的欲望和直觉,强调身体感知和行为的偶然性,形成复合的程式,如强调新的自治或生成,以及对体验和表演的关注。

归根到底,思维方式是人在认识和改造自然界的过程中形成的一种相对稳定的、定型的思维习惯模式,是思维主体在已形成的观念、经验和在实践中的方法基础上所形成的反映、认识、判断、处理客观对象的方式,而在数字技术的影响下,以往的总体性思维、线性思维、理性思维逐渐向非总体性思维、混沌思维、非理性思维和非逻辑性思维演变。思维模式基于此转变,建筑创作也更趋向于策略的思考。方案构思阶段的思维活动带有相当程度的发散性,在这个阶段非理性的思维模式占主导地位,而随后的判断决定过程则是理性思维的结果。因此,可以认为一个设计的优劣是由理性与非理性思维协同作用的结果(图4.9)。哲学思维的现代发展趋势也表现出动态、整合的特点,反映在哲学上就是从强调"逻辑分析"转向"系统科学思维"。高层建筑理应是一个文化生态系统,也涉及人文、社会、自然等诸科学,因此,在进行其文化特质创意思维时,可以遵循从"分析"到"有机综合",运用突变论的思想和非线性思维模式创造高层建筑文化特质。

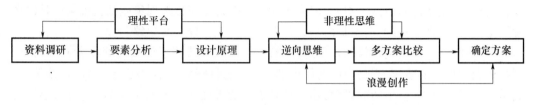

图4.9　高层建筑文化特质创意的思维过程

但是在高层建筑创作中,将非线性设计思维绝对化也是错误的。表现建筑及世界的复杂性,以及这种复杂性中特指的文化内涵及其审美价值,应该以开阔的视野,采取灵活多样的设计策略和设计手段,而不是仅仅局限于"非线性设计思维"。非线性设计思维虽然在表现建筑复杂性方面具有自己独特适应性的优势,但要变为物质化的现实,却并非易事。非线性思维创意建筑语言如果离开了传统意义上基本几何体的变形,便难以得到广泛而有效的运用。非线性思维带来了思维的深刻变革,也成为探索建筑复杂性的特定方式,同时也促使高层建筑文化特质创意从还原论思维转向整体思维。

3. 整体式设计思维演绎高层建筑文化特质的适应性

在当代的生态建筑设计当中,整体性设计非常重要,也就是全面协调与建筑相关的诸要素。整体性地区策略的建筑设计建立在整体思考的基础之上,充分体现生态建筑的美学价值。从根本上讲,整体性设计关注的焦点不是传统意义上的建筑功能与形式,而是建筑作为一种存在实体在环境与地区中的适当地位;而就生态建筑美学的哲学本质而言,已经在否定二元论的基础上超越了多元论,进而追求一种彻底的非二元论,即认为存在是统一的整体。

诗性直观的整体性思维是接近真实存在的唯一途径,这包含生态思维。生态中心主义主张生态圈和生态系统是价值中心,它是一种整体价值观,是整个生态系统而不是人类自身或者某类自然实体自身被当作有价值的。虽然至今对生态建筑尚无准确统一的定义,但在构建当代生态高层建筑美学倾向的整体性追求中,最主要的是跳出线性思维,进入整体思考。应该看到,非此即彼的线性逻辑虽然已经随着现代主义美学的废退而被抵制,但是那种简单明了的确定性和秩序性的思维方式,依然在一定程度上严重地干扰着我们的艺术想象力和创造才能的发挥。"生态序"将取代"空间序列","共生形态"将取代"有意味的形式","超越"将取代"永恒"……生态建筑的美学观对存在的整体表达更富有创造性、更自由、更开放和更具有自组织性。

其他学科的介入意味着建筑理论的边界已经开放,跨越学科界限是为了更清晰地揭示各个学科领域的思想方法的同一性,同时,也跳出一般性的观点来考察建筑。建筑理论与其他学科的结合,将为建筑的发展提供新的平台和机遇。从郑时龄先生对此的理解延伸出去,其他相关学科对建筑的关注更多地出于"终极关怀",而不是具体的建筑话语和形象,他们认识到建筑的重要性,但正如让·鲍德里亚在与让·努维尔的一次对话中所表达的:"我向来对建筑不感兴趣,没有什么特殊情感。我感兴趣的是空间,所有那些使我产生空间眩惑的'建成'物……这些房子吸引我的并非它们在建筑上的意义,而是它们所传译的世界。"无论如何,创造性设计需要多学科的融贯。目前项目的开展模式多是某一专业为主导,其他相关专业配合,这就需要设计主持人创意领先。在工业革命之前的漫长历史期间,人类对自然的解释固然是浮浅的,但却大多从自然的整体去认识。从这一点说,是符合多元文化的自然之本质,因为客观世界中的任何自然现象或社会现象都是由多种因素交叉、综合导致的,而不是由割裂开来的某一人为分类所导致。

有一种现象:在现代建筑的发展过程中,人们越来越难以忍受处处充斥着同样材料、同样标志和类型的建筑,于是个体的可识别性和标志性得到空前重视与关注。但建筑,尤其是公共建筑,是社会生活的舞台,建筑师对个体的关注不应超过对整体的关注,单体之间的合作协调、高层建筑自身生长的连续性和建筑与城市的一致性,始终应是设计的出发点和最终归宿。从根本上看,世界作为一个充满生命气息的有机整体是不会被抽象与分析手段所穷尽的,部分的组合永远无法等同于整体。整体和部分彼此相互影响和确定,并或多或少地融合它们的个性特征。城市设计源于建筑而非总平面;技术是可以用来控制形式优雅的媒介;基本的结构和构造是和细部的选择与控制相关联的。整体式的设计注重了城市文化的连续性,强调了文化的和谐发展,它一方面突出了高层建筑文化的时代性特点,活跃动态的物质性要素反映了文化的浅层次特性;另一方面兼顾了城市精神文化的恒定性特征,稳定的建筑情感和观念折射出这种深层次的东西。

从有机联系的整体性世界观出发,高层建筑创作思维中体现的人类中心主义和现代的个体主义都要受到质疑。现在是过去与未来之间的连接,历史传统虽不再以物质实体的形式存活于现实世界中,但正是历史遗留下的文化积淀为我们今天的创造,离开了这种文化传承关系,我们的全部文化将站在一个虚无的零点上。因此,高层建筑创作的整体性思维也突出传统与历史视野,绝对排斥非关联、非适应、非本土现象,因为文化特质包含文化的适应性、包容性。让·努维尔重视建筑所在的传统、标志性印记和景观,而且任意驾驭它们,他在西班牙巴塞罗那的阿格巴大厦(Torre Agbar Tower)(图 4.10)是巴塞罗那的地标建筑,这幢建筑具有现代性的一切特点,它以双层表皮来设计,有如一种水的特性:生机而通透。而在整体性思维上,它借用了加泰罗尼亚著名艺术家、建筑师安东尼·高迪设计中最为熟悉的小尖塔形象。"这一造型如同巴塞罗那附近蒙特塞拉特岛风雕琢的形状,"他说,"就像自慰棒的形状。加泰罗尼亚建筑师玩弄这个形状已经很多年了,因为它是加泰罗尼亚的象征。"高迪曾经以西班牙摩尔人历史上的破碎瓦片附着在他的小尖塔上,努维尔说,这是在和巴塞罗那那段历史的对话中运用发光的彩色正方形予以回应。

图 4.10　Torre Agbar Tower 和圣家族教堂,巴塞罗那

高迪是巴塞罗那的象征,建筑的使者,他认为曲线(面)才是自然真实的反映,属于上帝,圣家族教堂代表整座城市独特的气质。努维尔撷取当地文化之特质,以自己对传统文化大胆、独到的见解创造出 Torre Agbar Tower 别具一格的外形,具有整体思维的要素,二者皆成为了城市的荣耀和地标。

4. 逆向思维建构高层建筑文化特质的开放性

逆向思维是一种反其道而行之的思维模式,它以"标新立异"的构思强调生活的"变化"和"多样化",求异是其核心,但这种求异只是打破了一般常规思维,它仍然是建立在对客观规律的尊重基础之上的,也符合科学的逻辑性。逆向思维注重思维的独立性,从因素分析学说的角度研究,这种独立性包含几种因子:一是怀疑因子,即敢于对"司空见惯"和"完美无缺"的事物提出疑问;二是抗压性因子,即敢于另辟蹊径,敢于提出新的简洁;三是自变性因子,善于自我否定,拓新思维。逆向思维往往能别出心裁,它最终建立的是一种合乎科学的独特性和创造性，这丰富了高层建筑文化特质。

对于艺术本质的认识，历来存在着两种对立的理论：一是"再现说"，主张艺术反映客观现实，强调主体的认识作用；另一是"表现说"，主张艺术表现主观感情，强调主体的情感作用。逆向思维主要通过反向表达大众的感受和习惯思维，获得"意外"的认识和别致的情感，倾向刺激性"表现"。盖里曾说："在我看来，我们正处于这样一种文化之中：这种文化由快餐、广告、用过就扔、赶飞机、叫出租车等组成一片狂乱，所以我认为可能我的关于建筑的想法比创造完满整齐的建筑更能表现我们的文化；另一方面，因为到处混乱，人们可能真的需要更能放松的东西——少一点压力，多一些潇洒，我们需要平衡。……我们大家都按自己的方式解释我们视野中的东西，我以自己的倾向看事物……一间色彩华丽漂亮美妙的客厅对于我好似一盘巧克力水果冰激凌，它太美了，它不代表现实，我看现实是粗鄙的人互相噬咬。我对事情的反映源自这种看法"。盖里的建筑作品忠实地反映了他的建筑思想和信念，而且从一个侧面反映了他所处的社会和时代精神，具有特定的审美价值，或者说他发展了一种特定的建筑审美范畴。没有固定的格式，建筑的性格、表情充分反映了建筑师的个性爱好、文化认同、价值取向。盖里的许多作品通过加减的反用、有无的互通、主从的颠倒、内外的错置体现了逆向思维的特点，它往往让人有"情理之外，意料之中"的感觉。

"本原"的建筑观念认为当前建筑创作尤其忽略建筑本原，往往只从形类出发，而本原——建造建筑空间的目的是无形的，这解脱了建筑师的思维束缚，抛弃以有形原型为出发点，从而在无限的感性世界里使实现本原的手段和空间极大丰富，无形的"本原"是永远驱动建筑空间发展、繁荣建筑创作的原动力。基于本原的无形，人们对建筑的形的形象力得到开拓，这也使建筑师以一种力不从心的心态去尽量满足比历史上任何一个时期提出的多种多样、怪模怪样的空间需求。但是多样性的空间建立在哲学、科学不断发展的基础之上，这些空间具有基于现代技术和工艺的适用性、科学性和精确性，同时，其创造的空间戏剧性总是超乎人们的想象之外。另外，本原建筑重视瞬间，即包括了建筑的特定环境，建筑空间也更容易表达个人及地域的特质。老的教条一去不返，取而代之的是一种游牧主义、实验精神、以及对各个领域（技术、美学、哲学）中新发展的开放态度。对当今世界的基本认识，人们似乎有某种共识：从社会角度，世界正走向多元化（碎片化）和动态化；从技术角度，非物质化的要素（如电子）的取代常规的物质手段。

在创造建筑形象方面，先锋派的建筑师尝试用非物质化的形象来表现，如英国的罗杰斯（Richard Rogers）所言："建筑学不再是体量和体积的问题，而是要用轻型结构，以及叠置的透明层，使构造成为非物质化"；譬如奥地利"蓝天组"的负责人普里克斯（Wolfprix）在1994年设计的维也纳SEG公寓塔楼（图4.11），就像一座高楼披上了一件透明的外套，随风飘扬，事实上，这个"披肩"起着节能和提供日照的作用，但远看这种非物质化的玻璃面形象独特，虽然外形看似随意，实际上是经过大量计算机分析产生的，但就是这种出人意料的处理获得了异样的特质，而独特性文化特质恰恰是建立在科学的理性分析之上的。

"人类社会发展的趋势是城市化，是不可回避的，为什么我们在看待城市的缺陷和不足时，理论却总是不假思索地退回到乡土呢？这是不是理论与创作在批判文明世界时的一种无力呢？"正如吴良镛先生所言：我们要重视方法——复杂性方法要求我们在思维时永远不要使概念封闭起来，要粉碎封闭的疆界，在被分割的东西之间重新建立联系，努力掌握多方面性、发展的特殊性。地点、时间又永不忘记整合作用到整体。与此观点相似，哈迪德常常针对传统和习惯,采取一种逆向性的反思,虽然这并不是现代建筑唯一的解决方法和唯一的出路,只是她以革命性的操作为我们的建筑设计注入了一种新思想,告诉人们建筑内容应是生活方式的表达。有一种观点,认为哈迪德属于解构主义的建筑师。然而,在形式雷同的背后,他们却有着思想的"本原"差异。哈迪德在纽约"42街旅馆"的设计中,采用"塔中塔式"的堆叠设计(图4.12),她把许多塔楼通过堆叠共同组合成一栋单塔,里面每一个分塔楼实现不同的功能,这些塔楼具有不同的立面和形式,通过将这些独立的体块堆叠,从而形成一种高层建筑的崭新形象;不仅如此,哈迪德在这个建筑中还创造了丰富的内部空间。尽管形式各异,但不同塔楼都以不同的方式保证中庭空间的连续性,这个中庭空间犹如一条竖向的"街道",使得建筑内部的空间变得透明;以此处理,城市景观得以在建筑内部延伸,建筑与城市文脉有机地联系在一起。哈迪德通过对高层建筑设计固有概念批判性的反向思考,一方面表达了纽约特殊而奇幻、复杂的大都会风范;另一方面为高层建筑创作注入了新的活力,赋予其一种新的意义,而这使得高层建筑设计概念和文化传承得到了更进一步的发展。

图4.11 维也纳SEG公寓

来源:http://images.google.cn/imgres? imgurl,

2009 - 03 - 02/2009 - 05 - 20.

图4.12 纽约"42街旅馆"

5. 生态审美思维建构高层建筑文化特质的未来性

生态思维是一种有机整体性的思维模式,自然生成性则是生态思维的重要特点;生态文化是生态思维方式在人类文化领域中的具体实现,将这种思维方式运用到个体自身,将会产生平衡的身心关系;运用到自我与他者之间,将会产生友爱的人际关系;运用到多元文化之间,将会形成多元文化在交流对话中共生的和谐局面;运用到艺术领域,则使创作人、作品、读者、世界重新结合成一个相互作用的有机整体,从而克服现代艺术创作的各种文化失衡状况,譬如过分沉溺于人类的自我意识而不再面向真实世界、玩弄形式技巧而丧失生存之思,等等。

生态思维的变革首先把世界理解为一个有机整体,也属于前文所述的一种整体式思维;其次,生态思维要重建生态文化信仰,它既超越具体存在,又弥散于具体生命活动之中,体验它需要用我们包括身体感受、情感想象、理性沉思在内的全部生命能力接近自然,这种信仰表现为建筑创作实践活动中的忧患精神;最后,生态思维代表着一种自然生成的思维方式,意味着文化将成为对整体精神的创造性表达,使直观感受中呈现本真的"诗性"成为文化的至高境界。

自然生成的生态思维方式是针对现代实体论和二元对立的思维方式提出的,为了避免自然和人类被物化的命运,生态文化重建了一种自然生成的思维方式。一如杨经文在Editt Tower 的生态创意(图 4.13)。

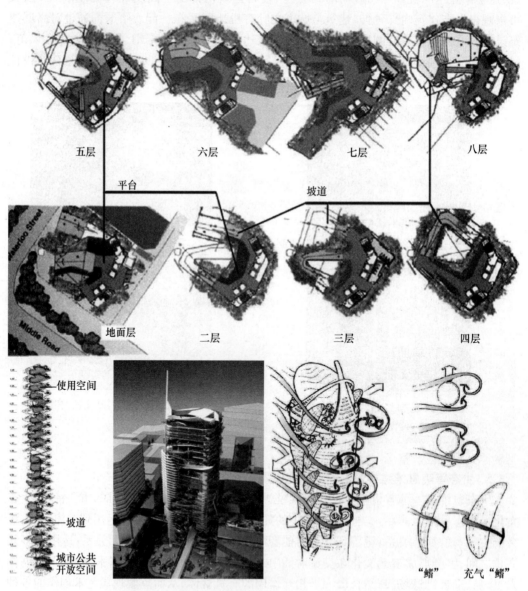

图 4.13 Editt Tower(Ecological Design in The Tropics),新加坡

来源:吴向阳.杨经文[M].北京:中国建筑工业出版社,2007.

4.1.2　高层建筑文化特质创意的艺术思维

建筑作品是建筑师心灵的书写,从中国古代的"诗缘情",以及西方现代艺术的表现自我可见一般。艺术(建筑)表现心灵是其产生审美的必然,但当心灵脱离了自然、历史与社会时,艺术就会走向萎缩。艺术要表现的不是个体的肤浅情绪或者本能欲望,而是艺术家(建筑师)通过自己的心灵沉入一个更深广的世界中去,传达人类所共有的吁求,表现整体的律动,以还原世界的本真。

在已经丧失了诗意的枯燥的现代文明社会中,艺术包括建筑作为向生态文明迈进的重要一步,必须重拾被现代文明丢弃的乌托邦精神。现代社会的工具理性对生存世界的统治"麻痹了心灵里一切来自肉体的功能,尤其是想象;想象在今天被憎厌为人类各种错误之母"。想象力与乌托邦精神由于与科学实证主义、实用主义、理性分析精神格格不入而被轻视。但是,随着地球环境的急剧衰退,我们正在被迫认识到从生命的生态基础与分离出来的文化是不能持久的,环境方面的无知和美学趣味的萎缩都在向着终极状态前进。当现代科学一再带给人们关于物质富足、生活便利的生活蓝图的许诺时,艺术也应当为人类建立一个能够让理想自由张扬、让情感温柔栖息、作为精神家园的乌托邦,富有乌托邦精神的艺术将是指引人类向生态文明迈进的第一步。

但是,恢复艺术乌托邦必须革新思维方式,"野性思维"的提出可以启迪艺术家恢复想象力和创造力,这里的"野性"指自然的基本属性,它表征世界的复杂性和多样性,为创作提供无穷的信息。只有依赖于这种既不同于本能的冲动,也异于抽象理性思维的野性思维,艺术才具备了重建生命乌托邦的可能。野性思维是艺术思维的本质,它意味着艺术思维充分保持原生态的自由,艺术创造与受到自然精神支配而展开的生命创造活动保持一致,富有创造性的艺术思维能力与化育生命的自然创造力在本质上相通。生态艺术思维主张从生态系统的大背景中来理解人类精神,使艺术表现不再是艺术家心灵的独语,而是心灵与宇宙精神的共鸣。具备野性精神的艺术思维使人在创作中体验到与自然精神息息相通的生存自由,通过艺术,创造性的想象使我们返回到一种既古老又新颖的美学中,返回到一种可以辅助科学地认识自然世界的模式中。如首尔摩天蜂巢城设计方案(图4.14),这是一座史无前例的创想,整个形状酷似一个个硕大无比的巨型蜂巢。据称,"摩天蜂巢城"将创造一个更适合人类居住的环境,目前它仍处于构想阶段,但有望在 2026 年建成,从而解决未来城市人口密度过大的问题,"摩天蜂巢城"正式名称为"首尔公社 2026工程"。"摩天蜂巢城"将在位于首尔市南部汉江附近地区建造,而那里也是地球上人口密度最大的地区。整个"摩天蜂巢城"占地 39.34 万 m^2,由 15 座塔楼组成,这些被称为"绿塔"的塔楼从 16 层到 53 层不等,塔楼的形状与世界上现有的任何塔楼都完全不同,这些"蜂巢"全部被绿色植物覆盖。"摩天蜂巢城"内的 15 座绿塔仿佛是某种怪异的外星生物一般。每幢"绿塔"直径达 75m,每隔数层塔楼就会向外部隆起,形成一个巨大的圆球,而这些圆球分别被划分为公共区、私人区和商业区,其中位于"绿塔"顶端的"私人区圆球",将由 1000 多套公寓组成,可供数千人居住;位于"绿塔"中部的"商业区圆球"将修建商场、剧院、网球场等各种设施,让塔楼内的居民有充分的休闲场所;而"绿塔"下部的"公共区圆球"则将修建医院、学校及供居民散步用的街道。在"绿塔"核心部位将修建数部电梯,从而将居民迅速地从塔楼内一个"圆球"运送到另一个"圆球";"绿塔"内部每个房间的形状也并非传统的长方体,而全部是圆锥形和圆柱体,从而与"绿塔"的独特结构天衣无缝地结合在一起,充分利用了空间,这迥异于传统的习惯思维。

图 4.14　摩天蜂巢城,首尔
来源:http://images.google.cn/imgres? imgurl,2007 – 05 – 32/2007 – 08 – 20.

4.1.3　其他创造性思维方式演绎的高层建筑文化特质

"我们正在经历的震撼性的变迁不是混乱不堪或偶发无序的,事实上,它们形成了一个明显的、清晰可辨的模式,而且,我们的观点还认为,这些变迁是累积性的——他们日积月累,直至形成我们生活、工作、休闲和思维的巨变。"托夫勒将这种新的思维方式称为"浪潮前锋分析",他指出,"按照这一分析方法,它们并不是互不关联的偶发事件,而是以一定速度前进的一次浪潮变迁"。创造性思维是科学思维和艺术思维碰撞与升华的灵感思维,就是"一个主体在他的认识诸机能的自由运用里表现着他的天赋才能的典范式的独创性"。创造来源于科学的艺术想象,无论多么奇特的艺术形象,在艺术创造过程中,我们都可追究出其逻辑思维的印记(表 4.1)。

表 4.1　不同思维方式与高层建筑文化特质创意演绎

思维方式	思维模式	美学观念	文化特质创造方法
纵向思维	有顺序的、可预测的、程式化的方向	分析、推理的理性美	宏观的、大体的、方向性的、概括性的、哲理性的
横向思维（侧向思维）	从其他领域的事物、事实中得到启示	突变、非线性	启发、跳跃
逆向思维（求异思维）	批判性、求异	反形式美学	创造独特性
打破现状思维	概念引入	性美学	创造新框架、新着眼点目的、新价值观
分形思维	以部分思考整体、以随机来推断必然、以片段来研究全程、以零碎来洞察全部	大的相似性	部分推知整体

未来不存在于过去的延长线上，未来是对现状的突破；未来难以预测，它是设计和创造，因此，"考察过去，研究现状，然后在其延长线上描绘未来"这种"推进式思维"是非常有害的。

4.2　高层建筑设计创作中文化特质寄意创新实践策略探求

建筑创作的根本在于理解每个主体（人）和主体群（人们）、每一设计因素对人的生活产生的效果及影响，这构成建筑的文化特质，即基于文化特性的建筑创作既追求人与自然的和谐，同时也追求人类自身与心灵、自我与他者、世俗生存与信仰的和谐，这也是生态建筑文化的内涵和文化特质。

当今时代的建筑已表现为设计概念的趋同性和创作理论的多元性，由于信息传递的极大便利和交通的便捷，不同地域间变得瞬时可达，人类的生活节奏加快，时空概念缩小。一方面，人们的联系、交通、交往更为密切，不受地域和国界的限制，人类可以共享世界先进知识和科技文化财富，促进世界和区域的发展与繁荣，会出现趋同性的发展态势。高层建筑作为社会发展的特有建筑现象，其设计创作理论和实际经验也随之在世界各国产生共鸣、认可和推广。自20世纪70年代以来，建筑设计概念和创作理论探索在律动中不断走向深化，现代主义和新现代主义思潮似乎成为时代的主流，在理论中推行用线性的、连贯的观念去表明建筑的趋向，以及诸如时空位置观念、多元生成理论、弹性扭曲原理、结构逻辑、叠合自组概念、象征隐喻手法和生态观哲学等建筑观念和思潮，亦表现出混沌、跳跃、有机、多元的色彩和趋向，也在我国高层建筑的理论和实践中产生着巨大影响。另一方面，由于民族、文化、地域环境特性和社会发展进程等原因，在趋同发展与交流中也会客观地存在人性的复杂性、矛盾性碰撞异化、补充和反趋同性的趋向，必然会导致设计概念和创作理论的多元性、民族性和地方性，它既是新世界大潮中的变革发展动力，又是高层建筑设计概念和创作理论在这种理念的激发、碰撞、激变中不断升华与进步源泉，它具有强大的生命力，它不会在趋同性的信息时代中消亡。创新是人类之本性，在高层建筑的当代创作实践中，求新求变的文化心理潜藏在每个建筑师的心中。

4.2.1　高层建筑文化特质创意的创新途径与方向

随着生产的进步和西方人自我认同的危机日益加剧，促进了对人类社会与地球环境和历史文化的反思，随之人们开始寻求人性化、多样化与个性化，并引发了后工业时代空间设计主题的转变：注重情感交流，强调空间意义。当代的高层建筑创作环境与观念体系发生了根本性的转变（表4.2），而伴随着信息时代的来临，空间的维度和时间计算的方式正发生着巨变，这直接影响了人们的生活和生产方式，当然，也影响了反映这些方式的建筑。当此状态下，高层建筑设计的创新主题和文化理念主要变化有以下几个方面。

1. 关注场所与环境以体现高层建筑文化特质的兼容性

单纯以物质功能为出发点、以空间为对象的高层建筑创作，带来了城市的趋同和文化传统的断裂，对场所和地域文化的漠视教训深刻；环境问题横跨了各个行业和学科，它已然是一个广义的命题，环境观念也逐渐从自然资源环境拓展到人文资源环境。从文化学、社会学、心理学、行为学、伦理学等角度研究探讨建筑的内涵,扩大了建筑设计的视野。美国现象学建筑师斯蒂芬·霍尔认为:"建筑是被束缚在特定场所中的……它总是与某一地区的经历纠缠在一起……建筑不仅仅是因场地而形成,它更是通过一种链接、一种引申出的动机来体现其内涵的。建筑一旦与场所融合在一起,就超越了它物质和功能方面的要求"。他还讲道:"建筑思维是一种在真实现象中进行思考的活动,这种活动在开始时是由某想法引发的,而这想法来自场所"。所以"整体和真实地把握场所现象,并据此将建筑锚固在场所中"的思想贯彻于斯蒂芬·霍尔的建筑,这就是他信奉的现象学思想,如他的设计。

表 4.2 高层建筑创作与环境观念体系演进

状态	农业时代		工业时代		后工业时代		信息时代	
	建筑	环境	建筑	环境	建筑	环境	建筑	环境
自然资源利用	物质资源	表态平衡	能量资源	恶化	生态资源	可持续	信息资源	最佳配置
人文资源状况	村落单位	宗教宗族	城市单位	经济	地域单位	文化	地球村	知识
信息资源状况	匮乏	交流少	较多	交流增加	爆炸	交流多	信息网络	覆盖全球
物质形态构成	泥、木、石、砖	天然景观	混凝土、钢、玻璃	人工景观	轻质材料、绿色材料	生态景观	生物材料、复合材料	全息景域虚拟现实
技术水平	低技术		中高技术		高技术和适宜技术		信息(智能)技术	
空间观念	一维和二维		三维		四维(含时间)		分维(fractal)	
生存状态	艰辛地筑居		濒于丧失精神家园		找寻精神家园		自然	迈向诗意的栖居
理想居住状态	桃花源、基督城		花园城、乌托邦		生态城市、绿色城市		精神价值	人居环境

2. 注重信息空间意义的表达以体现高层建筑文化特质的动态性

信息科学正改变着认知心理学和哲学,对世界的了解除了直接认识以外,还可以通过信息的传递获得。信息哲学的发展改变了人类对于世界的认识,这预示着哲学研究的背景的再次转向,即从"意义"转向"信息"这一更为基础的分析概念,将人类理解带向更基本的层面。信息的重要使得信息的传递成为空间设计中的一项重要因素,譬如设计师尝试通过强烈的形态对比与打破常规的造型,向人们传递更丰富、更具冲击力的形体信息。此外,信息技术造成了社会生活中数字生活内容的引入和生活空间的拓展,从而产生了传统空间功能上的丧失及新空间功能的融入。虚拟生活界面的引入,也使得人们开始认识并反思虚拟层面对现实层面的影响。对建筑空间设计的直接影响,首先是思维与交流层面的虚拟空间概念的出现,造成人们空间观念的质的飞跃,为空间设计带来新的灵感和动力;其次,在建筑实体空间的特征方面,打破了动态对称、均衡等传统的现代主义设计手法与永恒、崇高等设计观,转而追求虚幻、破碎、多中心或非中心、边界的含混与模糊等设计理念(表4.3)。

表 4.3　空间的表达与高层建筑文化特质创意

元　素	工业文明时期的空间观念	信息文明时期的空间观念
时空观念	动态、流动的三维空间观	物质空间与虚拟空间结合
设计手段	图纸与模型	虚拟现实
建造手段	模数化与标准化	信息与数字化生产
建筑材料	传统材料	复合材料、生物材料
空间造型元素	直线、弧线与方圆等基本形体	人性化的空间三维曲面、流动、均质
审美观念	机械美学	数字、信息美学
空间生态观念	功能完整性表达	可持续生态及可变空间

3. 注重形态文化创新以体现高层建筑文化特质的开放性

信息时代彻底打破了形体的限制，与此相应，数字美学、交流美学的产生，使人们开始分析新的美学思维和逻辑。建筑设计人员从多角度对各种新设计元素进行探索，在科技的支撑下，建筑创作显示了更大的自由和极度的个性。数字技术为建筑形态文化的拓展提供了广阔的空间，也为社会生活打下了深刻的烙印。日本学者重村力认为可持续的设计要素之一是基于美学观念的改变和时间观念的改变，他讲道："均质化的美学是工业化的产物，光泽、冰冷，表面使用的是目空一切的素材，这与植物、动物等生物，地球本来存在的面目截然不同。如果我们基于赞美生命的美学，而不是冰冷的素材，我们就会生活在一个更美丽的世界，所有的要素将组成具有复杂性和统一性的系统，表现出宽容的、慷慨的、包容的和共存的美学"。……"时间是现代建筑的敌人，它能使建筑老化。一些传统的经典建筑正是时间给予和叠加了它的价值。街道的景观在微妙的变化，留下了旋律和文脉。建筑环境应该能大方地、从容地接受时间的考验，并在时光流逝中成熟，成为真正意义上的实质环境"。

4. 基于可持续发展目标的高层建筑生态特质文化构建

生态文化是一种以"和谐"为核心精神的文化，他的特质是和谐。包含多重意义，如从人的角度看，它包含着身心、人际、人—自然的关系和谐；从文化的角度看，它意味着历史、现时与未来，文明与自然的和谐；从生命整体的角度看，它指向多样化的自然、个性、文化之间的和谐共生。但"和"并不代表创造力的丧失，相反它能通过"一种不偏不倚的毅力、综合的意志，力求取法乎上、圆满地实现个性中的一切而得和谐"，这说明和谐也是一种在创造过程中的动态平衡。

自贝尔系统地提出后工业化社会概念以来，1971 年罗马俱乐部的米都斯等发表了《增长的极限》，表达了当今社会正面临着有史以来意义最为巨大的转变的思想，它指涉了人类生存观念变革的开始，伴随着全球对新的发展观的探索，可持续发展的思想逐渐成为人们的共识，生态建筑理念应运而生，重返自然、建筑与环境和谐发展就是其创作核心。早在 20 世纪 60 年代，美国的索勒瑞（Paolo Solei）就提出了生态建筑学的概念，70 年代以后，生态环境概念在景观规划领域得到了很大的发展。90 年代以后，建筑的生态设计和城市生态学已被真正重视起来。

现代建筑对人性的束缚造成了人的意向性和审美意境的丧失，技术对人文关照的缺乏，解构主义颠覆了原有的秩序，但它在开辟多元主义的同时却造成了主体性意义的旁落,此时,生态文化系统的建立乃必然。生态建筑的美学观是当代建筑美学发展的具有历史意义的突破;它对人类"中心主义"的消解,对整体性、多元化及人与自然的和谐共生的追求,体现了当代美学发展的新成果和新模式。生态美学观强调作品的创造性与开放性,强调人的体验和心灵的解放,从接受美学角度来说,建筑需要通过"对话"的方式与大众交流。模糊性与多义性是艺术阐释的共同特征,它们都来自作品结构的开放性,但这种开放性要如何实现呢?接受美学指出,未定性与意义空白构成作品的开放性空框结构,招呼接受者以各自不同的方式赋予作品确定的含义,这种"召唤结构"为大众留有填充的"解读空间",需要大众去现实化、具体化。

生态—文化不仅作为一种文化态度,而且作为一种文化策略,在有效解决人地关系的同时,必将体现出新的、更高层次的地域文化特征。根据文化人类学的观点,环境的生态问题与文化价值密切相关。生态学家认为,人类面临的生态危机,本质上是文化危机,其根源在于我们的价值观念、行为方式、社会政治、经济和文化机制的不合理。人类必须确立保证人与自然和谐相处的新的文化价值观念、消费模式、生活方式和社会政治机制,才能从根本上克服生态危机。现代生态建筑正是这种文化价值取向的现实行动。克·埃希尔将生态文化与传统文化、殖民文化、消费文化比较,认为生态文化是基于生态原则价值和相对自给自足的不同地区文化。这些文化在相容的基础上互相作用,因此,"生态文化是朝向全球综合的、更积极的进化,并以区域和国际文化作为补充,它标志着走向文化多样、和平等有积极意义的运动"。

最根本的是生态文化把自然精神作为价值的终极来源,生态审美文化不同于从审美现代性发展而来的当代大众审美文化,它们对审美和艺术有着不同的理解。审美化生存需要我们重建对艺术的热爱与信任,但与大众审美文化中将艺术商业化、流行化的做法不同,生态审美文化需要的不是以肤浅的感官沉醉、对感伤情绪的自我把玩为特点的流行文化产品,它需要的是能够给麻木的日常生活带来震撼的真正伟大的艺术作品,这种艺术品所蕴含的激情能唤醒我们淹没在日常世俗生活中的感受力和想象力,它们完美的艺术形式能够提升我们的审美趣味。建构生态文化特质的重要途径是走向自然,摆脱虚拟影像世界和网络世界的科技幻想,减少对科技手段的依赖和盲从,提倡一种与追求高消费的现代文明模式相反的生活方式。

5. 解构主义主导的后现代高层建筑话语

20世纪六七十年代,欧洲学术、文化发展陷入迷惘,传统哲学文化受到强烈反抗和质疑;与此同时,法国的结构主义和后结构主义对后来的哲学文化产生了很大冲击。结构主义作为一种哲学和科学的方法论,具有十分显著的方法特征。它认为结构先于本质、重视关系而轻视对象及结构决定功能等。在本质上,结构主义思想是建立在"二元对立"方法之上的,通过对各种系统中存在的基本的二元关系的分析,认识系统的性质和规律。雅克·德里达的解构主义表达了与传统哲学完全相异的立场,他试图通过对文本(Text)的分析和倡导"自由游戏"来达到对传统逻辑中心主义的颠覆。他所求助的并不是和风细雨式的妥协,而是一种激进的方式,他力图通过语言的丰富性来粉碎或超越这种体系。这也表达了新一代的建筑师对传统现代建筑艺术的反抗和挑战,通过解构主义哲学恢复对人的自由和解放,通过解构哲学提供的方法,解构的终极目的是建构,而建构又是为了突出一种多元的价值取向,这同样是当代文化发展的需求。弗兰克·盖里是最负盛名的解构主义建筑大师,其设计的位于西班牙毕尔巴鄂的古根海姆博物馆不仅造型如同雕塑,而且功能与空间也适应需要。分析这些类似的作品,可以看出一些共同的特点:去中心化、边缘化、不确定性等。

应该看到且不容忽视的是,今天的解构主义建筑艺术有走向极端的倾向。从建筑的本质和建构文化来讲,这并没有给人类带来什么希望,只是一种现实情感的宣泄和对传统的反叛,对美学价值的重构并没有意义。解构主义建筑使完整的现代主义、结构主义建筑变得破碎,建筑的意义变得模糊,建筑的风格走向了多元。从目前的一些高层建筑创作来看,其设计似乎没有了绝对的权威和正确与否的标准,成为个人的一种游戏。而作为20世纪建筑史上先后出现的三个非常重要的流派,构成派、白色派、解构派都受到了结构主义哲学思想的影响。

正因为理论的片面引进和一知半解,在全球化语境中,对中国建筑文化的发展方向意见不一,无论如何,经济全球化并不等同于文化全球化,应该看到,现代高层建筑虽起源于西方,但并不代表西方的现代发展方向就是高层建筑的未来,当代西方建筑文化与美学思想也并不就是高层建筑的唯一发展模式。虽然,在20世纪初梁漱溟曾对人类文化的发展作了如下断言:西方文化的"路向"是向前的,印度文化是向后的,以中国文化为代表的东方文化的"路向"则是停滞不前的。但与西方文化比较,东方文化在"征服自然、开拓创新、探索未知"等方面从本质上存在差距,西方文化的"路向"有利于"自我的发展"。但是,对待建筑这样一个动态的、变化的文化形态,不能用静止的观念去看待它的发展。人类文化在历史的长河中不断演进,任何文化都是在与社会的发展、与外来文化的交流中不断扬弃而推陈出新的,尤其是富有生命力的建筑文化。在中国,从春秋战国时的百家争鸣、汉朝的"独尊儒术"、魏晋时期的玄学兴起,以及隋唐以后儒、道与外来佛教相结合,形成了一个既是多元走向又是整体复合的文化大系统。西方文化的演进更是跌宕起伏:从充满智慧和理性的古代希腊罗马文化、到中世纪黑暗时期的基督教文化,然后经过15世纪的复兴、近代的工业文明,逐步形成"以分析为基础、以人为中心"的现代西方文化,这是一个非常复杂的演变过程。以上的事实说明,任何文化都在不断发展变化,对文化应予以动态的理解。亨廷顿在《文化的冲突》中写道:20世纪的世界冲突是经济原因所造成的,而21世纪的冲突则将是文化的原因。世界文化呈跨文化发展的趋势,中国建筑文化在与西方的交流与对话中,应在保持自身文化特质的前提下,从整体观上认识西方文化。跨文化的建筑发展战略是坚持在多元文化视野中重构自身文化精神,包括高层建筑文化特质的构建。

20世纪50年代末,在超越现代主义文化而迈向后现代主义文化时,人们开始系统地反思现代文化,以文化断裂方式获得了对现代主义反动的哲学话语。新的文化精神借信息传播媒介开启了一个"重生成性"和"差异性"的文化视野,现代主义对永恒深度模式、工具理性的追求,化成后现代消解式的语言嬉戏,现代精神所追求的以功能主义为核心的中心性、确定性和明晰性让位于不确定性和模糊性。中心性和确定性被置换成边缘性和任意性,并由此形成后现代主义文化观及解构主义文化观。

结构主义理论及符号学是后现代主义文化观理论框架的基点。意大利的维柯通过《新科学》阐释了"形式、存在、结构"的关系理论,他认为从人的心灵本身产生的形式构成了人类心理视之为"自然的""既定的"或"真实的"世界,也就确立了真实—事实(Verum factum)原则,存在之所有意义,只是因为他在那种形式中找到了自己的位置。人们创造形式与符号,这种创造过程包括不断地创造各种可以不断认识的重复的形式,即"结构"的过程。各种民族的文化形式一旦由人构造出来,自身具有一股潜在的持续构造的力量,这种"精神语言"表明它本身是人类普遍具有的能力。不仅是形成结构的能力,也是使人本性服从于结构要求的能力。结构主义是关于世界的一种思维方式,是对人类知识体系一种"形而上学"的东西。结构主义认为:事物的真正本质不在于事物本身,而在于在各种事物之间构造的关系;世界是由各种关系而不是由事物构成。在任何既定语境里,一种因素的本质就其本身而言是没有意义的,它的意义事实上由它和既定语境中的其他因素之间的关系所决定。譬如,建筑设计的风格和文化意义不是具体指某个构件的元素的形式,而是若干有内在结构规律的诸元素的关系组合表达和传递。

恢复建筑在文化中的应有地位是后现代主义的目标,而结构主义和符号学则在更广泛的层面上研究建筑意义的表达,探讨建筑意义表达的方式和途径。这也为建筑创新开辟了一条新途径,格雷夫斯和埃森曼是这个领域的代表人物。格雷夫斯着重建筑形象符号对应的含义——建筑符号语义学,即建筑及其组成要素的"语义学"方面的表达;埃森曼侧重于建筑构形中"句法学"和语言结构所包含的构成关系——建筑符号关系学。格雷夫斯用历史的话语讲述建筑的意义,其贡献在于恢复了建筑作为文化符号的功能,但局限在于其语言符号仅限于历史的范畴,只能指向历史,不能指向未来;解构主义的埃森曼通过寻求一种通用的建筑表意方法来表达当代人的思想和情感,更侧重于表达建筑的"新意"。建筑符号学的核心是探索建筑"形式/意义"联系的规律性或结构、法则等,以求运用这个法则进行自由的创作。形式与意义的关系,依照具体建筑在这两极之间的位置而调适。抽象形式是某种普遍人类情感的表征与意向化,而符号意义的作用在于使这普遍的情感具体化,加入社会现实因素和人格因素,使感性的快适具有"善"的价值。建筑环境的视觉信息是符号系统,符号的价值在于它包含一定的信息并表达一定的意义。符号传达给外界的信息可分为明示和暗示,即明指隐喻和暗示隐喻。

郑时龄院士在他的文章《当代建筑批评的转型——关于建筑批评的读书笔记》中指出:在反思现代主义建筑运动以来的建筑发展过程中,出现了两种对立的思潮:一种是试图改造现代建筑运动,从现代性的立场主张批判性地继承现代建筑,超越现代建筑;另一种思潮彻底否定现代主义建筑的原则,提倡新历史主义,复兴历史建筑,提倡后现代主义的舞台布景式的建筑。按照德国哲学家、社会学家于尔根·哈贝马斯(Jurgen Habermas, 1929—)的观点,这两种思潮是位于两极的两种张力,而这两种张力实质上处于与现代主义建筑对立的同一个平台上。后现代文化批评家、《美国艺术》杂志编辑哈尔·福斯特(Hal Foster)把后现代主义的两种极端称之为"抵制型后现代主义"和"反动型后现代主义"。按照他的理解,"抵制型后现代主义"继续现代主义的探索,试图解构现代主义,通过批判性的重构,抵制现状,寻求现代主义建筑的新方向。而"反动型后现代主义"则与现代主义决裂,称颂现状,试图从理论上和方法上沟通现代主义和历史主义的关系,从而陷入历史的形式中去避难。实质上,这两种形态都是形式主义的不同表现形式,都试图重新定义建筑的表意系统,试图为新的历史条件下的形式主义寻求理论支持。

当代西方建筑类型学在审美意识与形态构成上形成了独特的美学风格。从广义的范围来讲,只要在设计中涉及"原型"概念或者说可分析出其"原型"特征的,都应属于建筑类型学研究的范围。当然,由于选择"原型"的来源不同,概括起来,当代西方建筑类型学主要由两大部分架构而成:从历史中寻找"原型"的新理性主义的建筑类型学;从地区中寻找"原型"的新地域主义的建筑类型学。从字面上理解,新理性主义是一种执着于文化传统的寻根倾向,而新地域主义则是一种执着于地域特性的寻根倾向。前者的原型是一种还原历史的"宏大叙事",它更关注深层次的隐性形态,因此容易找到共性和普遍性;而后者的原型则是一种还原某一特定区域地缘文化的"微观叙事",更关注表层的显性形态,也就更具个性和特殊性。基于这两种寻找"类型"的建筑设计方法表达了两种不同的类型文化,这两种方法广泛地应用于当代高层建筑创作中。

库哈斯不仅是荷兰建筑界的核心,也是当代建筑界的催化剂,由他的一些高层建筑创意和著作可见一斑。他曾宣称现代主义正统建筑学的危机:"它既不能全新地诠释现实生活与历史之间的关系,也无法用有效的手段参与到现实的消费社会中来。"他自身从社会学角度、从行为事件契入,抛开先前的假设,力争寻找每一个项目内部的潜能。他抛弃了经典的建筑美学,发展了一整套建筑空间关系的新框架。他的作品代表了一个脱离了历史包袱、纯粹自由运动的空间领域,代表着一个陌生的属于未来的极端现象。如 1989年设计的 ZKMK 德国艺术博物馆,整个高层建筑完完全全地由铸起在墙体之间的巨大框架结构来决定。他通过改变和操作这些框架结构以达到艺术效果,在剖面中你可以看到博物馆中不断增加的戏剧性。空间距离作为一个必要的但不完善的神秘途径被巧妙地组织和维持,通往那种变化着的新奇的外部世界。作品中穿透着刻板无饰的几何性,专横的逻辑性事件关系占据着空间的上风,代表着一种走向"极限"的建筑。库哈斯的建筑空间通常充满着戏剧性事件,包括拥挤、爆炸尺度、内部与外部的分离、密集的体积关系、切断联系、在快速/廉价/失控的时代重新地域化等。库哈斯的这种建筑理论并非偶然,这与其在 20 世纪 60 年代的生活体验以及世界观不无关系:一种典型的荷兰人的藐视权威、玩世不恭、挑战传统价值体系的气质,这部分符合当代人的文化心态。

在人类建筑文化的进程中,不是将生活情节融进空间,就是将空间作为现实生活的一部分,而不是将二者分离,往往将两者锚在一起,表现了一种和谐有感触的秩序,一种有情趣、感知到的、认同了的场所感——但并非写实,是存在于聚居空间中的场所意象。情节也就成为人类聚居场所意象空间记忆的一种表达方式,一个载体,文化的载体。

设计的真实性是这个时代建筑的目标之一。真实的设计需要真实地依照功能满足使用要求,真实地表达材料的特性和建造的方式。"也许,现代主义运动最鲜明的主张就是真实表达。"(路易斯·康)19 世纪法国结构理性主义建筑家奥莱 – 勒 – 杜克(E. E. Viollet – le – Duc)也表达了同样的观点:建筑上有两个方面必须求真。一个是真实地依据计划进行,另一个是真实地以建造方式进行。前者是完全满足建筑需求的条件,后者是根据建筑材料的品质与特性使用材料……在这个最主要的原则下,对称与外形等纯粹属于艺术的问题则属次要。由于建筑价值的复杂多义,片面的功能主义建筑观发展受限。形式与作为类型的功能之间线性的对应关系受到普遍质疑,也造成了当今建筑创作中形式与功能普遍缺乏必要的逻辑联系。

在建筑创作中追求创新是建筑业得以蓬勃发展的根本动力,所谓建筑创新是指在一定时期内被建筑受众视为新颖的建筑观念或建筑实践,建筑创新有两个方面的特性:一为时效性,二为新颖性。一项建筑创新应该具有较多的相对优越性、较高的可实践性、良好的经济价值与社会价值以及较好的兼容性。

而根据传播学原理,建筑创新的最终目的是使创新能够在社会系统内传播并取得良好的传播效果,进而推动建筑业的进步。因此,建筑创新的散布尤显重要。建筑创新的散布要素主要体现在散布前提、渠道及结果方面,以及异质性要素,即信息源与接受者之间在基本属性上的差异,如信仰、价值观等。根据建筑创新散布模式,我们控制创新散布及取得最佳传播效果。建筑创新散布过程分为四个阶段:获知、评估、决策和证实。获知是对创新加以认知、理解的阶段;评估是衡量创新的采纳价值的阶段;决策是作出态度决定的阶段;证实则是作出肯定或否定的决定之后的自反馈过程,试图证明自己的决策是否正确。其中第三阶段的决策直接影响散布的结果,或者采纳或者拒绝,而且在此阶段还要接受来自于证实阶段的反馈信息,这种反馈信息将影响到进一步的散布能否继续。

在科学和现代艺术中,创新总是对过去的否定。其实我们切实需要的不一定是否定。在某些时候也可以是改良,或重新评价,由此出发再去创造新的东西。我们应注意的是如何与现存的东西和平共处。我们应该仔细地分析自然、地形和景观并寻找最佳的方法与它们现代共存,这个方法正是自然生态学上讲的共生。

自20世纪80年代起,世界建筑呼唤人文,人文逐渐成为建筑的主题,80年代的历史形式的表面人文风潮到90年代逐渐成熟为新人文思潮,建筑界关心人文甚于建筑的本体已是世界建筑发展的主流。建筑创作呼唤非理性的文化,诸如来自直觉、艺术、感性、哲学等非建筑学的思想根源,激发建筑师由人文的传统去思索建筑,而并非唯一由建筑的本体去定义社会、环境、功能和形式。崇尚自然、反映人文的创作理念或许可以建立一种属于大众的建筑文化。

在建筑设计师与使用者之间,前瞻性、未来性的形态依赖于对文化动态发展的深层思索,以及对文化永恒特性的分析和理解,和对建筑的文化层级划分,以一种正确的文化预置方式建构使用者的生活世界。

建筑的解构主义在思想方法上与解构哲学略有不同,尽管他们对现代主义内在结构中的问题分析得十分透彻,但其坚持使建筑发生巨变来适应社会变迁的思想,与解构哲学从结构内寻找解构问题的方法不同,如同德里达所言:"解构必须从内部进行操作,它必须使用旧结构中所有的工具,因此它不容许从旧结构中去除任何元素。"这说明了文化特质创造应具有连续性、历史性,因为建筑的本质即建筑的形式和内容并没有根本变化,人类的生活境界和生存态度没有本质的变化。但埃森曼认为"建筑不是表达哲学思想,在解构的条件下,建筑可能表达自身的思想",这仿佛同于布正伟提出的"自在生存论"思想,布氏主张自在品格与自在表现,超脱既定风格与流派,创作中追求文化品格、气质与表情,在纯净与细节中追求"不同凡响",其创作思想表现出理性与非理性的交融;解构更多的是建筑师对自己哲学观、人生观和艺术观的证明,强调事物内部结构的可分析性与外部因素多层次、多方位、多线索的复杂联系。毫无疑问,解构主义建筑思想是具有生存意义的特性文化特质的。

6. 现代高层建筑文化观念的有机重构

随着多元价值观的兴起,建筑文化迅速裂解,然而,对全球均质文化多元裂解并非最终目的,要使建筑文化得到发展,必须"重构"建筑文化的有机秩序,包括高层建筑。不能忽视的是:除了国际式均质文化对地域文化的威胁,现在来自商业主义影响下的媚俗文化和无中心、无深度的"仿形文化",以及漠视一切理性规则的"反文化"正在大行其道,这些不能不引起我们深深的思考。

当代建筑师从强调多元的裂解,到追求有机综合,体现了对文化整合的关注,讨论并关注高层建筑文化的兼容性、开放性已成为建筑师关注的新热点之一,与此同时,可持续发展的设计理念也在建筑领域悄然兴起。重构建筑文化的理性体系,成为跨世纪的文化发展的必然趋势,而高层建筑文化的有机重构,可通过以下几个方面略窥一二。

(1) 建筑创作原点的有机重置。从关注建筑的形体塑造,到强调回归建筑的基本原理,这是当代建筑文化走向有机整合的一个标志。如亚洲建筑师自20世纪80年代以后,逐渐从流派的纷争和商业主义的文化炒作中解脱出来,从形体塑造作为建筑创作的原点,到从聚居需求、区域文化、技术经济、环境和生态等基本原理出发,重置建筑创作的原点。在设计实践中,也从满足于建筑形体和风格的"多元并存",进而追求建筑与更贴近文化生活习俗等的结合,从地理气候、材料使用、能源节约等方面,实现创作原点的"有机重置",进一步从根源上突出文化的兼容性特征。

(2) 文化价值观的有机整合。多元的文化彼此之间并不是相互排斥、相互取代的,而是互融共生的关系,各类文化的组成如一棵生态树,因此,建立多元的文化生态观念,是文化价值观的有机整合的一个标志。从人类学的观点而言,价值观念就是精神层面的文化,传统文化、消费文化、生态文化所主导的价值观念相互融合而非独立,而应以开放的态度、兼容的手法重置高层建筑文化特质。

(3) 现代化观念的有机重构。现代化的概念也渗透着地域的气息,"现代"并不等于"西方",全面理解"现代性"的含义意味着现代性是具有普遍意义的,而没有地区的限制。

(4) 辩证的传统演进与现代更新观念。林少伟先生认为:"传统价值观既可以提供力量和特色,也可能成为发展过程中接受今天更具启发性的价值观的障碍。我们必须首先辨别并维护传统价值观积极的方面,才能将其吸收、转变并纳入到迅速演进的价值体系中。"建筑是一个文化生态系统,有其新陈代谢的规律,是动态的、发展的,需要横向的跨文化交流和补充。超越以往的价值标准、强调生活环境的重要性,而不是形式的意义。单纯的抽象主义缺失了艺术和设计具体表达的明晰性,以及对所生活的自然界和社会的责任感。

4.2.2　基于文化预置的高层建筑文化特质创意实践创新策略

1. 形态文化:形式语言创新策略

形态乃建筑的本体,把握了建筑形态也就把握建筑的本质和内容,但是,建筑形式不限于美观的表面范畴,还具有丰富的内涵和文化意义。

高层建筑具有独特的形式表象意义和形式上的社会价值意义,浅层次的是形式手法反映出来的表象,深层次的是形式内涵蕴藏的文化价值观念。形式手法表述的建筑构成刻画了建筑中人与自然、人与社会的形式关系,这间接产生了形式关系的文化价值观念和意义;具有生态文化特质的高层建筑形式语言是形式创造的终极目标。

1) 形式语言体现科学性与艺术性

首先,建筑的形式包含功能的组成,其科学性体现在功能的理性,形式语言构成方法主要借助抽象几何图示和形式构成规律,是一种较少考虑社会、文化和历史传统因素的设计方法。其一是几何形式设计法,即没有构成意义的、或具有自然性和表面性意义的形式语言构成方法,这是形式语言设计的主流;其二是图案形式设计法,即运用图形学原理、仿生学原理,采用图案与图形构形的设计方法。这种方法没有定式和基本规则可循,也没有什么内在的必然性(图 4.15)。

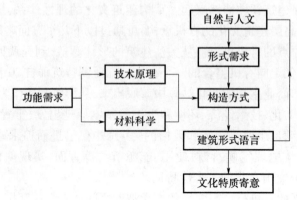

图 4.15 高层建筑文化特质寄意与形式语言的构成

空间创造体现建筑的艺术性,空间是建筑艺术的首要特质,高层建筑空间的营造正越来越受到人们的关注。"建筑的灵魂是空间"(莱特)阐释了在建筑创作中空间艺术的重要性,而其关键是空间所承载的文化理念。自从人类进入文明社会以来,建筑空间就作为一种重要的社会文化载入人类文明的史册。高层建筑作为一类文化载体,其形式语言就是空间,空间的刻画即是各类文化的表达。高层建筑空间具有艺术性,它包含具体的空间形态和无形的空间神态,显现于外的为形,蕴涵在内的为神。空间形态是建筑空间的实体要素,如点、线、面、体等所体现的空间轮廓和空间形状的总称,是建筑的显性要素,主要通过其形展现其存在的价值,它能给人们视觉上的美感;空间神态是体现在建筑空间中特定时代和特定社会的价值观念、文化体系和行为主体情感体验的总合,是建筑空间的隐性元素,主要反映建筑空间的精神和文化向度,它能给人们以心灵的陶冶和精神的愉悦。完整意义上的空间艺术概念不仅有形,而且有神,是形态和神态的统一。形神兼备的建筑空间是传递文化的形式语言。

形式作为建筑的外在表现,在不同的时期都受到人们的关注,同时,也是建筑师寻求创新和变革的着力点。建筑的艺术性和文化表达部分是通过建筑的形态要素来实现,人们对建筑的视觉体验主要是通过建筑的形体直接获得,高层建筑尤其如此。但建筑的形体从来都不是完全由功能、材料强度和技术水准来决定,人类的建筑行为总是存在主观的故意,其形态的取舍也会常常超越客观条件的制约。在当前技术支撑下的时代,高层建筑形式与经济、文化结构转型一起,发生了深刻的变异,具体表现在高层建筑领域的,如弹塑性与张力的表达、有机形态的表现、注重表皮材质与肌理等。当代高层建筑形态的百变态势往往在于社会的需求,具有深刻的社会时代背景,如消费文化的盛行、技术的进步、审美心理变化、外部学科的冲击。

建筑形态学把对建筑的研究分为结构和形式两个方面,认为结构是形式的内涵,是形式背后的形式;而形式是结构的外显,是结构化的具体表现。而在结构主义看来,建筑形态是建筑各相关要素按照一定的相互关系形成的一个结构化体系,在这个体系中构成形体的要素本身不具有独立的意义,而意义只在结构关系中显现,关系重于结构内的独立成分。因此,结构逻辑对建筑形态的形成起决定性作用,是产生形式的决定因素。借助结构主义语言学家乔姆斯基的观点和形态学理论,可以建立一个建筑形态的形成架构(图 4.16)。

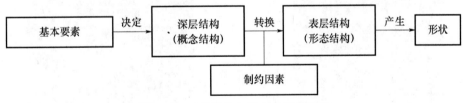

图 4.16　建筑结构与形态的构成关系

在图 4.16 中,作为稳定的建筑深层结构是使建筑之所以成为建筑的规定性原则。勃罗德彭特把建筑的深层结构归纳为下面四点:建筑是人类活动的容器;建筑是特定气候的调节器;建筑是文化的象征;建筑是资源的利用者。除此之外,还有经济、文化、环境等相关因素影响建筑形态的生成,确立由概念化的深层结构与制约因素相结合转换成的广泛而多样的形态化表层结构,是建筑设计中从抽象到具体、从本质到形式的关键步骤,并成为产生丰富多彩建筑形式的基础。

建筑形态代表建筑的艺术价值,在塑造高层建筑主体视觉形态时,应遵循整体性、简洁性和易识别性三原则。

(1) 曲面与曲线美。虽然在我们的高层建筑形态文化里,方形差不多已成为一个既定规则。然而在自然界,从微小的细胞到整个星球,我们会发现圆形或曲线无处不在。而在建造领域,从原始人类起,经济耐用的拱形结构也已得到广泛运用。有机的形态对于人们来说更有感染力,自然的形态终究不是一个方盒子。建筑的不同空间效果,取决于不同的平面形式。弧形作为一种自然界的有机形态,具有独特的魅力。如加拿大多伦多市政厅(图 4.17),由一低一高的两片单弧围合圆形的大厅组成,具有市政建筑的象征和隐喻意义。这座临水建筑线条洗练、造型别致,跨越水面的多个钢筋混凝土拱券,如长空贯彩虹、飞天舞彩带,美妙动人,表达了市政建筑的亲和力;而上海华亭宾馆(图 4.18),其平面舒展流畅,相接曲线过渡自然;为了克服水平线条过长和单调感,采用退台式逐渐收缩,曲线相连部位再以高耸的圆筒形交通中心打破水平的单调,建筑呈现一定的动态美。罗马尼亚布加勒斯特洲际酒店由三片凹弧组成,具有强烈的个性;类似的还有北京国际饭店,注重不同方位的视觉变化,形态具有柔和感、韵律美,舒展大气。曲面建筑因自身语言已较丰富,形态一般非常简洁,比较强调构图的整体性,一般决定于基地和环境。

随着科技的发展,自由曲线在高层建筑设计上的应用更加广泛。它在创造独特形式美的视觉文化的同时,体现了肌体对自然的适应。福斯特设计的伦敦千年塔(Millennium Tower)以 386m 的高度称雄欧洲摩天楼(图 4.19),大楼曲线形的玻璃外墙使整幢建筑一年四季、一日四时随大自然的阴晴雨雪而呈现幻化万端的视觉效果。

(2) 直线形构图。直线形态在体现高层建筑的竖向特点上优势明显,是最常用的形态语言。它形式丰富,复杂多样,具有万千变化。直线是生硬的,但也是有力的;是单调的,但也是简洁的。直线衍生了众多平面形式,传递了繁多的文化信息。从平面二维的单一的基本形至复杂的组合形,以及空间三维的形态拓扑演变,创造了不同的时空形象,形成了不同的文化特质。

图 4.17　加拿大多伦多市政厅

图 4.18　上海华亭宾馆

图 4.19　伦敦千年塔

　　形式语言在一些当代西方建筑师的作品中得到了充分表达,虽有优有劣、良莠不齐,但欣赏一些好的建筑师的作品,如皮阿诺、路易斯·康和卡拉特拉瓦,常常能感受到"意料之外、情理之中"的感觉,体现了合目的、合规律的创新。因此,在形式的创造上,我们不能把西方建筑师的作品一概归结为缺乏时代性合社会性的"个人表现",或者仅从"纯形式"的角度去欣赏,部分优秀建筑师对形式和形式美进行研究,并把它和社会科学、自然科学的发展联系起来,值得我们学习和借鉴。

　　当然,西方历史有着深厚的宗教色彩,在西方文化中,把形式以及对形式的研究提高到了一个很高的高度,因而很容易产生形式的绝对化。20 世纪以来,受叔本华、尼采和弗洛伊德等人强调意志、自我、直觉的影响,同时也随着形式的多元化,在西方的艺术创作中,逐渐发展形成了重理性和重感性这样两种截然不同的倾向。近 50 年来,完全放弃对内容解释的"唯形式论"、新"形式一元论"几乎成为西方艺术的主流。此时提出的"形式就是一切"的极端美学思潮认为"只有作品的形式能引起人们的惊奇感,艺术才有生命力""艺术的本质在于新奇,艺术的观点也在于新奇",这些观念也深深影响了建筑的创作。因此也不难理解当下的一些建筑大师的表演,从现代主义的"形式随从功能"的一个极端迅速叛逆到艾尔索普的"形式包容功能"的另一个极端,库哈斯和扎哈·哈迪德的作品成为这个时代大背景最好的诠释。从历史延续的角度、从未来发展的宏观整体的视野观察这些现象,发现这些绝不构成文化进步的主流,当下的一些作品只能是存在,不会太多的这类建筑改变不了建筑学的方向,充其量只是改变和丰富了这个世界。

　　理性主义曾长期主导现代(高层)建筑的创作与发展,因为它具有科学性,虽然其艺术性不足。无论高层建筑的未来如何创新,但基于理性的思维恒有立足之地,建立在理性主义之上的艺术创新能符合大众审美思维,也能愈久弥新。如努维尔设计的巴黎信号塔(图4.20)设计创意闪耀着理性的光芒,形态简洁,注重内外环境与节能,充满人性,与德芳斯大门相得益彰。亨利·考伯(Henry N. Cobb)创作的西班牙伊斯巴修大厦(Torre Espacio)(图4.21)也显示了形式的理性之美,大楼追求视觉形态的连续变化,利用在平面和立面上的同时切削手法,建筑由底层的方形平面逐步渐变成顶部由两个1/4圆组成的梭形,建筑如同生长变化的有机体。而控制这种形态演变的几何机制就是数学的余弦曲线,余弦曲线具有交接合理流畅的曲线过渡,因而使建筑施工具有科学依据,也使其变得容易。

图4.20　巴黎信号塔,巴黎

符合科学理性的形态既与德芳斯巨门保持协调,同时注重节能而获得的艺术形式使其在德芳斯新区能够脱颖而出,成为一座新的地标。

来源:www. skyscrapernews. com/images. php? se = . ,2007 - 02 - 21/2007 - 06 - 30.

　　但是,如同自然界的对应法则,非理性与反形式主义的高层建筑也大量存在,它们采取逆向和反向思维;挑战大众审美法则,也让人为之侧目。这种形态的存在丰富了高层建筑形式语言,创造出另类美学价值。

　　2)形态文化特质创造的流派和倾向分析

　　在当前状况下,由于迷惑于建筑的风格表象,往往陷入了形式主义的误区,从而在建筑设计中出现大量抄袭模仿、任意割断历史与传统,造成建筑日益商品化的倾向。当前在我们生活中大行其道的一些新的、奇特的建筑形式,或许过于夸张而让人们无法接受,或许并不代表建筑发展的主流,这些所谓的先锋或前卫建筑只是具有实验性,但无论如何,那种建立在牛顿的绝对空间观念和以笛卡儿坐标系为参照系的空间思维体系,极大地束缚了我们的创新。在计算机介入设计思维的过程中,建筑全面产生了多维开放、弹性、柔性、动态和混沌特征。

　　看看后现代主义,后现代这一用语虽然没有具体的内涵,但应该强调的是我们可以将"后现代"的意义归结为一点:抛弃了其轻视装饰和风格的态度,从现代主义中解放出来。这样就获得了许多可能性:城市文脉的调整、本土技术和材料的采用、对人们生活环境和

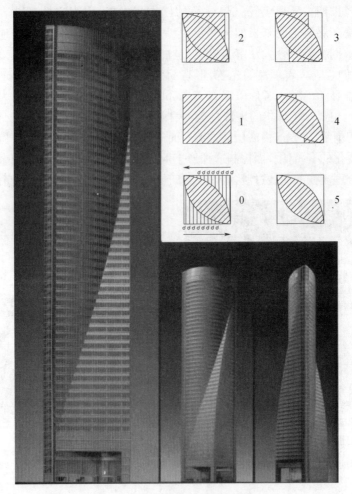

图 4.21　伊斯巴修大厦,马德里

来源:世界建筑,2006,11.

基于数理几何中余弦曲线的控制,使伊斯巴修大厦的形态既具有严谨的理性,同时动感的体态别有新意,虽然只是方形到圆形的基本演变。

乡土建筑情结的尊重等。这些可能性为建筑的多样性铺平了新的道路。但与此同时,这个时期也迎来了现代地方主义和新地域主义。

　　纵观 20 世纪后半叶以来的高层建筑发展,可以发现高层建筑形式的变革和创新构成了创作思潮和倾向的主要内容。正如美国建筑评论家赫克斯苔布尔在《不真实的美国:建筑与幻影》讲到的:"在一代形式赋予者——20 世纪初的巨人,柯布西耶、密斯、赖特及其影响下工作的人们……之后,以前所未有的规模出现了大批的创作天才,这些建筑师把前驱的早期革命成就带到了建筑技艺的一个新水平,出现了一种共同的设计过程,建筑学不再像几个世纪以来的风格演变中所形成的概念,而被视为一种形式'容器'。"必须认识到,形式不仅仅是外观,更是客体内部物质因素和精神内容如意义、观念的外显,从哲学上理解,形式即本体。西方从实体的世界观出发,通过逻辑和科学分析极大地发展了建筑的形式范畴,而中国文化基于整体思维,以"天人合一"的和谐观念和理想追求建筑的永恒,当代高层建筑形式语言表达与建筑文化特质创造见表4.4。

表4.4　当代高层建筑形式语言表达与建筑文化特质创造

形式语言	代表人物	时间跨度	文化主张	哲学内涵	文化特质创造方法
现代主义国际式	密斯	70年	还原建筑的本质	功能主义理性主义	纯净简洁
后现代历史主义	菲利普·约翰逊	20年	再现历史寻根历史	多元论、文脉主义、	历史符号拼贴隐喻
解构主义形式狂构	盖里、埃森曼	10年	深层结构的表达	解构哲学语义学	形式裂变、离散聚合
高技手法的非物质化	罗杰斯福斯特	至今	技术文化	颂扬技术的形式探索	在形式上表达技术美走向情感关注
形式的艺术化（白色派、极简主义）	迈耶安藤忠雄	至今	艺术文化	形式演绎空间和文化	抽象形式、极简主义反衬文化气质
批判地方主义	A. 楚尼斯L. 勒费夫尔弗兰姆普顿	自20世纪50年代至今	地区文化和历史、地理、地形和气候,特定地区的材料和营建方式	具有永恒的生命力,文化识别性,批评矫情的、浪漫风的和风景化的地域主义	场所与建构的表达
反构成主义	扎哈·哈迪德蓝天社	至今	强调形式的独立价值	形式自我否定,审美变异,先锋艺术哲学的实践	激进的形式实验
表现构筑方法的形式	西萨·佩里	至今	构筑文化	建筑真实性的表达	技术和材料的表达
生态和绿色建筑形式	福斯特杨经文	至今	生态文化	诗意的生存	生物气候学的概念表达

　　从经济角度而言,当代消费社会禁锢了人们的思维,导致虚、假、空、模仿和没有原创性,因而应该加以抛弃去进行真正的创作。但是当今只有一种试图将某些人的偏爱转化为教义的倾向,萨金(M·Sorkin)曾言:"今天的古典主义、明日的解构主义都不过是些形象罢了,谁去理睬呢?"因此,他反对任何形式和思想上的禁锢,无论哪种主义,在创造上,每个建筑师都应该充分利用自己的思想和形式构成手段。当代一些先锋、实验性的建筑尝试了文化特质创造的另类手法,包括发生在中国大地上的,我们的理论界也对之进行了各种评判。这些建筑形式反映了建筑师对当代社会的反思,表达了建筑师个人的创作观和价值观,是纷繁复杂的当代文化的缩影,虽不能代表建筑的前进主流,但影响了建筑界,不可否认的是这些"明星"建筑师具有一种文化的投机思想,过分悲观地看待文化的离析现状,从而不能站在人类艺术生存的高度整体地建构一种可持续性的文化框架。

　　敏感于政治的形态文化应对倾向。"建筑在某种意义上乃是政治性最强的艺术形式",高层建筑的特殊性使其与政治因素有着千丝万缕的复杂联系,在一些条件下成为地区政治的象征。政治隐含着人类极其复杂、深厚的情感,是人类为了追求秩序与统一而作出的无奈的选择。政治之美本身就是审美的一种特殊表现,政治美学奥秘在于使权力成为魅力,权力结构进入情感结构,并使之成为政治艺术。就政治而言,其本身就是恶与善的交织体。政治与建筑从来就有亲密的关系,高层建筑从政治感性的具体与现实的内容出发,最终抵达"抽象理想"之艺术境界,最终目标总是一种空中楼阁的政治乌托邦。也正是其理想的乌托邦,把人们的情感从艰难困苦的生存境地引领向一种远大而美好的目标,这就是高层建筑具有的政治的文化教化功效。高层建筑具有教化和引导的文化传播意义和价值。在某种意义上,意识形态可以认为是教化,因为它总是把统治阶级的价值观和文化强行推向社会大众。人类文明总是与教化紧密地联系在一起,伽达默尔认为教化具有两个重要特征:一方面,受到教化的意识由于不断地理解包括文化传统在内的异己之物的真理内容而不断超出自身,扩展自身,向普遍性迈进;另一方面,异己之物也因其真理内容不断地被理解而与任何时代的教化意识始终处于同时性状态,从而在教化中保持为一种活动的在者。一切文化创造物的真理内容在受到教化的意识中达到富有意义的显现,因此,它在人之为人的过程中具有重要意义。高层建筑的政治性文化意义在于把政治价值观转变为普遍性的大众情感,伊格尔顿在分析黑格尔所说的"法律与心灵的神圣统一"时,提出了"权力的结构必须变成情感的结构"的论断,高层建筑就是这样一种政治情感结构,它最终指向政治实践本身的文化接受,并建立共同的文化信仰。

政治美学价值所关照的是高层建筑的社会政治功能和作用,是描述高层建筑的特殊视角和方法,所关注的是政治和高层建筑二者的相通之处。高层建筑隐含着政治美学思想,美学价值中也隐藏着政治理念。高层建筑可以解开建造时期的社会政治奥秘,政治美学亦可解开建筑的诸多奥秘,乃因为二者有着相同的生命中介——人。英国17世纪下半叶最重要的建筑师和科学家、政治家克里斯托夫·雷恩(Christopher Wren)曾说:"建筑有其政治作用,公共建筑是国家的饰物,建筑形成一个国家,吸引人民,发展商业"。

"9·11"事件中世贸中心双塔的倒塌与重建就牵涉着诸多复杂的政治因素,在其中进行着艰难的平衡与选择。双塔之所以被选为攻击目标,便是因为大都会超高层建筑不可思议的政治经济象征意义,作为商业主义和资本主义的灯塔,其偶像意义代表了全美国,新的双塔将是一座纪念碑,借此表达美国人民的政治雄心和勇敢。在第一轮的竞赛方案都过分局限于美国政客的策略,一味沉缅在追思纪念的构想以及曼哈顿或纽约制高点的重塑中,因此显得古怪而平庸。第二轮竞赛方案则明显有所突破,并且里贝斯金设计的"自由塔"以诗意的纪念意义折服了大众。

在我国,高层建筑设计思想也正在经受着人们的意识观念和价值判断的改变等诸因素的考验,也避免不了政治形态的召唤。中央电视台的特异造型所带来的宣传效应或许也带有某种政治意识的影子。面临中国当前大规模的城市化和建设大跃进,我们自己更多关注的是具体项目的机运和经济上的机运,而不能正视不确定的政治带来的可能性为建筑学和建筑师所创就的机运。敏锐感觉这种可能性并先验认识,进而把握这种机运,重新阐释建筑学的能量和能力,往往能获得另外的成功。在此前提下,把握政治时态,以顺应的姿态而上,而不是逆行。"在知识分子的传统意识之中(包括建筑师),历来是崇尚'清流'的,即对现实的批判与抵制",可惜这往往会带来建筑学的闭塞,在没有思想上的政治解放的情况下。反观雷姆·库哈斯则采取了与主流合流的道路,通过清晰地认识社会现实,顺势而进,去获得时代机遇下最好的可能。他并不具有批判性,只是充满了批判式的策略。虽然这带有一些政治投机和实用主义的色彩,更多的是基于对政治心理和受众心态的敏锐捕捉,但对政治怀有热忱,不去质疑政治的敏感部位,而去寻求政治条件下的可能性,也许能使一个建筑设计师能够积蓄一定的势能。"库哈斯在这方面树立了一个典范,从他的作品中,能看到一种跨越一般性的美,一种对文化的广泛考察,一种对现代条件的摄取,因此,他往往能在一些非常政治化的项目中把握住方向,并充分利用政治的间隙把建筑学向前所未有的方向推动一步,例如 CCTV 新大楼"。这正是雷姆·库哈斯基于地缘政治、文化的敏感而对亚洲和中国所作的探索性研究和实践。

"当建筑学服务于政治学时,它尚有自主性可言,因为政治是抽象的,它需要围绕它的各行各业的独特语言来表述。因此,建筑学努力用一种内在的逻辑构成去表述意义,这种逻辑越清晰,它越是用建筑学的声音而不是其他语言来传达神谕。但一旦建筑学服务于经济学,经济学的数据逻辑完全可用于建筑学。在价值天平上,建筑学的自主性彻底丧失了。在史无前例的时间、速度和数量的压力下,经济学的判断岂止是优先,它完全代替了建筑学的标准。"在政治面前,建筑师有自己的文化话语权,而当建筑学变成投资策略时,建筑文化就陷入沦丧。意大利马克思主义建筑理论家曼夫雷多·塔夫里(Manfredo Tafuri,1935—1994)引入了建筑的意识形态批评,将经济基础与上层建筑的关系转译为建筑批评。塔夫里对现代主义与当代建筑生产的批判,具有重要的开拓性。中国建筑师脱离历史语境、回避政治问题的"无价值判断"的实践模式需要反思。

高层建筑是科学和艺术的结晶,它反映了社会意识形态和政治的巨大影响力,其政治美学价值主要表现在意识形态、政治标榜和教化三个方面。首先,高层建筑颂扬意识形态之美,表达政治家的政治理想与"丰功伟绩",产生巨大的社会凝聚力,它所引发的激情与狂热大大超出了其他类型的艺术作品,并且在政治宣传中起到了恒久、可视的社会效益;其次,高层建筑乃是一种"形象工程",具有标榜性的政治美学价值。高层建筑标榜的实质就是把特殊群体、阶级、集团的政治欲望与情感打扮升华为所有人的普遍利益,或者说赋予某些人的利益以"普遍性的形式";最后,高层建筑具有教化的政治美学价值,把政治审美转化普遍性的大众审美情感,把一种特定政治时代的美学价值观和文化态度通过重要高层建筑展现于城市之中,引导和左右大众的审美情感与建筑审美行为,建立大众的文化坐标和习惯,将各种不同的审美观念和文化向高层建筑所提供的美学范本集聚,"同化"到每一个市民身心之中。

对高层建筑的社会意识形态的文化属性及美学表达属于隐藏于内的深层文化和美学价值,意识形态又称为观念形态,有政治、法律、道德、哲学、艺术和宗教等形式,一定的社会利益是意识形态反映现实的基础,在阶级社会里,意识形态总是带有阶级形质。在政治形象工程中,最需要向普通民众宣传和灌输的就是意识形态,意识形态就是人心工程,建筑因其通俗性而演变为意识形态的表现手段,意识形态表现在人们耳濡目染的建筑之中,进而深入人们的心灵结构、情感结构乃至日常感觉之中。这是由于处于某种政治体系当中的建筑师会把充满着偏见与幻想的属于统治阶级的情感,当成自己行为的真实动机和出发点,这就是社会意识形态的文化基础,就像艺术作品是以个体的激情创造而引发普遍性的人类情感共鸣一样。意识形态通过建筑尤其是高层建筑表意和发挥文化影响,这是一种最喜闻乐见、最有效的表达手段。建筑师用属于决策者或统治者的情感或幻想,结合自己的艺术理想而诉诸所有的人,潜移默化所有的人,使其变成普遍性的人类情感,建筑把统治阶级的观念和情感即意识形态升华为具有普遍性的观念和情感,建筑成为文化传播和输出的工具。

纽约世贸中心不仅是城市的象征,更是美国的象征,是资本主义意识形态和文化观念的堡垒,它的意义已远远超过建筑本身,它将政治、建筑和金融编织融合在一起,超越了现实生活,影响深远。这幢建筑代表了美国意识形态和文化价值观,作为商业主义和资本主义的灯塔,其偶像意义代表了全美国(图4.22)。世贸中心双塔的倒塌与重建牵涉着诸多复杂的政治经济因素,在其中进行着艰难的平衡与选择。高层建筑具有精神和物质相统一的震撼力量,以及无与伦比的广告效应和历史的恒久性、直观性和标志性,尤其是在政治宣传中具有长久、可视的社会效益。高层建筑不仅善于表达政治激情,而且善于激发政治激情,表达统治阶级的政治理想和文化信仰。有鉴于此,在新世贸中心的设计竞赛中,许多方案皆表达了这种政治愿望,充满幻想的创作构思力图表达自由、个性理想。

图4.22　原世贸中心与新世贸中心设计竞赛第一轮方案

3)高层建筑形态文化创造策略

形式在东方传统文化中,只是单纯地相对于神、意、情而存在的外部形态,从整体上看,它对形式的作用和追求是忽视的和否定的,这见于老子的"大象无形"、庄子的"大美不言",等等。由于思想上的忽视,传统文化中论述形式和形式美是经验性的而非思辨性的,这影响了建筑的形式追求,反映在今天的方案造型介绍时,我们总是限于"新颖、简洁、大方、庄重"等一些抽象和表面的肤浅描述,而缺乏文化的深度诠释。因此,吸取西方形式美学的合理部分,重视对高层建筑形式的研究,并把其形式的塑造与意境联系起来,才能创新出具有高层建筑文化特质的建筑形态来。如意境和情感的要素在建筑审美中不可或缺。这在西方的"移情说"中已有提到,但东方文化却以独到的"情景合一"的意境创造作为美学的一个独立范畴加以充分研究,并提高了审美的层次和文化品位,更加深入人心。超越形式美的层次,进而探索意境、氛围和内心体验的表达,把人们审美活动由视觉经验引入静心观照的领域,在心物间追求一种托物表意、形以寄理的精神世界。这种形式向心灵的延伸给高层建筑带来了比外在形式美更为深刻和丰富、更为持久的艺术感染力。

形式语言由创造了形式美进入意境美,升华了形式语言对文化特质的创造,是一种方法论的更新。就营造形态文化而言,反理性、反形式、仿生等手法在多元化的今天被大量运用,创造出一系列震撼人心的形象,较好地适应了丰富多彩的自然世界和人类文化需求。如扎哈·哈迪德设计的香港理工大学设计学院创新大楼(图4.23),逐渐悬挑倾斜的没有绝对方向的墙体使建筑如一堆叠石,没有规则和界限,充满流动感的形态似无理性科研,但其创造了一个亲切的新的公共空间,配合大型露天展览、论坛及户外康乐设施的多元化的文娱空间;意大利维拉斯加塔(图4.24)以如"蘑菇"般的形态满足了城市规划和使用功能要求:较小的占据地面、更宽阔的位于上面顶部,这是意大利中世纪城堡的现代典型诠释,它不同于以往的上大下小独特形态引领了城市天际线;东京索菲特酒店(图4.25)的形态如一座串联的塔,均匀的逐段悬挑外形塑造恰如一个持剑而立的日本武士。反形式和反理性的建筑创作策略弥补了理性的缺憾,平衡了思维的生态,由此观之,它是不可缺少的对生存世界的补充。

图4.23 香港理工大学创新大楼
　　流体性质的创新大楼,通过景观、楼层板和百叶窗产生一种无缝内在的组成,非均质和非线性空间形态非常符合哈迪德一贯的创作风格和思维特点——以构成主义的手法强调形式的创新,创意动态与独特的文化特质。

图4.24 米兰维拉斯加塔
　　上大下小的构图一反传统高直教堂的向上收缩式形态,新颖的结构丰富了米兰的天际线。

图4.25 东京索菲特酒店,日本
　　如树叶般跌落的形态隐隐含有东京传统古塔的影子,在平静的收缩之中突然再出挑,虽有悖结构常理,但连续的重复又颇有韵律感。

　　但是,站在文化的终极角度看待建筑形式创造,应当把建筑形式视为一种文化存在,其基本价值亦在于表述和呈现为文化所约定的基本关系:人与自然、人与人两种基本关系。换言之,建筑形式在最基本的层面上,其构成的目的或价值就是表述这两类基本存在关系及其转变,因此,建筑形式的改变在本质上总是意味着基本存在(认知与约定)关系的改变,并进而构成视觉张力,构成文化特质。譬如人与自然基本关系分为"交叉与平行","交叉"意味着人与自然共存,表述这种关系的建筑形式倾向于对自然力表现出亲和与尊崇,这意味着对自然力的认知与对自然存在关联性的认同。这可通过如下现象看出:自然力(气候条件)的作用和自然属性特征的影响都会表述在一般建筑的形式构成中;"平行"代表着建筑形式对自然力的抵抗、排斥乃至超越,这意味着形式对自然力的忽视与对自然关联性存在的否定;而人与人的基本关系主要表征为个体与群体的关系。"平行"使形具有更多的轻松、休闲的意味,而"交叉"则表达出稳定、沉寂的关联性体验。两种形式不同的表现及对相关性存在的有效表述即达成所认知的两个基本关系的表达。

"形态与界面"以及"中心与边缘"是分别在自然环境与社会环境两个方面对建筑形式构成所选择与设定的相关基本要素,它们在"平行与交叉"范畴内的含义可这样解释:交叉的"形态"意指建筑形态的构成对自然形态的再现,如建筑物的下大上小、上虚下实的金字塔形;交叉的"界面"意指建筑的界面在封闭与开敞上对自然的顺应;平行的"形态"意指建筑形态的构成对自然形态的反逆;平行的"界面"意指建筑界面的反自然属性,如立面开洞、切割、悬挑、界面的多层复合性等。而交叉的"中心与边缘"意指强化中心、边缘形式存在的构成及对共存中心与边缘基本约定关系的认同;平行的"中心与边缘"意指弱化中心形式存在和边缘形式存在,如多中心、无确定边缘等。李兴钢设计的吉林城建大厦虽看似由简单的体块组合形成,却达到了良好的视觉效果。其中,建筑运用了形式在"形态与界面"及"中心与边缘"等的构成方法,形态"交叉"原理体现在建筑水平延伸的裙房与主楼屋顶伸出部分构成金字塔形态,主楼中心部分的白楼南北向采取了不同的开窗方式,体现形式的"交叉";正面中心部位有意强化的开敞形式与周边有意强化的封闭形式形成对比,中部突出屋顶,上下贯通的白色立板与立面局部的扭转、突出,拆解了顶部与正面界面的存在,从而使界面具有新的视觉张力,这也是一种"平行"手法。在整体空间形态构成中,高耸的主楼构成群体中心,主体办公楼立面通过周边红色体块的围合与中部白色体块的强调,暗示了形式的"中心交叉";主楼由两个近似对等的白色与红色体块构成,即对一个中心的拆解,以及主楼中心立板的偏置、局部的外伸、端部的升起等构成对中心的拆解,这些都属于"平行"。边缘的"交叉与平行"主要体现在主楼、裙房及入口的空架子构成空间的围合,以及中心部位空架子构成的边缘虚空,顶部中心升起的立板对边缘的突破。解析奥地利蓝天组在德国法兰克福欧洲中央银行总部大楼的创作思维,也可看到同样的形式构成处理(图4.26)。

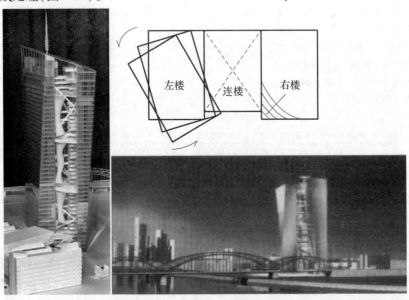

图4.26　欧洲中央银行总部大楼,法兰克福,德国

来源:www.skyscrapernews.com/images.php? se =.,2007 – 04 – 12/2007 – 06 – 14.

左楼的平面在旋转,右楼左下角逐渐外倾,最后在顶部变成矩形。形态的交叉错动构成的路径、网络一如人与自然构成的文化关系。

上面从人与自然关系、人与人的社会关系探讨了建筑的形式语言的表述,从更深层次而言,这种从哲学角度解析形式的文化价值和审美思维,实质是建立在生态文化思维基础上的形式分析,形式语言表述建筑的文化特质根本上是生态文化特质的表述,因为建筑形式的构成其实就是一种关系的构成,建立人与自然、人与人的和谐关系,这种关系从根本上讲就是一种具有可持续发展意义的生态关系。建筑形态的动态发展时刻体现经济和文化的发展(表4.5),并最终指向生态文明。

表 4.5　建筑形态发展与经济文化发展的关系

经济文化 / 建筑形态	传统文化	殖民文化	消费文化	生态文化
技术时代	前工业(手工艺)	早期工业(机器)	晚期工业(自动化和信息)	后工业(计算机与网络)
文化分化	单一化(高度整合和地方化)	多样化(暴露于第二种文化)	单一化(西方优越)	多样化(基于文化互动)
外部交流	有限而缓慢(地方贸易和移民)	全球性但缓慢(海洋,陆地)	全球性迅速(航空、电讯)	全球即时(全球网络)
创新水平	传统控制一切	零星的跳跃	持续而集中化(集中于发达国家的研究和利益)	持续而非集中化(全球分散的研究和利益)
生产体系	自给自足和劳动力密集	集权化的资本和劳动力密集	集权化的大量生产供大众消费	非集权化、灵活的生产系统
聚居模式	农村和村庄	城市和农村(城乡巨大差异)	以城市为主或发达国家的郊区和不发达国家的城市和乡村	以城市为主或基于公共、私人交通平衡的城市远郊
建筑形态	与社会形态和气候同构	功能的混合和杂交的形态(文化交流的产物),部分受气候影响	模糊地/灵活的形态,独立渝气候	为场所、目的和气候定制

当今时代是个思想激荡、过渡性的多元时代,各种建筑实验充满了探索精神和文化特质意义(图4.27),是属于没有主旋律的即兴插曲,但是躁动的变革后将是一段平静的乐章,这一点已被现代主义前的建筑文化现象所印证。从哲学的深层理解和辨析形式的内涵,可以理性的思考当代关注形式的西方思潮和一些先锋建筑实践。只有看到形式背后体现着建筑师对建筑的求真理想,才能在平等交流基础上吸收他人思想中的精华。也只有在比较中正确认识自身的价值,才不致妄自菲薄,全盘搬抄。

2. 新技术文化和美学新价值:技术与美学策略

当代多学科与多专业的同构丰富了高层建筑文化特质创意范围与创新视野,学科间的交融是当代科学研究的一大趋势,建筑也不例外。在当代社会中,信息技术和边缘学科的发展使得各学科不断相互渗透、交融,处于信息时代的高层建筑美学比以往任何时代更加频繁、更加显著地受到其他学科的影响,尤其是哲学。当代建筑师喜欢借鉴哲学领域的研究成果并应用于建筑创作,以求解决目前的困难;而一些哲学家则直接介入到建筑艺术的探讨中,非理性哲学的研究成果自然随着这种学科的融合,逐渐渗透到建筑艺术领域。许多建筑师从与建筑相关、与社会生活相关的各种角度寻找新的切入点,进行了多方面的探索。

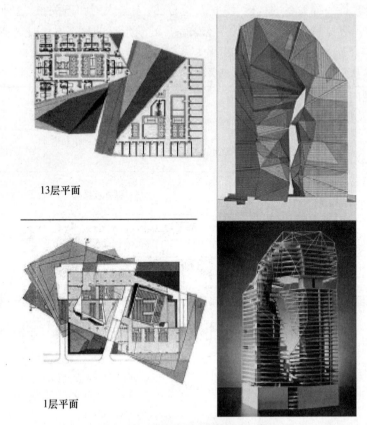

13层平面

1层平面

图 4.27　莱茵哈特大楼,柏林,德国
来源:Hhttp://moma. org/exhibitions/2004/tall buildings.
　　双塔多重复杂的扭转折叠,然后在空中绞接形成环状,追求复杂的形态关系和肌理,具有非理性和反形式的异端美。方案本身具有实验建筑的探索精神。

肯尼斯·弗兰姆普敦在 1996 年出版的《建构文化研究》一书中,谈到当今人们较普遍地把空间处理作为建筑学研究的优先内容,而忽视了建构特征的意义。在这篇著作中,弗兰姆普敦对现代建筑传统进行了反思,提出建筑不仅与空间和形式有关,更是结构和建造关系的具体体现,他认为:建构不仅是作为一种技术手段,而且要充分认识到它的"表现潜力"。的确,形式表现是发展的必然,而构造的过程和方式也能延续建筑文化。建构学考虑的中心始终是如何"使必然存在的形式和建构创造性的合一",它开拓了建构传统对未来建筑形式发展的深远意义,是针对一些实验建筑和先锋派的批判性思考。同时,它以建构学的视角探讨建筑文化的形成,结合了建筑学与构成学的成果,具有开创性。

实际上,建构在技术层面上更多地突出对材料本身属性与意义的关注。首先,由于随着现代建筑的发展,建筑学的目标逐渐模糊,在材料的应用处理上,技术发展使自然材料物质本性被逐步虚化，因此，真实化成为有意义的方向，因为这样可忠实地展现建筑材料的自我特性，继而获得被"阅读"的可能，这往往可通过解构材料建构的方式途径。如赫尔佐格和德梅隆（Herzog & De Meuron）在设计美国加州的多米诺葡萄酿酒厂（Dominus Winery）项目时，在金属编织的筐笼内放置当地生产的玄武岩，形成该厂房的外墙。这种材料处置方式逆反了钢筋混凝土的浇筑过程，混凝土中原作为骨料的被粉碎的石块在这里被还原成了未加工的石头原初模样，而隐匿在现浇混凝土内的钢筋网被翻转凸显出来，构成外框。当然，这样处理并不是为了满足肤浅的表现的需要。赫尔佐格和德梅隆在金属编织的筐笼内放置当地生产的玄武岩做成酿酒厂房的外墙，还考虑了它能如何有效地遮挡阳光，以及如何满足酿酒厂须严格控制室内温度的生产要求。其次，建构学考虑材料的构筑方式，关注的是其中隐匿的"关系"。它从受力关系上来说，指材料间的体系构筑方式。但如果以建构学角度来分析中国传统木构之榫卯构造，可以发现这一"关系"还反映出物质层面背后的文化背景即人伦关系。但不管哪种关系——物物（受力）关系或是人伦关系，都不是具象直观的，人只能获得对"关系"本身物化所进行的表象。榫卯结构刻画了中国封建社会人伦关系中的相克相成、相辅相抑、相生相灭，而这种"关系"的物化，构成了中国建构的主体。在物化的关系中，存在着某种张力，让看似互相分离的构件彼此牵扯着。从这里可以推论，材料的构筑方式是作为一种"关系"的物化，它是负载内核的，而不完全受材料本身物质性的支配。因此，寻求这种内核负载的方式以进行现代演绎，就可以完成建构学的传统之创新，但需要解决的是在物像表达背后的"关系"在今天应如何诠释。建构是对结构构造技术和材料的放大思索与本质解读，它完全区别于在一些先锋派或实验建筑中表现出来的"表皮主义""纯粹主义"甚至"极少主义"，因为建构文化研究通过真实地表达了建筑的功能、材料和结构，表现出了审美的现代性。今天的人比较喜欢说多元化、多样化这样的大名词，但在实际的创作中，外界的生活变化会通过我们对工具和材料的具体运用而产生影响，不管自觉、不自觉，有意识、还是无意识。

如同克里斯·亚伯认为的那样，建筑生产中的文化和技术最为重要。通过深入分析文化和技术发展的积极本质，以及建筑的意义和回应，他勾勒出建立在广泛基础之上的"生态—文化"轮廓，这一轮廓建构了当代文化的完整类型。

因此，由建构与高层建筑形式创造的关系出发，似可以判定建筑创作是一项社会性系统工程，需要了解建筑学与其他学科的交叉边缘关系，了解建筑心理学、环境行为学及城市社会学，甚至经济学、历史学、哲学等。

1）技术文化特质创造：建筑与技术的交融

当代高层建筑与技术的交融体现了学科之间的交叉与协作，它的发展与进步已不止于简单地、夸张地使用技术符号，而是关注于新材料特质的表现和技术构造细节，利用技术创造出建筑的各种"面"的丰富表情，在形式上不强调三维体量的复杂造型，而是二维的建筑"面"的细腻感官效果。如让·努维尔在巴黎阿拉伯世界研究中心、法国Euralille中心（图4-28）的设计中将文字和形象特殊处理后形成的立面特殊肌理。同时，技术与材料的关系是一种潜在的动态组织，用于挑战正式对象的堆积。Kristina Shea曾经建造了一个叫做eifFrom的综合技术原型，将材料与几何学、拓扑学和结构工程联系起来，这可以脱离开材料的特性与限制和固定手法，形成动态的设计过程。这种新的计算模式适合建造革新的、自由形态的、离散的结构。

图 4.28　Euralille 中心，法国

这是法国"欧洲里尔"重建计划的火车站购物中心，周围是库哈斯等的作品。

高技派将各种材料的特性在高层建筑中发挥得淋漓尽致，以致于高层建筑留给人的印象除了新奇之外，似乎别无所有。高技越来越像精致的工业产品，冷漠而不亲切，科技的进步带来了人文的缺失，现代高层固然表达出精湛的工艺美，但常常缺乏人们所需要的情感。建筑固然具有新的空间概念、简练的线面、纯粹的几何形体，但由于在现代技术的保证下，高度越来越高，体量越来越大，人在建筑中感到渺小和压抑，人们总感到和自身存在着距离，这是高层建筑创作结合技术学科带来的不足与缺憾，需要审慎处理。

创造性的结构计算能力是结构工程师对比于建筑师的巨大优势，在新技术纷繁的时代，它使结构工程师比建筑师更能准确地、革命性地表现出新技术的品格和魅力，完全符合建造逻辑、简明而具有强烈的美。如奈尔维(Nervi)的皮瑞利大厦(表 3.7)、UNESCO(1953)总部。结构工程师们的成就不仅是技术上的，更是艺术上的，他们把结构理性作为一个重要因素纳入到建筑学的主流语境之中。奈尔维在 1956 年的《结构》(Structure)一书中写道："结构的正确性与功能和经济的真实性一样，是形成建筑令人信服的美学价值的充分必要条件。"

现代结构体系以其构造新颖、造型别致、尺度宏伟、色彩明快而区别于传统结构。利用结构体系的美学特征参与建筑造型成为一种高层建筑造型表现手段，结构也由"隐没"发展到"显现"。建筑形象是内涵的合理外延，它不仅应反映内部的空间特征，更应该用结构特点来表现一种永恒的形式情感，如果没有结构受力合理的内在规律支配，独特的建筑形象也只是徒有其表。同时，人具有一种完形的视觉心态，均衡稳定是建筑设计的要求，是建筑整体美的体现。在视觉形态和结构形态中，结构正确性所蕴含的工程哲学追求应用于新材料和技术背景下、具有表现力的计算结果。当代英国"高技派"建筑中所体现出的哥特式取向是很具代表性的，如理查德·罗杰斯(Richard Rogers)的劳埃德保险公司大楼，以激进的结构手法在伦敦传统的金融街区为历史悠久的劳埃德公司赋予了当代的形象，外置的垂直结构与机电系统强化了建筑高耸的竖向线条，也协助了纪念性与历史性空间的营造。合理但昂贵的结构造就了这一被库克(Peter Cook)称为"空想主义者的人机合一梦想与城市主义者的垂直街道梦想统一在一起的产物"。

　　作为与结构学科的结合,反叛结构理性的高层建筑创作也能获得令人瞩目的效果。在建筑史上不可否认的一个事实是,对结构正确性的鲜明背离,不论是主观的创造还是客观的结果,都能使一个建筑让人震撼,并成为一个阶段内争议的中心,如对重力的非常规传递所造成的惊险感常常反过来成为人们对一个建筑感兴趣甚至加以崇拜的理由。在现代及当代建筑创作中,对传统结构哲学的反叛屡见不鲜,其中比较典型的一种就是对高层建筑中水平无支承空间的夸张表现。早在现代主义方兴未艾的 20 世纪初期,在"水平摩天楼"的构想中(1926),俄罗斯前卫建筑师里西茨基(EI Lissitzky)就曾提出七个对称悬挑于中心支柱上的"水平摩天楼"作为莫斯科七条主要辐向道路的终点,从而表达对新兴的苏维埃社会主义制度的赞颂;而在"9·11"袭击之后进行的世贸中心重建提案中,汉斯·霍莱因(Hans Hollein)飘浮在云端的水平自由空间表达了对恐怖主义的蔑视(2002),虽然这一自信的反讽的意识形态价值远大于它的工程实际价值;在中国 CCTV新办公楼的方案设计(图见表 3.7)中,雷姆·库哈斯再次展现了高层水平悬挑空间在震撼人心方面所具有的潜力,虽然以"环"取代"球"来自作为高大建筑空间的拓扑原型,并以此表现 CCTV 的唯一性是它最大的特点,但不可否认的是,在 80m 的高空、双向逾 70m的水平悬挑是一个客观的建筑事实,而这一悬挑的存在对于这一方案的魅力所起的作用更是不言而喻。应力分布图式的外维护结构在此仅是一种附加的优雅,它无法改变建筑在整体上对重力传输常理的挑战,也无法改变因之而来的对高额投资的需要,这就是反叛理性的哲学。

　　一方面,在现代主义向后工业社会发展的过程中,结构理性有其应有的价值。它提倡的结构资源有效性概念符合可持续发展的观点,这对于高层建筑的未来有重要意义,特别是我国这样正在经历空前规模城市化的国家而言;另一方面,结构理性不应限制我们的创作视野,建筑是充满理性和浪漫的复杂矛盾结合,片面地强调理性反而会使我们的城市和建筑文化陷入僵化的境地。

　　毋庸置疑,建筑学需要批判地吸纳其他任何专业,也许在一些具体条件下,我们会选择牺牲结构正确性来换取其他的价值,但即便如此,基于理智的审慎的取舍也仍会比简单的拒绝令人信服得多。

　　但是,现代技术在建筑上的充分展示显示了它的本质特征是一种控制精神,它不从事物的本来状态来表达事物,而逼迫事物进入非自然状态,在这种表达方式的支配下,没有事物能以其自身的方式展现出来。现代技术就像是一架巨大的意义过滤器:事物具有技术上的功用的意义作为唯一的意义被保留下来,事物本身所具有的其他的丰富多彩的意义和价值被过滤掉了。海德格尔通过现象学的解释方法,揭示了现代技术的本质,他认为现代技术的本质是一种展现方式、一种解蔽方式。这种观点基于这样的分析:笛卡儿建立的二元论思维方式,把人确立为一切存在者的决定性中心,而其他事物本质上是作为一个被表象者处于与"主体"的关系中。存在物本身的特性受到剥削,降格为对象,现代技术的本质表现为极端的展现方式,它强迫存在物进入非自然的状态,达到对它们的需要来说适用的内容。而后来诞生的建构学对现代技术本质进行了批判,它认为现代技术把事物的意义给缩减了,而事物所特有的意义需要再发现和挖掘,从而实现事物自身的完整存在。

　　聚合的建筑"技术—文化"系统内各体系自身都具备完整的结构、层次和功能,并形成具有不同功能的子系统(图4.29)。由各体系间相互关联所构成的大系统具有整体意义,这种意义用以表达建筑特征和属性,由此形成多元、综合而又完整的建筑表意系统。建筑的发展史,展现的是一部技术与文化互动变革的历史。技术自身的规律性导致建筑文化的阶段性特征,正如人类学家摩尔根所说:"顺序相承的各种生存技术每隔一段时间就会出现一次革新,它们对人类的生活状况必然产生很大的影响,因此以这些生存技术作为人类文化分期的基础也许最能使我们满意"。据此,采用三分法,将时代划分为以神圣信仰为主导、建筑技术与文化同生的农业文明时代;以规律信仰为主导、建筑技术与文化分化的工业文明时代;以生命信仰为主导、建筑技术与文化走向聚合的科学文明时代等,并将这种阶段划分作为研究建筑发展规律的基础。在高层建筑研究中引入"技术—文化"系统概念,不仅为深入研究高层建筑技术与文化发展之间的相互关系提供了系统科学的思想方法,而且为高层建筑设计的研究奠定了理论基础,技术与文化的演进关系如图4.30所列。

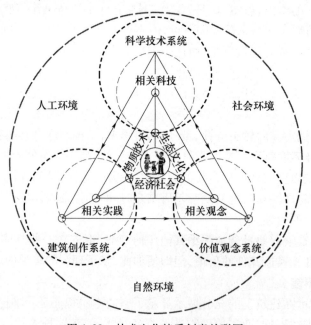

图4.29 技术文化特质创意关联图

当代技术作为一个循环体系的一部分,它作用于物体,影响人类的行为和手法的表现方式,并且通过复制改变文化,同时创造新的技术。当代技术构成了由工艺与科技促进和扩充的循环的起点与终点,这种扩充产生于对科技及其文脉的理解。科技与使用者的相互作用通过重复的行为传播创造了定性文化转变的可能,表面看来当代技术的贡献在于生产对于文化的促进工程中,而生产本身具有自我组织、分化的能力,同时产生新的结果,因此试验建筑师使用现有的工艺创造这种组织过程,同时加深对设计过程的可能性的把握,这经历了决定论概念被非线性的自下而上的突发性的系统的置换。譬如,Manuel Delanda 探索遗传运算法则的可能性,在此进化仿真过程代替了设计与软件繁殖出新的形式。他强调创造丰富的给予进化结果异化的可能性的空间与自由性,使设计者可以充分考虑到未来的各种构造与外形。

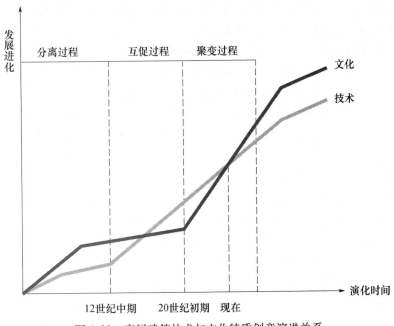

图4.30　高层建筑技术与文化特质创意演进关系

从对事实的认知来看,当代技术是与生物学、音乐及生态学相关的过程,生态学在这里作为技术发展的生成动力,而环境影响发展的结果。Ocean North 将生态作为一种组织的范例精确地连接环境作为动态伸展的领域,他们强调过程的首要,因而更接近设计而不是最终的建筑,追求建立材料形式、环境条件、社会安排、居住潜力与项目的动态联系,这种范围广阔的处理方式带来了不可预见的影响和突发事件,激励文化的变更。

文化适应着技术的发展并且持续影响着环境。实验建筑师从中获益,并且新的技术最终会改变整个建造工业。当代科学已经跨过机械论和形而上学的自然观,从精确事实、分析为主转向综合,不再局限于各个部门与门类而开始研究它们之间的联系和发展,分门别类的研究方法不能真正反映事物的全貌。星野芳郎在《未来文明的原点》一书中这样描述机械文明的设计思想:"这是一个将复杂物变成单纯物,再把单纯物变成复杂物的过程"。这种技术方式拘泥于自然规律的某一方面,而忽略掉其他方面,与自然过程的真实状态相违背。但是,现代科技正呈现出整体化趋势,不断分化与不断综合。

建筑技术的本质在于人在实践的基础上形成合乎规律与目的的统一,是人的自身力量通过自由自觉的创造活动的感性的对象化。建筑技术这种合乎规律与目的的统一之美是建筑技术文化的本质,是"真""善"的统一,具有高扬人类精神维度的意义。建筑技术本身的目的就是服务于人类、解决使用功能问题。建筑本体体现了建筑技术明确的目的性,此为建筑技术依附于建筑本体存在的意义。以人为中心的特性是技术的产生、发展、实施的基础,它所创造的物质产物(建筑)同样是以人为中心的目的结果。技术文化的人本性强调人在技术的产生、发展、实施过程中的主观能动性和主导作用。所有同质性技术集合的目标就是解决人与自然之间的介质问题以及人与人之间的交往问题。

2）结构技术文化特质创造

高层建筑在表达力学逻辑、科技理性和经济性的时候,也表现了结构艺术美。结构科学的美感来源于结构形式和受力特征及其材料的配置之美,结构形象的表现力来源于力学逻辑的清晰和形式的创新。高层建筑结构科学文化表现在结构的整体和谐、简约性和奇异性,以及结构与建筑艺术的精美结合,同时反映了整体性结构科学理念。设计高层建筑的方法通常是将它的形式定为方形、圆形等其他对称形式。但是,单凭结构的优化要求不应该支配一座高层建筑的形状,同样,单单依靠建筑师而不具备结构知识也不能决定建筑的形状,这就要求建筑师与结构师共同协作努力设计出更新颖有效的建筑形式及结构系统,从而实现真正意义上的建筑创作。在这种情况下,不但要求建筑师能充分发挥其创造力,而且要求结构师能努力寻找更有利的结构体系。在芝加哥约翰·汉考克中心(图4.31)的设计中,因为场地周围已是众多的高层公寓大楼并且面向一条最具吸引力的商业大街,汉考克公司坚持要建造一座上部为公寓下部为商业和办公的综合大楼。建筑师格雷汉姆(Graham)认为矩形平面不但能够增加室内单位体积的墙体面积,而且能使室内空间有更多的日照,还能为建筑增添更广阔有趣的视野。所以,他竭力想采取矩形作为该建筑的平面形状。但从结构角度而言,矩形平面对于抗震和抗风来说,显然不如正方形及圆形平面,可是结构师坎恩接受了矩形平面,并且相信它在美学方面所得到的价值会超过在经济方面可能造成的损失;但他同时提出将单层厂房中的抗侧支撑体系应用于此建筑中以抵抗芝加哥强劲的风力,在这种情况下,建筑师也采纳了结构师的建议,设计出了一种新型、暴露的结构形式,不但可以容纳下不同的建筑功能内容,并且表现了这种 X 支撑的结构美,创作出无论在建筑和结构上都很完美的建筑,体现了建筑与结构的高度和谐。

图 4.31　芝加哥约翰·汉考克中心

来源:(美)斯托勒. 约翰·汉考克大厦——国外名建筑选析丛书[M].北京:中国建筑工业出版社,2001.

德国慕尼黑 22 层的 BMW 公司办公大楼(图 4.32),其高层结构采用悬挂体系,四个花瓣形单元的荷载由四根预应力钢筋混凝土吊杆承受,吊杆挂在中央电梯井挑出的支架上,构成了独特的建筑形象与结构体系;还有如 1977 年建造的 65 层美国花旗银行总部大楼(图 4.33),在建筑物的建造过程中,因为要保留临近的旧教堂,为了避免建筑四个转角的柱子妨碍到教堂,于是就将转角的柱子去掉,改在平面各边的中央设置巨大的柱子,将建筑物抬高八层,使部分在其下方的教堂和多层商店获得屋顶,能望见蓝天。但这样就使整幢建筑的二分之一的重力及风荷载由四根巨柱(边长 7.3m)来承担(其余重力由中央电梯井承担),并充分利用了土地,同时四根巨柱形成的巨大空间,使部分处在高楼下的商店、教堂显得更加完整。

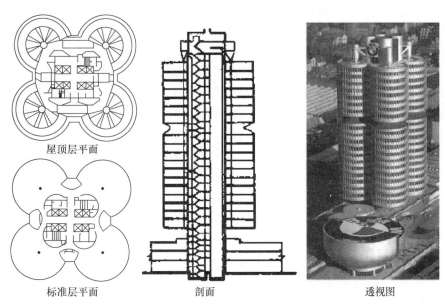

图 4.32　慕尼黑 BMW 公司办公大楼

来源:雷春浓. 现代高层建筑设计[M].北京:中国建筑工业出版社,1997.

图 4.33　美国花旗银行总部大楼

来源:http://www.kayou315.com/forum/viewthread.php? tid2008 - 03 - 23/2009/05/26.

再有如诺曼·福斯特在设计瑞士再保险总部大楼(图4.34)时,提出了与传统摩天楼基于竖向梁柱体系完全不同的受力结构,并因此赋予了该建筑全新的外形。在这个建筑结构体系中,幕墙直接支承在作为承重结构的建筑外围的斜向钢架之上,这个支撑结构与核心体一起参与建筑结构的受力,外围钢架可看作互相套合的六边形,这样实际上组合成了若干个三角支撑。这样,建筑荷载不是从上至下地垂直传递,而是从三角形的顶点沿两边分散传递,若干个三角形互相叠合,在遇到变故时,这种结构被认为具有很强的抵御能力。180m 高瑞士再保险总部大楼是伦敦放开高度控制后出现的第一个高层,其缠绕着斜格子条纹的松果状外形最具吸引力,福斯特解释这是空气动力学试验的结果,试验显示这种外形使得风从侧面溜走,从而形成的风阻最小,减少了作用于承重结构上的负荷。更为重要的是,这样的外形减小了建筑周围朝下的风力,摒弃了一般高层将强劲的风力转移到街道上的做法。同样,福斯特在设计日本 840m 高的千年塔时,通过计算机分析了风力和地震等多种因素的影响之后,选择了圆锥体的形式。由于塔的锥形

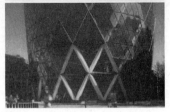

图 4.34 瑞士再保险总部大楼

结构及螺旋状钢笼的设计,使其内部非常稳定,能够抵抗该地区随时可能发生的飓风和地震的冲击。

上述例子体现了建筑师为了扩展建筑学的领域,常借鉴其他学科的方法来生成建筑,把另一领域的体系带入到建筑设计中去,以便尝试使建筑形式具有功能之外意义的可能性。在广州珠江新城西塔的设计竞赛中,墨菲/扬事务所提供的方案获得了专家评选并列第一名(图4.35),它的结构逻辑以另外一种方式在建筑中体现出来。对于超高层建筑,找到一种有效的抵抗水平荷载的方法是设计的关键,墨菲/扬的方案发展了一种密度逐渐变化的斜网格结构支撑体系,同时承受水平和重力荷载。这种形态来自两方面的考虑:第一,网格分布在塔楼椭圆柱形体量的最外围而不是内部,抵抗水平力的效率最高。第二,网格的密度自下向上,逐渐变疏的形态对应荷载的变化;水平荷载在塔楼底部产生的弯矩最大,向高处逐渐收减,而塔身的重力荷载也随着高度的增加而减小,于是,建筑最基本的结构支撑体系的受力状态被明确地物质化,从城市的尺度上清晰可见,转化为建筑形态上独一无二的特征。

位于芝加哥的福德姆尖塔(Fordham Spire)(图4.36)由建筑师圣地亚哥·卡拉特拉瓦(Santiago Calatrava)设计,对该作品,卡拉特拉瓦曾说:"它非常有艺术感。它不是一幢建筑物,而是地平线上剧烈的(视觉)冲击。"确实如此,建筑尖塔顶部高444.4m,其尖部高度大约为 609.6m,这使它成为这个国家最高的建筑;建筑呈细而高的形态,玻璃立面呈波浪状向下,像斗篷上的褶子。最关键的是,建筑以创新的结构实现这种效果。尖塔的每层都从中心核向外建造,每层都像一个稍稍弯曲的、侧面凹进的独立箱子,随着这些箱子被堆积起来,每一个上面的箱子比下面的箱子转动2°多一点,这样整个建筑围绕中心核扭转了270°,给外立面以运动的感觉。该设计不仅为建筑提供了独特壮观的外形,而且

考虑到其设计为非正式居住空间,没有柱子遮挡的楼面和特别景观的大窗。尖塔翘曲的外形为其提供了结构上的优势,减少了风对建筑的影响,而这在高层建筑设计中往往是决定性的。建筑的不规则表皮保证风力可以被立面向各个方向反射出去,而不会集中于一点,这就避免了建筑的横向运动。福德姆尖塔的设计集合了卡拉特拉瓦多年研究总结的建筑外形与结构的经验和成果,"它推动了摩天楼作为雕塑结构的芝加哥传统。"

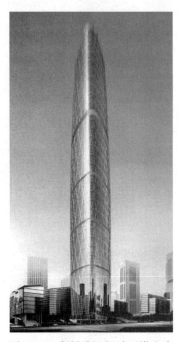

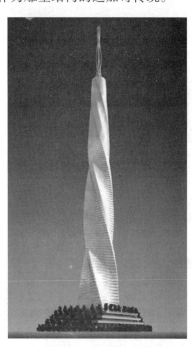

图 4.35　广州珠江新城西塔方案　　　　　图 4.36　福德姆尖塔

确实,结构文化展示的是科学的"严谨和创造"之美,而结构科学对高层建筑的艺术形态往往有决定性的美学价值,许多现代高层建筑的形态美都和结构科学的创新表现直接关联,颂扬了结构创新的奇异美学价值和科学开拓文化。一些新颖的结构体系为高层建筑创造丰富多姿的美学形象提供了便利,并展示了一种动态空间文化(图 4.37,图 4.38,表 4.6)。

图 4.37　维也纳废旧气罐改造——实景,构思创意,模型

合理而"正确"的结构创新同样可以激发高层建筑符合理性的文化特质创意。别出心裁的新旧建筑处理,以一种依托的姿态使改造前后的建筑浑然一体。

来源:http://www. mimoa. eu/projects/Austria/Vienna/Gasometer%20City,2008 - 12 - 21.

短粗的结构体型

竖向上受力

塔式结构形式有利于抵抗水平荷载

板式高层建筑容易倾覆

将板式结构上、下部粗对扭转90度

板式结构变成了空间的受力结构体系

电脑模型

图4.38 结构正确的高层建筑文化特质创意
合理而"正确"的结构创新同样可以激发高层建筑符合理性的文化特质创意。
来源:王睿. 高层建筑造型艺术与结构概念设计. 重庆大学硕士论文,2007.

但随着当代建筑对现代主义运动的反思,结构正确性概念受到了人们的质疑甚至轻视,在当代高层建筑在设计与实践中已大量出现非正确性的结构,并获得了大众的认同或引起学界的极大争议。我们对待结构正确性的不同态度必须正确认识与理性分析,虽然建筑学本身的复杂与矛盾使我们不可能对结构正确性采取简单的肯定或否定态度,但结构正确性在资源有效性和可持续发展方面的积极意义却使我们必须在当今的建筑学讨论中给它以一席之地。

3)材料技术文化特质创造

建筑材料可以塑造出优美的建筑造型,一个建筑如果正确表达了材料的特性,

它就是一个好的建筑。材料科学的创新实验往往率先选择具有宣传价值的高层建筑,以新材料为创新素材、表达设计者的艺术情趣与时代气息已成为一种审美时尚。

首先,材料赋予高层建筑以"表皮"之美。

表 4.6　高层建筑技术文化特质创意实践

建筑物图示			
名称	ELIZABETH HOUSE London, UK	福田科技大厦 深圳福田	舞蹈大厦 阿联酋, 迪拜	汉堡阿斯特拉楼 德国, 汉堡
设计者	FOA 建筑事务所	不详	扎哈·哈迪德	不详
图片来源	http://www.f-o-a.net/#/projects/642	http://iminshenzhen.blogbus.com/logs/39506915.html	http://office.soufun.com/2008-01-10/1448622.htm	http://www.jz180.com/news/20082/2008218142351.html
说明	技术为高层建筑提供了任意切削、折叠、巨型外挑、楼层移动等可能,融入流动、螺旋上升、升腾等自然和人体概念,从而创造了高层建筑许多新的景象,形成高层建筑新的文化特质创意。挑战结构秩序和逻辑,追求奇异与新颖,丰富和活跃了城市天际线,创造反传统的美学新价值。推陈出新固然无可厚非,但是,不能建立在过度的浪费和经济控制之上,尤其不能过分忽视结构的正确性原则			

新材料和新形式是高层建筑材料美学价值的突出表现。玻璃幕墙是高层建筑广为采用的一种外饰材料,通过玻璃、框及其组合形式的选择可以赋予幕墙建筑不同的表情。西萨·佩里的纽约现代艺术博物馆(图 4.39)扩建工程是一幢高层建筑,设计的体形是简洁的立方体,虽形式上无过多处理,但佩里在玻璃幕墙的设计中创造性地运用多种彩色玻璃的组合,形成了一种蒙特里安(Piet Mondrian)式冷抽象画风格的幕墙图案,从而使建筑获得了令人耳目一新的立面造型效果,这也显示了他的作品中有蒙特里安风格派(De Stijl)的现代艺术影响。西萨·佩里的发展更接近现代建筑运动的主流,他讲求材料的各种成就。与罗杰斯斯(R. Rogers)与福斯特(N. Foster)相比,他的建筑语言往往更为纯净,他以纯二度空间语言、用自己的构造体系营造了现代建筑的种种"表达(skin)",同样,黑川纪章在墨尔本

图 4.39　纽约现代艺术博物馆扩建

保留了旧的建筑玻璃网格立面,塔楼的顶层只有并不复杂的几级退台处理,设计的注意力凝聚在立面划分的比例和材料颜色上,编织一幅平面化的图案,层次感和色彩的微妙变化,给平整无阴影的塔楼主体带来比较丰富的视觉趣味。

市商业中心(图4.40)的设计之中对玻璃幕墙的固定框和窗间墙进行了精心的设计,使它们同玻璃一道成为立面的重要构成元素,成功的消除了过宽的立面所带来的臃肿感。

除了玻璃幕墙之外,金属面板和石材也常作为高层建筑的外饰。西萨·佩里曾提出"必须使艺术适应材料",他在西北电力大厦的设计中,采用平齐的垫片作为铝面板接缝处的封口而不是传统的凸出窗棂的形式,从而使高层建筑形式的产生与新材料的性能相吻合。

虽然新材料拓展了设计的可能性,但是材料的发展并不总是主动发生的,往往受到建筑师设计需求的推动。日本建筑师原广司设计的大阪新梅田大厦全面展示了现代材料和技术的价值力量和文化穿透力(图4.41),其170m的高度由北侧两幢超高层办公楼和西面的高层旅馆组成,两栋办公楼在顶部用空中花园连接,同时空中花园中央开有一个巨大的圆形孔洞。建筑采用了一系列的现代化技术材料:反射玻璃幕墙、铝板、钢桁架、空中走廊,体现了虚实交错的材料美和所创造的意境美。当人们置身于两座高层之间并抬头仰望时,飘浮的空中花园、悬空的走廊和自动扶梯,以及透过"空中花园"中间的圆形洞口所感受到的无限天空,奇特而深邃,使人产生超尘脱俗、与天接近的崇高感,材料之美拼合了一幅高层建筑的立体图画。构与材料本身的形象,但其表达绝对理性的美学思想,回避了建筑的多元性和复杂的社会人文因素,而且抛离自然环境,忽略了建筑之为人的终极目标,忽略了人的情感因素,因而给人的感觉是封闭的、排他的、冷漠的,尽管反射了社会文明的进步,却是贫乏和片面的。与此对应的是,当代高层建筑充分运用高科技的材料来"软化"现代材料的冰冷感,材料美学走向情感化、艺术化和意境化。如融入自然的材质、虚幻意境的轻浅色调、人性化绿色建材……如法国建筑师让·努维尔设计的巴黎无止境大厦高460.6m(图4.41),从基层到顶部依次使用花岗石和压花玻璃两种不同质感和色彩的材料,创造了一种"消失"的效果,其顶部仿佛溶入了天空一般,强化了建筑的竖向感。建筑上部玻璃的透明性,使建筑与环境达到了融合,材料和色彩营造的竖向消失感非常强烈。

图4.40 墨尔本中心

图4.41 大阪新梅田大厦

其次,材料赋予高层建筑以"人性"之美。虽然唯技术论的现代主义高层建筑展现了结失感,打破了对高层建筑顶部从视觉上重点刻画的常规处理,达到了"无止境"和人性化的意境,表达出材料的时代感和技术美学价值。而在巴塞罗那阿格巴摩天楼(图 4.43)设计中,建筑师运用"虚化融合"的软化手法巧妙处理了与传统神圣家族教堂的对应关系,并运用双层表皮,外层透明玻璃百叶模糊和软化了内层色彩鲜艳的马赛克图案对教堂可能带来的"冲击",虚幻而朦胧的材料情感处理使二者相得益彰。

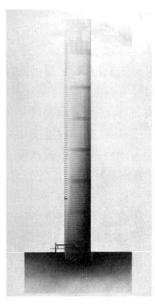

图 4.42　巴黎无止境大厦

图 4.43　巴塞罗那阿格巴摩天楼

在整个人类社会的发展过程中,建筑技术文化的发展是有一定阶段性的。可以大致地分为以下三个阶段:农业社会——手工艺的尊崇;工业社会——技术发展下的文化转型,崇尚机器美学、技术美学;后工业社会(信息时代)——欣赏高新技术及绿色环保的表现,每个阶段的文化改变都是从材料更新打开突破口。新材料、新结构、新设计、新施工技术的不断涌现为高层建筑的发展带来空前的繁荣,高层建筑逐渐摆脱传统结构的束缚呈现崭新的面貌,所有的新可能使得高层建筑成为一种更加灵活的艺术。笼统地说,技术革命为建筑发展的变革带来契机,而建筑材料则是建筑技术文化质的飞跃的起始点。建筑材料历来都是各个时期建筑文化形态的前提基础,可以说一种新型材料的产生能引领建筑走进一个新的时代。因此,可以说材料促进了高层建筑空间形态质的变化。

在建筑技术迅速发展中,材料的飞跃往往是导致采用全新的工艺手段来应对的主要原因,即在建筑材料这一最活跃因素的发展变化促进下,产生适应新材料的"新工艺",从而促使人们努力寻找"新工艺"与新材料之间的"契合点",逐步完善机器工艺。工业化时期由于各个方面的飞速发展,使人们对于建筑的文化审美发生了巨大的变化。建筑技术文化的崇尚手工艺倾向转化为"机器"审美倾向。崇尚技术带来的一切新事物,包括简单、直接的形体特征也成为审美的新标准。这一时代充分体现了工业制造工艺取代传统手工艺的特征,对材料的加工上以简单的几何形、高精度加工,表面光洁、准确、平直,可以大量复制而且保持一致性等特点令人耳目一新,与传统手工艺加工材料的曲线、粗糙、不均匀、无法统一地大量复制等特点形成鲜明的对比。而后工业社会是西方工业社会发展至成熟、科技发展速度相对迅猛的时期,这一时期的技术表现出"含金量"高的特点,信息发达,随着高新合成材料、绿色材料的出现,高层建筑文化形态相对"多元",以复杂、新颖的高科技手段对传统的建筑理念进行了挑战,信息、智能、生态一系列原本与建筑关系疏远的科学在这期间融入建筑的创造中。

4)光技术文化特质的塑造

城市与建筑光文化塑造应成为人们解读城市、明晰城市空间结构的视觉引导,深入挖掘自然景观和人文景观中具有文化内涵的照明素材,注重夜景的地域性和文化品位,是突出建筑个性、避免与其他城市形象雷同的有效途径。卡尔斯鲁厄大学教授约瑟夫·泰西姆勒(Joseph Teichmuller)是德语中"光的建筑"一词的创造者,他作为建筑、城市与技术这一新现象的主要理论家之一,曾这样阐述他对与光相关的独特建筑艺术的探寻:"建筑中的光可以转变为光的建筑。这是因为有了光,而且只有凭借光,特殊的建筑艺术效果才能创造出来。因为光,建筑艺术效果在任一时刻既可以出现,也可以消失。"

比利时布鲁塞尔市的 Dexia 大厦(图 4.44)现在成了所在地区的一个景观新焦点,它由 Philippe Samyn 建筑师事务所设计,建筑高 145m,由几座竖长的立方体组成。这个建筑的与众不同在于其外立面设计有 4200 扇窗,且每扇窗都可以放射出不同颜色的灯光,立面好像是由若干小屏幕组成的 VCD 大屏幕,夜间效果尤其显得流光溢彩,同时,它还可以根据需要组合出各种不同的图案,由此,建筑的形象充满变化、非常活泼,塑造了一种独特的光文化艺术。

在通过光、影创造力展示对传统文化追求上,让·努维尔(Jean Nouvel)一直坚持建筑设计的首要原则是与所在地理环境、所在文化环境的高度和谐,他的设计灵感皆源于"文脉关系 Context",因此每一

图 4.44　Dexia 大厦

座建筑并不雷同。然而在他的众多作品中共存一个潜在的主题,那便是对光、影及透明度的迷恋,让·努维尔从不放弃以一种全新的方式协调光、影和透明度。对此,他曾笑言,"我出生在法国西南的福梅尔市(Fumel),那里终日阳光灿烂,迷恋光或许是遗传的原因。"2007年,被让·努维尔称作"视觉机器"的10011th大厦(图4.45)破土动工,它位于纽约曼哈顿的哈德逊河畔,与弗兰克·盖里 Frank Gehry 设计的 IAC 大楼相邻。这栋23层公寓楼最显眼之处在于 1647 片不规则玻璃框拼贴而成的幕墙,每块玻璃被赋予了独一无二的大小、透明度及角度,在不同观赏点、不同时间,呈现令人眼花缭乱的光影视觉,犹如蒙德里安的几何抽象画。他的另一个设计名作西班牙巴塞罗那水工业公司 Agbar 总部,35层高的阿格巴摩天楼(图4.43)获得了 2006 年度国际高层建筑奖(Intenational High-Rise Prize)。大厦高 142m,其立面设计极具创新性,建筑形体酷似直涌向蓝天的一股强大水流,安装在混凝土表层的活动的铝板由 25 种色彩组成,大厦表皮可根据时间变化从红色到蓝色变幻万千,如同一层多种颜色组成的皮肤,不同时刻光线以不同角度折射其上,幻化成一道眩目的彩虹,呈现出缤纷多元的视觉效果。大厦前部安装了混凝土外壳的 4400 个方窗,6000 扇玻璃百叶窗构成了附加的外皮,在提供隔热保护的前提下最大限度地增强了内部空间的透明性。"现在通行在世界各个角落复制雷同的建筑,将使得世界将变得越来越小,作为建筑师应有强烈的愿望去分析和理解世界各地的文化,时不时寻找些乌托邦的感觉。"让·努维尔的建筑实践正如他所说的那样,每一栋建筑不仅源于当地原有的建筑语素和文化环境,决不雷同,而且它们都改变了所在地的景观面貌,以未来高技术的建筑结构和科幻般的光影效果,一次一次颠覆了人们的传统认知。

图 4.45　10011th 大厦

在建筑中充分利用自然光不仅能减少电能消耗,作为一种自然资源,还具有人工照明无法比拟的重复利用特性。此外,自然光也常与人工照明结合,使建筑所表现的时尚、品质能传导到建筑内部,散发到建筑外部。在著名建筑师诺曼·福斯特(Norman Foster)眼中,自然光总是在不断地变化,它可以使建筑富有特性,在空间与光影的相互作用下,可以创造出戏剧性。他设计的伦敦市政厅(London City Hall,2002)呈倾斜倒置的蛋形(图4.46),这样使得自然光能够进入北面的议会大厅,在南面顺势形成有节奏的错层,上面挑出部分成为下一层的遮阳板,既解决了北侧日照采光问题,又以别致的叠涩形态获得了南向遮阳,塑造了建筑内外空间独特的光影文化。

在高层建筑文化特质的历史创造方法上,让·努维尔的观点或许对我们有所启发:即使每个场所永远处于变化中,但总有地理、历史上的延续性,我的每个项目都以这一想法开始——深入文脉,寻找到这个场所的精神,了解人们对它的情感,发现一些意义重大的象征物。之后设计建筑空间就如同搭建一座桥梁,将人们的情感和有意义的场所片段——对接。

5) 肌理文化的表达

建筑的外表面是展示建筑材料及材料的加工、组织方式、垒砌工艺的舞台。所有在建造建筑物过程中、施于围护结构上的技术手段过程在建筑的外表肌理中都显露无疑。从材料的土、木、砖、石分类,到原材料的粗、细加工手法,再至材料的雕琢以及材料组织的手段,这些方方面面的因素都是建筑文化最后形态

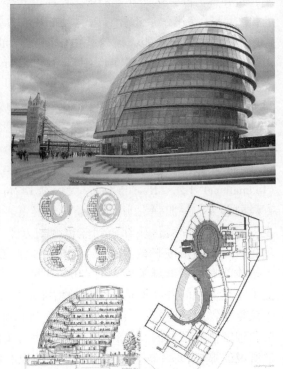

图4.46 伦敦市政厅

结果中肌理形态的成因。这其中包括技术系统的客观要素和主观要素两大部分。肌理文化可以说是建筑客观要素的合理、美观的表达,即选择适宜的材料,进行合适的加工,经过巧妙的工艺,达成完善的结果。

"肌理"在技术美学中泛指物体的表面形态。任何材料的表面都具有一定的组织结构、形态和纹理。在此,顾名思义是指建筑物表面的组织结构、形态和纹理。由于建筑材料的多样化,以及施工中工匠技巧的熟练度差异和工具差异,还有施工方式的差异,使得建筑物在最后的成果中表现出不同的表面肌理特征。给人以不同的质地感受,这种感受包括粗糙与光滑、坚硬与柔软、明亮与灰暗、甚至温暖与冰冷……或细腻、或粗犷,或古朴、或华丽……创造不同的美感。在建筑的实践中,建筑的表面肌理有多种技术引发形式。例如:材料差异带来的材料性肌理文化,同种材料不同的组合方式带来的工艺性肌理文化,同种材料不同的构造形式带来的构造性肌理文化,等等。

肌理文化是材料、工艺及构造技术带来的表象肌理。其中材料及工艺肌理是建筑材料通过施工后在构筑建筑的同时体现出来的特有纹理,其本身就是一种审美文化。充满个性的各种纹理给人们带来不同的审美感受及时代的记忆。由于建筑材料的多样化及施工工艺的多样化,使得建筑在建成后表现出多样的纹理质感,给人或古朴、或现代、或细腻、或粗犷的感受。由于建筑材料在施工过程中会采取不同方式的组合规律,使得即便是相同的材料一样也会产生不一样的效果,结果给人的感受将会大相径庭。正是因为这种文化被广泛的认可,才会产生那么多利用这一文化状态进行创新的建筑师,比如勒·柯布西耶(Le Corbusier)和安藤忠雄(Tadao Ando),他们二人对同一

种材料——清水混凝土的使用工艺就存在很大的差别:柯布西耶在建筑的施工过程中故意保留建筑模板的痕迹,让混凝土表面粗糙、豪放,被人称为粗野主义;而与其相反的安藤忠雄则运用非常细腻的手法将混凝土表面仔细抹平,光亮如镜,仿佛丝绸般细腻的手感。两种工艺手法面对同一种建筑材料,产生截然相反的肌理,这正是工艺肌理的魅力所在。

作为建筑的外围护结构的构造同样可以形成建筑外立面的肌理。比如遮阳板、百叶窗甚至起结构性作用的钢架节点。如"高技派"的建筑往往会以技术的构造节点重复形成建筑自身表面的特殊肌理,表现出技术的精致与准确,就如蓬皮杜文化中心表面的交错网架那样。

在这个视觉商业化盛行的时代,对建筑表皮的研究与重视足够突出,而缺乏进一步对建筑肌理文化的探寻。而肌理反映了建筑的表皮组织形态,可以唤起人们摩挲的欲望。芬兰建筑师尤哈尼·帕拉斯马曾指出:"如今建筑已经变成一种瞬间视觉印象的艺术形式,导致了严重的感官贫乏";"真正的艺术刺激我们触摸的设想知觉,而这种刺激正是生命的扩展,真正的建筑作品也会唤起类似的强化我们自身体验的设想触摸知觉。"肌理作为一种历史印记的时间代码,反映了文化的深度与时空的张力,高层建筑的表皮肌理可以做到让观者体验到关于时间的主题。时下流行的"两层皮"设计手法,符合后现代主义认为建筑可以有里外(功能与形式)两层皮的理论,这也吻合于文丘里在《建筑的复杂型与矛盾性》中提出的关于"二元论"在建筑中的应用的思想。在建筑工业化所带来的模数化、装配化的技术背景下,在追求纯净、抽象、极少的观念的驱使下,建筑师对于体量、造型等传统形式要素的关注正逐渐转向对建筑维护体自身的关注,而建筑的维护体则从对建筑雕塑感之表达的传统使命中逐渐回归其自身——建筑的表皮;而肌理是建筑表皮基本属性的反映,因而,肌理文化探源应是建筑形式表现的重要方面。作为建筑"皮肤"的肌理,不只是一种视觉表象,而是表皮构造的组织方式,它具有逐级深入的分形特点和基于这种机制的自我调节的功能。从技术与艺术的角度,肌理的表达就成为了视觉表现与构造的结合点,成为 arbitrary beauty 与 positive beauty 的交差点,成为建筑艺术与技术的接口。建筑的界面是开敞的、通透的、动态的,界面与建筑体的分离使界面形式走向多样化,现代建筑的双层界面特征使建筑外围护结构之间多了一层中空的灰色空间,此空间使建筑的保温隔热及通风方式摆脱了单一模式而走向建筑的自我调节。

当代西方极少主义建筑(Minimalism Architecture)以其独特的视角,某种意义上的"无为",向人们展示了一种生活态度——人们有限的适应速度与环境变化速度产生矛盾时,一种超脱喧嚣尘世的情感得以实现。极少主义建筑思想主要是:对空间开放性和连续性的关注;对传统建筑形式的观念突破;建筑的线性和逻辑性;建筑中洁白墙体上的光与影的变奏;对地方感、建筑本质美的探寻等。在西方现代建筑艺术中,曾经产生了"非建筑"或"纯建筑"理论。应该看到,通过分析一些先锋的理论和实践,可以发现他们仅仅在于一些非理性的形式,至多再加上审美的群体化或者"POP"化、卡通化,至于现代建筑运动留下来的真正难题,诸如自然环境的损害、历史环境的消失……等等,几乎无所作为,他们的"话语"和新的生产力也毫无关系。当代高层建筑更加强调技术与情感的融合,其技术美学价值向多样化趋势迈进,已经开始蜕变为装饰性的波普艺术,技术成为建筑师阐述自身的文化体验和情感宣泄的手段。至此,技术文化便开始被看成艺术化的表现手法,而在这种技术表现的发展演变工程中,技术文化由工具理性向艺术感性转化。利用新技术去展示时代气息并装饰,便是当代高层建筑技术艺术化和波普化的具体美学表现和文化表达。如阿联酋迪拜泊瓷酒店是对"船帆"形象的抽象写实,意境深远(图4.47);机器人大楼是位于泰国首都曼谷的亚洲银行大楼,建于1985年。它酷似机器人的外观被认为是现代社会中银行的象征(图4.48)。而山东德州电视台(图4.49)反映了"鱼"形象的模仿,其具象的形态雅俗共赏。

图4.47　阿联酋迪拜泊瓷酒店

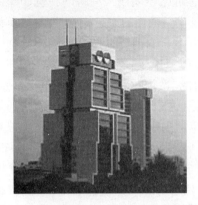

图4.48　机器人大楼(曼谷亚洲银行大楼)

图4.49　山东德州电视台

6)数字技术文化特质的创造

数字时代的技术特点是数字技术的介入导致非标准的大规模生产成为可能,而这改变了建筑的分析、设计和建造的方式;与数字技术相对应的自由建筑形态,成为当代最具特征的记忆。纷繁万象的扭曲、错位、折叠、非线性、连续界面、动态等集成了数字时代的建筑影像,当代建筑师已不再认为建筑是一个纯粹的、自治的、仅仅为人类提供栖居的物体,相反,它变成了一个"活生生的有机结构",来促进交流、提倡互动和激发创造。数字技术对人们认知环境的方式和结果、人的存在方式和社会意识形态及经济基础等产生着巨大影响,将人们带入一个具有"非物质化(dematerialization)、运动化(demobilizaion)、大量用户化(mass customization)、智能化运作(intelligent operation)及软转化(soft transformation)"特征的新时代。

而建筑空间与人类生活、工作的行为模式密切相关,但现在数字信息技术正在改变着人们传统的工作和生活方式乃至风俗习惯和思维方法,它对人类生存的改变主要归因于其建构的虚拟空间(即赛伯空间——Cyberspace),它拓展了建筑空间内涵,改变了人类在物质空间中的活动方式。数字技术建立了现实和虚拟两个空间,人的虚拟存在方式和现实存在方式是两个双向并行的空间系统,既独立又相互补充,满足现代人的物质和精神需求。不同的空间形式和生存方式决定了人不同的行为方式,人在空间中存在可以由物质和精神所处的场所来判定。人的行为方式的不同和赖以存在的空间的不同也决定了建筑创作思维迥异于以往,而思维的变迁也就间接成就了基于此目的的创作方法的差异,如在空间、形态、表皮的阐释方面。数字技术改变了人的行为方式,也随之改变了人的创作思维方式,这表现在对建筑的定位上。在数字技术的支撑下,标准的情感化、观念的多元化、情趣的大众化、概念的模糊化等,都将对数字化背景下人们生存空间的创造方式产生深刻的思维转变,使建筑复归人性化。数字技术把人类与自然界联系得更加紧密,整体性的概念更加突出,它提供的无限可能性使建筑的空间营造和意义构成在人造环境和自然环境间相互交融、渗透,从而更加和谐与开放。数字信息交流的便利性与直接性将使空间位置对人类行为的限制大为减少,直接导致城市与建筑空间形态的急遽改变。如法国的 Jakob + Macfarlane,Dominique Jakob 设计小组提供的台北艺术表演中心国际竞赛设计方案(图4.50),探索把数字技术作为概念的来源,并带来新的构造方法和使用新的材料。数字技术建构的其实是一种开放的有机文化,这个文化动态呈现随机性、柔性的特点,基于这种文化视野下的高层建筑充满期待意义,刻画生活的无限多样性和创新性是其哲学指向,因为自然界是充满多样性的,而我们所处的环境又瞬息万变。

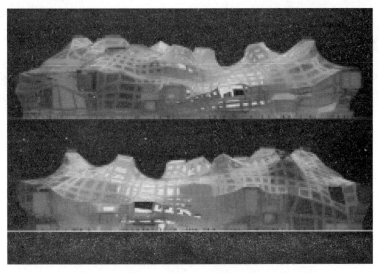

图4.50　台北艺术表演中心国际竞赛设计方案

来源:http://image.google.com/,2009 - 04 - 23.

数字建构的赛伯空间补充了建筑物质空间的局限性,并使建筑物质空间得以延伸。人们在赛伯空间中通过"超文本链接",相互平等、没有主次,赛伯空间之间无参照中心,恰好是解构主义所说的"异延"(异延是德里达创造的解构术语和中心概念,意指中心不在场,产生于文本之外的意义空间)空间,这个数字虚拟空间为人类提供了更加人性化的生存空间,多义、开放、变动的赛伯空间也促使建筑空间呈现崭新面貌和特征。"数字化信息溶解了传统建筑式样。我们所熟悉的形态一个个消亡,重新组合的残片随即产生了新的变体。"赛伯空间同样也冲击着传统的高层建筑空间的概念、界限和表现方式,并导致了高层建筑"虚拟"与"现实"空间的转换、解构与重组,赛伯空间与高层建筑空间的共生与竞争,无不体现出新型高层建筑空间的多变性和模糊性。

数字信息时代的高层建筑是建立在虚拟空间与现实物质空间的链接基础上的一种新模式。毫无疑问,虚拟空间将部分取代建筑空间。但是,由于虚拟空间服务于物质空间,以智能方式扩展空间区域,空间效率更高,综合性更强,使建筑空间更趋于生态化和人性化,如作为实验和探索性质的 eVolo 2009 摩天楼大赛第一名方案(图 4.51)。

图 4.51 eVolo 2009 摩天楼大赛第一名方案,美国 Kyu Ho Chun/Kenta Fukunishi/Jae Young Lee
来源:http://www.5umagazine.com/recommend/274.html,2009 - 02 - 21/2009 - 02 - 24.

7)追求美学新价值的技术策略评价

毫无疑问,基于技术的设计可以在形态上有力地加强建筑的美学意境,创造美学新建筑形象和提升美学价值,但归根到底,体现美学新价值的评判标准在于精神生活信仰、向度的确立和文化生态审美,其中结合技术的高层建筑地域文化创造是一种良好策略,能够获得文化上的认同,充满文化的适应性(表 4.7)。如印度建筑师拉吉·里瓦尔设计的国家贸易公司的突出特点就在于建筑师对结构的创新及其生动的地方性表达:一系列空腹析架,彼此相叠,自核心部分悬挑出来,像被嵌在主楼上一般,成为一种既有遮阳功能,又具有地方性装饰效果的建筑构件,其独特的立面形态在现代新德里的城市天际线上备受瞩目。

高层建筑是经济和技术的产物,在一定程度上展示了经济的魅力和技术文化的特性,但严重依赖技术与经济只会使高层建筑走向价值虚无,当代高层建筑的发展完全演绎和诠释了经济带来的消费文化和技术壮观。技术虽然解放了人类在高层建筑创意方面的思维,科技发展、新材料和新结构的应用,创造了 20 世纪特有的高层建筑形式。现在乃至将来很长一段时间,我们仍将处在利用技术的力量和潜能的进程中。如 21 世纪初,韦尔斯(H. G. Wells,1866—1946)等就曾对未来世界的技术发展做过种种预言;并有人探索"复杂科学"对建筑和文化的影响……

表 4.7　不同时期高层建筑技术美学价值的比较

事项 技术美学类型	主要时段	技术审美取向	技术美学价值本质	代表人物	代表作品
早期高层建筑：工程主义技术美学价值	1870 年代至 19 世纪末	展现工程技术、钢铁材料、机械的美学价值	表达了钢框架、钢铁和混凝土等人工材料的工程技术之美，技术美学特征是形式简洁，尊重结构逻辑，少有装饰，是工程师的随从	詹尼 沙利文	家庭保险公司大厦
现代主义时期高层建筑：极端理性的功能主义技术美学价值	1940 年代至 1970 年代	极端表现功能、新技术、新结构和新材料的美学价值	技术成为高层建筑美学的中心内容，极力表现技术，强调功能、材料和建造技术以及经济理性，技术美学等同于建筑美学，轻视人类的情感、历史文化和地方风俗，反对建筑在实用功能与技术以外的一切附加物	密斯，格罗庇乌斯，柯布西耶	西格拉姆大厦，利华大厦
折中主义、后现代主义时期的高层建筑：文化倾向的技术美学价值	1900 至 1930 年代；1970 至 20 世纪末	体现人文化的技术美学价值	文化成为建筑技术美学价值内在品质，文化关联科学和技术。技术融合了历史传统、地方文化与习俗，重建了人文和技术的关系；但前者是对传统建筑文化的模仿，而后者是对建筑历史文化的戏说，玩世不恭	吉波特，文丘里，菲利普·约翰逊	芝加哥论坛报，伍尔沃斯大楼，纽约 AT@T 大厦
当代高层建筑：人文和生态的技术美学价值	当代	展示人文和生态精神的技术美学价值	技术人文化、生态化和地域化，本质是人、自然和技术和谐的"适宜技术美学"，强调技术与情感相融合，蜕变为装饰性的波普艺术。体现技术为人服务和为人所用，技术是人类生存方式，并实现人之为人的精神需求	杨经文，诺曼·福斯特，伦佐·皮阿诺	马来西亚 MBF 大楼，德国法兰克福商业银行大楼

　　技术固然使高层建筑创意领域出现了对传统价值观念的挑战，它似乎把人类带到了一个新的分叉点。但同时，"技术是一把双刃剑"，科学技术是 20 世纪影响建筑发展的主要因素，它深刻地影响了人们对建筑乃至高层建筑的创意思维，也创造出一种"技术混乱"。但从整体和宏观的角度而言，我们应把它视为文化的一部分，它丰富了高层建筑技术文化特质。诚然，技术主导了高层建筑的特色分离，却也导致了全球地域文化多样性的特色危机，从人类生态多样性而言，高层建筑的文化特质创意危机也可归为一种文化生态危机，因为它带来大众精神文化维度的丧失和价值观的虚无。对于建筑学发展来说，"若对生态问题和合理的土地利用再不给予适当的重视，建筑学就会逐渐萎缩成某种枯竭衰

落的技术美学(techno – aesthetic)。"

但是技术给人类社会带来的变化,质言之,是一个新的文化转折点。现代无国界的技术发展导致城市和建筑的无差别,深层次的是文化多样性的缺失。作为负载人类精神意义的建筑形式须根植于文化传统,推而远之,技术作为高层建筑文化特质创意的"推进器",也不能脱离地区文化生态,因此,技术文化特质凸显了高层建筑创意的技术思维。同时,技术属于文化,高层建筑创意表现出的技术文化特质必须以人文主义为出发点,技术不能与人文主义分开,正如阿尔瓦·阿尔托(Alvar Aalto)所说:"只有把技术功能的内涵加以扩展,直至覆盖心理范畴,才能真正使建筑成其为人的建筑。这是实现建筑人性化的唯一途径。"正是由于一方面技术极大地丰富了高层建筑文化特质创意,另一方面由于技术的通用性,技术文化又带来了同质性的增加,因此,对高层建筑差异化发展的渴求正在不断增加。在分析高层建筑文化特质创意的技术思维时,过分渲染全球性的技术文明,并不符合世界各种民族(地区)文明应多元共存的可持续发展新的生态伦理,这种共存的重要性就是人类文化的"生物多样性"的体现。归根到底,把技术纳入文化的范畴加以创意拓展,并使之上升至人文生态的高度,才能避免过渡提倡技术文明而最终导致人类精神维度的丧失。

探讨高层建筑的技术文化特质,分析其形式创意是一个必然方法,形式属于艺术统领,不陷入艺术讨论的泥淖,而是从人文价值的视野具体分析高层建筑的特质创意,力求寻求一种摆脱混沌建立秩序的技术文化特质创意思维,并最终脱离形式主义的窠臼和空泛的样式美学主义。科技对高层建筑的发展带来崭新的局面,高层建筑形式日趋复杂和多样,也渐成一个技术的系统,建筑师除了技术科学本身的发展,应能够根据现实的需要与可能积极地运用和融会多种技术和多学科进展,推动高层建筑设计理念、方法和形象的创造。

尽管技术的发展促进了高层建筑多元美学价值观的呈现,它也确实加速了高层建筑文化的趋同,但我们也绝不能矫枉过正,对新技术不能像"斯巴达"把艺术和艺术家、科学和科学家一齐赶出城垣那样彻底扫地出门。刘先觉先生曾对当代世界的建筑文化之走向有过这样的论述:"当代世界的建筑文化就像一棵古老的大树,它分出了二支主干,然后上面再分别长出许多树枝,这些树枝就是我们现在看到的形形色色的建筑流派和各种建筑理论,而二支主干则是支撑建筑发展的两种动力,其一是物质技术,其二是地域文化。正是由于二者的共生与交融,才促使了建筑业的不断进步。"物质技术是客观的存在,当它们是地域性的物质技术时,自然就成为地域建筑文化的支撑与源泉,所以传统的地域技术被看作地域建筑文化发展的必要条件。面对现代技术的日新月异,建筑师困扰不已:一方面为了发展而求新,另一方面为了避免趋同而对"新技术"退避三舍。

事实上,面对新技术,当然不能因为惧怕丧失地域性而拒绝它。如何协调新技术与传统地域技术之间的关系是成功的关键。是否能够利于地域文化的发展和延续,在于对技术的把握和选择,技术的合理使用仍然是人类文化多元化的得力武器。因为人类社会发展至今,每一个民族和国家都形成了自己的传统文化,虽然传统的历史长短不一。但是,即使面对纷繁的"异文化",各民族的文化都不会彻底瓦解或不见踪影,因为每一种文化对另一种异文化的接受都不是在空白的基础之上的,而是在自己固有的传统上对"异文化"进行选择性的吸收,进行整合。所以从这一点上看,文化的趋同只能是部分的和有限的。对于外来技术的吸收决不会导致某种文化的消亡,不需要对现代技术心存恐慌。另一方面,技术的选择和使用是可以人为控制的,在这方面多作努力,结合地方性技术,发展符合各地区特点的技术,合理运用高科技技术仍然会保持建筑文化的地方性特色。

技术在营造过程中的发展、技术自身的水平发展及传统技术在未来建设中的发展。技术在营造过程中的发展,是明确技术对于建筑文化的生成作用,其复杂性提示我们每一种技术要素在最终的建筑文化形态上都可能起到非常重要的作用,因此,在设计与建造的过程中,不能忽视任何的技术要素。其次,技术自身是发展变化的,技术的矛盾性告诉我们应该大胆接受新的技术,正确面对外来的"高技术"。最后,对于传统的技术,同样在未来的发展中仍会存在发挥力量的可能,可以在发展中继承地域技术,让它们在与新技术的融合中继续"生长""升华"。

3. 地域文化:整体地区(场所)策略

任何建筑都存在于一定时空限制下的地方自然环境和社会环境中,并被赋予了相应的物质属性和社会属性,体现在地区文化的形而下和形而上的层面。高层建筑从启蒙之始,就展现出各地区永恒的文化价值和魅力。人类在高层建筑短短 100 多年的发展史上,留下了许多的辉煌和奇迹,但综观高层建筑的发展历程和当前现状,我们也意识到这样一个事实:一些国家和地区对国际化、现代化的盲目追求,造成高层建筑地域特色与文化内涵的丧失,进一步导致城市面貌的平庸与非人性化、生态环境的破坏、人与自然关系的分裂、精神世界的荒芜等弊端,今天观念、信息、价值观、信仰、媒体及技术的覆盖交流,在全球范围内产生超越国界、超越社会制度、超越意识形态的文化和价值观念的过程,这种过程正将建筑的差异性最小化,也愈发加剧了高层建筑与地区文脉的矛盾,建筑文化趋同的危机加剧了高层建筑与地区文脉的矛盾。因此,如何使源于西方工业文明的高层建筑与具有几千年文明的中国及中国各地区的地域文化相融合,从而找到一条真正解决高层建筑地域文化特质创意的适应性策略是需要我们研究探索的重要课题,当然其最终目的仍是建立一种文化生态,延续和展示各地域文化的个性,重塑人类生活世界精神家园。

一直致力于商业摩天楼的城市历史文化研究的 KPF 的建筑师佩德森曾谨慎地问道:"我们现在要求高层建筑具有文化内涵,这对我们来说是新鲜事,这就带来了地区认同的问题,……我们是全球建筑的建筑师,我们能完全学到有关这些新文脉和有意义的地方主义,并运用到新建筑中去吗? 或是将高层建筑这样一种独特的美国发明,仅当作一种消费品一样的出口库存物品呢?""全球化社会关系的发展,既有可能削弱与民族国家相关的民族感情的某些方面,也有可能增强更为地方化的民族主义情绪。……当社会关系横向延伸并成为全球化过程的一部分时,我们又看到地方自治与地方文化认同性的压力日益增强的势头"。高层建筑虽然其物质技术在很大程度上具有工业化、国际化的倾向,但各国家地区的地理气候、民族习俗、文化取向等却远没有趋向一致。

虽然人们也在逐步调合建筑发展中文明与文化的距离,并以此为契机构筑与现代生活方式相适应的文化机制,而这种文化机制正是约束文明失控的有效保证。美国高层建筑与城市环境协会将"文化对高层建筑在形式和特征方面的影响"作为今后研究的方向之一,可以肯定地说,21世纪的建筑学是强调地方性的建筑学,全球对环境、对人类文化的关注,已使建筑成为与环境、文化关系最前沿的产品之一。注重我国高层建筑的地域文化内涵,将不仅使其成为民族的本土的产物,也将有助于加速高层建筑的现代化进程,提升其时代品质与国际水准,在全球化浪潮中拥有自己的位置。

因此,探求高层建筑地域文化特质创意策略将成为永恒的不懈追求。过去的高建筑物——金字塔、观象塔、玛雅神庙、教堂尖顶等都表现出其文明中主要的精神意义,现代主义下的高层建筑亦反映了人类现代科技发展的文化内容,但现在经过对现代主义的修正,高层建筑应当反映出更为宽泛的时代与地区的文化内涵。虽然由于高层建筑的自身特点,其表达地域文化有着不可避免的不利和不足,但恰恰是这种探索才成为一个契机与挑战。

"在延续中再现建筑的地域传统,在创新中寻求建筑的个性表达",这种思想归结为一种"类设计"的创作思维。类设计将延续与创新作为建筑设计的基本理念,其本质是探索在由旧到新的转变过程中发现问题与解决问题的方法,这种扎根于"当时当地的现实生活"的原则与当代现代主义的发展方向是一致的。在当代以科学技术与信息化为主导的社会里,由于现代主义自身在社会发展阶段的合理性,在世界建筑活动中展现出强劲的发展态势。展望21世纪,虽然我们不可能预测新的运动的出现,但是世界建筑会维持在以现代主义为基础的原则上发展,则是基本可以肯定的。在现代主义的大框架下,侧重地域性表现是当代现代主义的一个突出特点。早期现代主义乃至国际风格,设计的核心思想多在于强调建筑是科学技术的反映上,而对建筑与自然、与人文环境的关系缺乏关注。当代现代主义在这方面对其进行了修正,强调环境、重视生态、关注建筑的场所性与地域性已成共识。类设计致力于探求将建筑的时代性与地域性相结合的设计理念,与当代现代主义所关注的地域性与场所精神等较为吻合。类设计具有对原有地域性的延续和发展,以及通过对传统文化的重新诠释获得现实与未来的双重意义。扎哈·哈迪德擅长对旧有建筑文化的批判和超越。在她的思想中,建筑与文化是紧密相连的,哈迪德认为:"文化是事件的层叠,随着时间而更新,新的文化代替旧的文化,文化在不断产生,而建筑是这种持续变化的文化状态的一部分"。可以发现,哈迪德的建筑作品中往往反映着一种新生的文化状态,有时甚至引领一种潜在文化现象的生成。美国建筑师斯蒂芬·霍尔擅长于类型学设计,尤其注重多元化时代多样场所的理性思维,他往往以独特的观念和手法取得意想不到的效果。他设计的美国MIT学生公寓(图4.52)以"多孔建筑形态"(porous building morphology)阐释了"交流和开放"的思想,霍尔把"渗透性"与"多孔性"作为公寓的设计主题。0.6m见方的窗户矩阵包裹着这座10层高的宿舍楼,形成一种由外表面承重的骨架结构。设计注重室内空间的多样性表达,多孔性成为漏斗状空间的灵感来源,这些空间提供了集体学习和休息的场所,同时也使走廊充满趣味。霍尔认为他的这座学生宿舍旨在提供一种"城市切片",基于对聚集的理解和对聚集地需求的回应,把居住空间与一系列社区功能相结合,如同柯布西耶的马赛公寓一样反映场所的内涵与文化。

黑格尔认为建筑"是被翻译到空间中去的时代意志",说明建筑空间具有的精神和文化属性。高层建筑的空间造型为其形象特征,具有艺术的共性,又有本身独具的特征。其

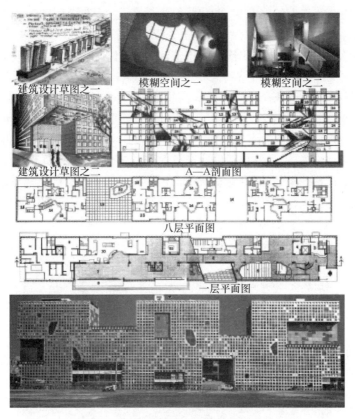

图4.52 麻省理工学院学生宿舍

来源:Steven Holl experiments with constructed "porosity" in his design for SIMMONS HALLS, An undergrate dorm set in the scientific real of MIT. Architecture Record 2003(5):204 – 215.

形象具有艺术感染力,能够引起人们的审美心理感受;或者,能以自身形象反映生活中的主题,即一定的社会内容。形象的创造就是经过形象思维的构思,也即创作或设计。而建筑创作首先围绕着广义的语符现象达成的创作语境展开,建筑师把主体的创作素养根植于自然环境与人文语境中。科学、技术、材质、构造、结构、功能与施工经验;建构方式、价值观念、生活方式、风俗人情、天文地理、哲理思想,以及具体的艺术形式如雕刻、绘画、文艺、音乐、电影、戏剧……潜移默化地塑造着建筑师的创作心态和艺术气质,产生了诸如思想、个性、风格、素材……广义的语符现象构成了有意义的文化世界,体现出主体的生成方式的类型式。这个世界既是建筑师寻求人生职业意义的起点,又是建筑师赋予建筑作品自下而上的生存意义的归宿。当然,建筑师的创作最根本的受文化语境的制约,文化语境构成的意义场,现实地约定了意义生成的方式与路径。建筑创作总是以某种特殊的话语方式参与意义世界的建构,建筑作品是建筑师与公众在文化语境中对话的特殊产物。

高层建筑创作的一个永续策略是应该注重场所特质文化的表达。场所的内涵特征称为场所精神,其实质是使人得到认同感,是人同特定场所的特定关系。按照诺伯格·舒尔茨的观点,尊重场所的精神就是认可特殊环境,从而获得生活的立足点。场所外显形态的直接影响了场所的内涵精神,每一种人类活动需要一种特殊的"环境情态",同时它也受所在环境的制约。由于人们的一切价值观、行为模式、生活方式都是在一定的文化背景中形成的,所以,对于人造环境,尤其对都市和人类聚落而言,他们还必须适合已经成型的文化模式。毫无疑问,具有场所文化精神的建筑注定是充满生命力的,这吻合现象学思想,场所是社会文化关照下的合适存在,需要特定的类型来表达,不同的场所对应不同的建筑空间、材料和技术,因为场所具有意义,高层建筑是不能脱离场所而独立存在的。西班牙加泰罗尼亚建筑师里卡多·波菲尔设计的巴塞罗那 Walden 7 Complex 高层公寓(图4.53),被赋予了深红色的面砖饰面,融入巴塞罗那最具特色的砖红色彩中,内部庭院在立面上形成巨大的洞口,为各户提供了充分的采光通风,并与天桥等连接体一起构成室外活动和住户交流的空间,立面上有意将窗户以不同方式组合,自由地散落在洞口周围,充满装饰性和游戏意味,并形成一种戏剧性地升腾形式,隐喻了在加泰罗尼亚被推崇为圣山的 Montserrat 山的意向,创造出强烈的场所感。

图4.53 台湾远企中心

来源:http://image. google. com/ ,2008 - 12 - 03/2009 - 04 - 27.

高层建筑场所文化包含空间体现的地域文化,空间以特定的地方文化为基础,创造人性化的空间,从外部空间造型到室内装饰,无不显示出满足使用者审美心理的民族文化精神,传达使用者的价值观念和文化理想。高层建筑空间的外显形态承载了地域与场所的文化内涵,空间的文化特色就是一种特殊的"环境情态",它受居于其中的人的文化背景的支配。因此,在地方和民族文化走向国际化的今天,当代高层建筑弘扬建筑民族特色、强调地域文化是构建场所文化的重要表现。台湾远企中心(图4.54)的场所空间精神反映了中国传统建筑文化形式,以现代化的造型手法和隐含的中华民族气韵表达了深刻的文化认同性,体现了城市文化和时代精神,以及对民族文化的认同与感知。丹下健三在日本一直致力于探索属于自己民族的建筑文化,丹下健三说:"从工业化社会向信息化社会转变时方盒子一样的建筑不适用了。""我的心情是想探所能够开创今后历史的东西,要向世界表示建筑表现上更为丰富的可能性。"这种丰富性代表着他对地域的肯定,正如他在1986年设计的东京都厅舍(图4.55),墙面划分精细地处理,凭借简化的横长形窗、纵长形窗及格子窗的形式,增强了人性化的尺度,同时隐喻日本江户时代以来东京特有的传统意味和当代信息时代的集成电路板,象征了东京的自治与文化,并代表了整个国家。

图 4.54　Walden 7 Complex 高层公寓

来源:钱正坤.世界建筑风格史[M].上海:上海交通大学出版社,2005.

图 4.55　东京都厅舍

1)表现地域文化之契合民族精神与审美的策略

不同民族都有自己独特的文化和反映这种文化的建筑艺术。法国莫里期斯·克雷夫在他的《现代建筑美学》一书中说:"美国人狂热崇拜和模仿各种形式的现代建筑,然而在传统的审美观中,却永远保持着殖民地的风格或具有地方风格的田园风格的影响,企图体现一种新的精神。无疑,今后随着材料、施工和预制技术等方面的进步,其建筑将体现出美国的特征。"如今世界文化走入中国是必然,但在中华民族的文化源流中,以儒家思想为基础形成了一种平和内向的民族气质,以及随处体现的群体意识、和合精神,建筑也呈现为一种饱含和合精神的艺术。

即使今天,儒家思想的文化主流仍是许多中国人评判事物的重要标准之一,高层建筑创作也必然会受到这样一种大文化氛围的影响,当然,这也是形成自身文化特质的策略与基点之一。上海金茂大厦(图 4.56)、苏州门双塔(图 4.57)依稀具有的中国古塔的神韵和马来西亚吉隆坡石油公司双塔(图 4.58)所暗合的伊斯兰文脉精神,二者异曲同工。

图 4.56　上海金茂大厦

图 4.57　苏州门双塔

图 4.58　马来西亚石油公司双塔

2）表现地域文化之尊崇地方风俗和信仰的策略

在人类各个历史时期的文化中，曾经存在着一些朴素的信仰或风俗，它们构成了地区文化中最重要的组成部分，确立了建筑的精神价值。位于广西南宁的东盟国际大厦的设计方案象征城市凝聚力的市花朱槿花的形态（图 4.59），北京工商银行新楼（图 4.60）由一座"凹"字形楼房和其内含的一座弧形楼组成，配楼与主楼合围成大圆环。"天圆地方"的母题既代表了中国的传统建筑特色，又隐喻了中国古钱币的造型和传统的金融文化，从而超越了传统符号的简单模仿，在建筑形式和空间中体现出深厚的文化底蕴。如对人们的心理理念加以物化，则能大大丰富高层建筑的文化内涵，而且高层建筑的几何抽象性在表现这些传统信仰时无疑会体现强烈的精神象征意义。香港中银大厦（图 4.61）采用"芝麻开花节节高"的造型，寓意民族和企业奋发向上、坚贞谦逊的内在品质，带有中国文化的吉祥含意。

图 4.59　广西南宁东盟国际大厦　　　图 4.60　北京工商银行新楼　　　图 4.61　香港中银大厦

3）表现地域文化之延续地区生活习性的策略

人们的生存经验记忆中选取设计元素应用于高层建筑设计，得到一种精神释放与安逸。

印度建筑师对于高层建筑这一现代社会中产生的特殊形式，就表现出传统启发下成熟的现代设计，表现出对由突出的人文、自然等因素的长期作用所形成的人们生活习性与居住模式的重视，他们除了认为庭院具有调节微气候的功能之外，更认识到户外生活是印度人生活方式的重要组成部分，人们一多半的活动可能在室外更加方便或者说更得天独厚。因此,许多高层建筑中都设有露天或半露天的空间,像庭院、阳台、屋顶平台及内廊等,这一方面是对独特的气候条件的回应,另一方面则体现出印度特有的室外或半室外的生活方式,花园平台和带遮蔽的半弯型屋顶花园充满了浓郁的生活气息,也形成独特的造型元素。如查尔斯·柯里亚设计的干城章嘉公寓(图 4.62),他采用古老的游廊平房的组织形式:在主要起居空间周围环绕一圈阳台及辅助空间,他将这一形式发展为两层高的花园阳台,不仅保护起居空间而且成为它的延伸,这种半露天的花园阳台也是柯里亚所追求的"开放向天"空间的一种形式,它同时寓意一种实体的空间形态和一种居住理念。虽然这里毫无"传统"或"现代"的符号标签,然而却是真正具有民族特色的高层建筑。

图 4.62　干城章嘉公寓
来源:大师系列 查尔斯柯里亚.
北京:中国电力出版社.

　　中国人也在传统文化和旧有生存经验的积累中形成了喜欢易于交往的三五成群的居住方式,喜欢内向型的空间氛围和近地的生活模式,院落空间是这一生活模式的集中体现,也是中国人难以割舍的生活情结,人们也憧憬着能在高层建筑中找到这种生活经验与情趣。德国建筑大师奥托·斯泰德勒设计的"北京印象(图 4.63)"即从总体布局的院落结构出发,通过板楼和多层的"A"字形组合拼接来借鉴北京传统四合院的居住空间,形成了私密空间—街坊空间—院落空间——交通空间的空间序列,城市绿化—小区绿化—私家绿化—院落绿化的景观环境。此外,人们还开始构思塔楼中的竖向院落的理念,通过在塔楼底部、中部、上部设置架空空间、凹空间、空中花园及连廊等,力图在一定程度上形成内聚型交往空间的氛围,为近地的行为方式创造了条件。类型学大师霍尔(Steven Holl)的作品更多地反映出一种文脉的现代性,一如他在中国成都来福寺广场的设计中所体现(图 4.64)。成都来福寺被业主定义为一个"城市综合体",霍尔针对复杂的"城市综合体"定义,将其简化成公共空间和商业空间两部分,提出"切开泡沫块"(Sliced Porosity Block)的概念:先沿基地红线拉伸出一个泡沫盒子,再根据人流动线和具体功能将这个盒子鬼斧神工般切成 5 座大厦,5 座高层再以桥相连,而大厦之间的空隙以及大厦围成的院落都成为吸引人流的公共空间。公共空间中三座巨大的池塘来源于杜甫的诗句"三峡楼台淹日月",它们构成了 6 层购物中心的天窗,并且在对角自动扶梯的切割下构成了三座"楼中楼"。建筑外墙空洞处的亭台是霍尔设计的历史亭、Lebbeus Woods 设计的高科技亭和艾未未设计的杜甫亭。方案的创意灵感来自当地巴蜀文化、三峡风光,显示了国际性与地域文化的有机结合。

　　在基于地域文化特质的高层建筑创作中这些策略并非孤立存在、单独产生作用,建筑师通常需要综合考虑多种因素,发掘高层建筑与地方文脉中多种深层复杂的联系,以恰当的构思促成高层建筑的地方性回归。

图 4.63　北京印象

图 4.64　成都来福寺广场

4. 生态文化：基于环境的策略

生态文化的构建是高层建筑可持续发展的必然。生态文化的目标是建立人、自然的和谐的生态平衡关系，生态平衡包括社会生态平衡、经济生态平衡和文化生态平衡。社会生态平衡是生态平衡的目的，其中心就是要面向公共大众，其中一个重要的方面就是要大力发展功能混合社区；经济生态平衡是生态平衡的基础。经济的发展必须同社会、生态和文化结合起来，综合发展，它包含有发展适宜技术、节地、节能、节水、节材等方面；文化生态平衡是生态平衡的精神内容，它强调文化多样性和地域文化构建。

自然环境的物化是建筑，高层建筑文化的物化是生态，生态化的倾向与创意使人与自然共生。建筑的现实含义是空间文化，反映物质形态的场所和精神形态的文化内涵，广义理解其本质就是一种环境，一种人为的环境。建筑本身是人工的产物，是一种破坏后的建立，是重建自然的一种行为。自然是设计的本质和主题，因为只有自然对人类永远是最适合的。同时，"建筑是抽象与具象的对立统一，抽象是逻辑明确、概念清晰的美学；具象则是与历史、文化、风土、地形、城市与生活环境精紧密相连……在抽象与具象的冲突中存在着另一因素——自然，它赋予冰冷的混凝土以丰富的表情，激发了整个建筑的活力。"因此，重塑自然——建筑的生态文化在高层建筑文化设计中是非常重要的。回顾历史，我们可以看到高层建筑群构成的现代城市，是在垂直方向上只会出现死胡同的城市。

马来西亚 Hitechanga 广播大楼（图4.65）为抵御热带强烈的阳光而采用可动"面罩"与开敞庭院相结合的设计，表现了特殊环境下的独特的生态建筑形态文化。诺曼·福斯特设计的日本千禧大厦（图4.66）在纯净透明的圆锥体下，以每隔数层设置大小、形状各异的空中庭院，创造了封闭与开敞、高技与传统、曲与直的多义信息空间。杨经文设计的马来西亚雪兰莪州梅纳拉商厦（图4.67），在建筑的表面和中部引入绿化开敞空间，既可减轻高层建筑的热岛效应，又可产生氧气和吸收二氧化碳，同时使建筑表面发生有趣的色彩和肌理变化，不断变化的绿色植物使高层建筑显得充满生气；双层表皮的外墙形成复合空间或空气间层，其烟囱效应可形成自然通风系统，既适合热带隔热，又有利于表面质感、色彩的设计；外墙可调式遮阳设施，由于光与影的存在与作用，它使建筑始终处于变化之中，诠释了建筑的生命含义，人文气息浓郁。还有日本原广司设计的大阪新梅田大厦（参见图4.40），由两幢塔楼及连接的"空中庭院"组成，建筑体量的虚实相生及建筑表面的镜面化处理使白云、蓝天、天桥、树木、飞鸟奇异的混合，表现出一种在融合中生长的力量。

图4.65　马来西亚 Hitechniaga 广播大楼　　　　图4.66　日本千禧大厦

现代社会的进步，带来了能源、资源危机和环境恶化、人口膨胀等，必须从整体、全面、系统的角度综合考虑高层建筑的未来态势。随着信息时代的到来，新兴的生态科学与环境科学试图解决生态与环境危机，重建人与自然的和谐关系。其中，建立绿色高层建筑体系是发展的必然，其意旨自然资源和能源消耗少，无污染和公害，具有地方特色，体现生态文化、体现共生和高效。对此，英国建筑师瓦拉（B. Z. R. Vala）提出了建筑设计六原则：能源保持；按气候设计；最低限度使用新能源；尊重用户；尊重场址及全面性。生态建筑形态

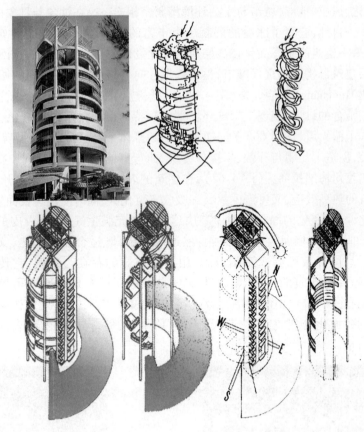

图 4.67　雪兰莪州梅纳拉商厦(外观;建筑形式,植物和露台系统,朝向和太阳轨迹;垂直绿道)
　　　立面插入四进的平台空间和向室内开敞的空中庭院,绿化自地面螺旋上升至顶部,不同以往的高层
外观同时形成了连续的生态链。有助于植物的多样化和维持生态环境的稳定。不同层面上的植物配置
都在相对应的区域形成了独立的气候微环境,可以辅助降温。

是其外部和内部形体的共同表达,其外部形态可以理性地解析为建筑的外部形体、建筑外表语言等两种概念形态;内部形态则主要反映建筑内部空间构成、空间特性以及群空间的相互组织等关系。当代生态建筑形体看似"令人费解"的异形建筑形态,其实质隐藏着逻辑性极强的生态理念。如诺曼·福斯特设计的英国伦敦市政厅(图 4.68),10 层的建筑位于泰晤士河畔。从整体形状来看,不规则的球体体现了一种流动感,从而更加接近有机形体,这体现了福斯特一贯坚持的技术美学的倾向。这个变形的球体还蕴含了丰富的生态思想:建筑朝南倾斜,各层逐渐外挑,外挑的距离经过计算,刚好能自然地遮挡夏季最强烈的直射阳光,形成的优美弧面的曲率是通过太阳光线的分析求得,它不仅形成了建筑的"自遮阳",同时也创造了独特的建筑形

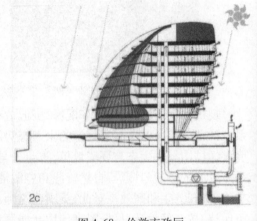

图 4.68　伦敦市政厅

态。此外,出挑形成的阴影也加速了空气的流通,改善了通风效果。诺曼·福斯特设计位于伦敦的瑞士再保险公司总部大楼(Swiss Tower)(图4.33),采用炮弹外形,其流线型可使风的阻力最小,加大室内的通风量,在楼内还布置了多个绿园,起到很好的自然生态作用;他的另一个作品法兰克福商业银行总部(图4.69)也体现了建筑师以高科技塑造的微观生态气候观。这几个建筑都表达了在满足人的文化需求、审美取向方面,生态技术与艺术的完美结合。

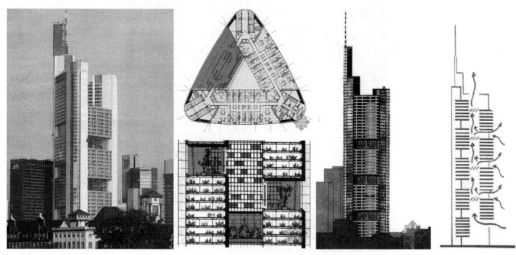

图4.69　法兰克福商业银行总部

此外,当前建筑学面临着"提不出问题和缺少方法"的困境 ,我们的相当一部分建筑创作还停留在"视觉表演"阶段,建筑的形式及建筑表皮的设计缺乏理性。而仿生学不失为一种建筑学的新思维,借鉴仿生学原理,在解决生态问题的基础上谈创新,或许会给我们的建筑带来不仅新、而且具有必然性的时代风格。例如,人们将双螺旋结构运用到高层建筑中,取得了结构上和形态上的双重效果。在瑞士再保险公司总部大楼的设计中,福斯特创造的独有的建筑外观极好地丰富了伦敦的天际线。与松果上自然生长的螺旋线一样,该大楼的表面分布着螺旋型结构的暗色条带,这6条色带所标示的是6条引导气流的通风内庭,同时明确地体现了建筑内部的构造逻辑(图4.70)。

未来既是信息化的时代,又是生态文明的时代,我们将面临的一个全球性问题是整体性人类生存环境的严重现实。随着人口的爆炸性增长,人类拥有的人均陆地面积越来越少,而人类进步所需的土地越来越多。从解决人类生存环境需要、节约土地资源、提高建筑空间效能出发,从高层建筑的发展中创造出许多宝贵的经验,但是,由于高层建筑是一种过于人工化的"冷漠"空间环境,容易造成"人本位和物本位"的倒置。就在人类为不断征服一个又一个建筑高度而兴奋不已的时候,人类也逐渐意识到生存环境质量恶化、生态环境危机和能源危机等严峻问题。为此,未来高层建筑设计创意应一切从人类生存环境出发,注重生态观的设计概念应用,强调新人工环境的自然属性、运用生态学的再生原则、共生原则、环境增强原则和生态平衡原理进行设计创作构思,整体性考虑生态与社会、文化、经济的关系,其主要设计观念在于:

(1)运用生态学的原理、概念和设计方法解决高层建筑面临的环境问题。

图 4.70 　瑞士再保险公司总部大楼

（2）将高层建筑根植于自然生态环境之中,采取积极的技术措施有效利用环境、保护环境和修正环境。

（3）引入生态观念进行高层建筑创作,使建筑环境空间注入生命力、充满生机,促进高层建筑科学化、人性化和生态化发展进程。

（4）融高层建筑优质、健康环境的精华,更新环境空间的美学观念,创造摩天楼艺术形式、风格的环境状态新构架。

生态文化的构建影响了建筑创作的思维模式。墨菲·扬认为:在今天创造真正的"新"建筑应该使它超越形态和审美上的意义。与生态文化的价值观相对应,在过去的 15 年,墨菲·扬设计的重要目标之一在于使"建筑机能"不断提升(建筑的生命周期,伴随着材料和资源的消耗,它形成使用者生活的物理环境,并影响着人们的精神世界。所谓"建筑机能",就是衡量建筑在上述各方面表现的一个综合概念)。实现"建筑机能"的提升,单纯依靠建筑设计上的逻辑在城市、空间、功能等方面的运作难以达到,必须结合工程技术上的分析。这就是建筑师海穆特·扬所指的"分析—建筑学"的设计方法。应该注意到,从审美的角度看,工程技术的运用本身并不必然会导致形态上的艺术性。事实上,抽象的工程逻辑往往对应着具体的物质形态上无限的可能性。将抽象的分析向物质形态转化的工作,更多地属于艺术范畴而不是科学范畴内。正是在此时,建筑设计作为艺术的一面得以体现。抽象向具体的转化过程是强调建构过程的逻辑连贯性,是对单纯从视觉形象（Image）出发的设计方法的一种批判,这也使建筑美学的逻辑直接来源于其建造的逻辑,而非其他。保罗·索勒里最早将生态学与建筑学结合在一起,他创造性的提出了"两个太阳"的城市建筑生态学理论,一个太阳是物质的,是生命、能量的源泉;另一个太阳表示人类的精神和不断进化的意识。他近年来提出的巨构建筑(图4.71)构想就是运用"两个太阳"城市建筑生态学理论的一种城市模式。巨构建筑是一座约 1000m 高的塔楼,周围围绕着两组集中式的名为"室外会场"的裙楼。它提供 1044 万 m^2 的使用面积,可容纳 10 万人居住。整个建筑提高了城市的能源利用、人流循环和物流循环系统的效率,考虑可再生能源的利用,建筑的通风系统充分利用烟囱效应。

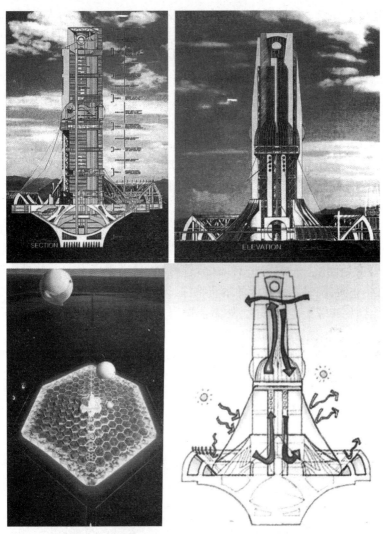

图 4.71　巨构建筑方案的生态构想

　　无疑,生态文化的建筑形态从全球化来讲,是具有差异性的,因此,发展应把握"时地"的概念,即历史文化延续的时地性;气候和地形的时地性。基于生态审美思维的建筑文化特质也就具有了兼容性、适应性、独特性,其构成的形式语言也就丰富多彩、生动巧妙了。
　　谈到生态设计,必须谈谈遵循自然气候与建筑节能的高层建筑设计策略。
　　首先必须认识到生物气候设计不同于生态设计的概念。杨经文在其《绿色摩天楼》也认为:一般来说,生物气候设计是一种被动的低能耗设计倾向,它利用当地气候条件下的环境资源为住户创造舒适的生活条件……作为一种自发的生物气候建筑形式,它为现有的摩天楼提供了一种切实可行的选择,并构成了一种新的建筑类型;然而生物气候设计完全不是生态设计,而仅仅是这个方向上的一段中间过程。相比之下,生态设计要做更多复杂的尝试。

高层建筑作为一种高能耗的建筑形态,节约能源方式和节能建筑设计理论当是人们普遍关心的问题。高层建筑高空环境特殊,设计时必须采取额外的措施来满足此环境下使用者对舒适度的要求。社会受益于经济发展及科学进步,一方面,人类可以借助高科技成果的技术手段和设备来改善人们的生活、工作环境,采用机械空调和人工照明技术营造"第二自然"环境;另一方面,这种背离自然气候环境的高能耗建筑,又是一种对人的宠坏和滥耗能源的极端奢侈,甚至在某种程度上过分地滥用拥有的技术,这使人类付出了巨大的经济代价和能源代价,并很大程度上造成了人与自然的隔离,大有削弱建筑地方特色之势。即使在人类进入未来更高级的人工环境的信息时代,遵循气候的原则和高效利用自然资源、节约能源、创造节能建筑新构想、新形式的理念和追求仍是高层建筑的重要发展趋势。"未来系统"在创作"绿鸟大厦"(图4.72)时希望以此来尝试改变摩天楼的节能效率低的缺点,探索通过在城市中心建设摩天楼来解决当代城市发展所遇到的问题,诸如能耗高、交通混乱、无秩序发展以及社区荒漠化、人情淡漠等。因为摩天楼以着眼城市尺度决定其节能策略和定位,"未来系统"认为最简便有效的方法就是设计新的结构体系和建筑体量,充分利用摩天楼的高度借助"烟囱效应"来解决自然通风系统。据此,具有崭新形式的"绿鸟"应运而生——最经济有效、节省材料、最大限度考虑空气动力学原理的圆形平面、双曲线立面,同时考虑立面的本质特征,形态文化塑造来自于不同层次自控系统表达的不同的颜色和螺旋上升形式,外墙上镶嵌的光电池板也为建筑提供了能源供给。此外,"未来系统"在解决摩天楼的环境适应性及材料的构造方式同时,塑造了一个全新的建筑形象——伦敦Zed计划案(图4.73)。在方案中,建筑主体被分为两部分,中间的空洞安装风力发电设备。建筑迎向主导风向,以保证充足风能源。

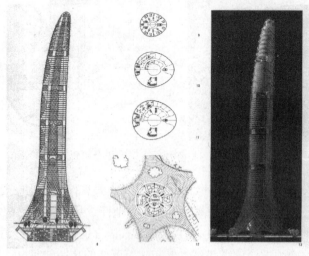

图4.72　绿鸟大厦

最经济有效的圆形平面、双曲线立面塑造全新的生态文化和形态创意。

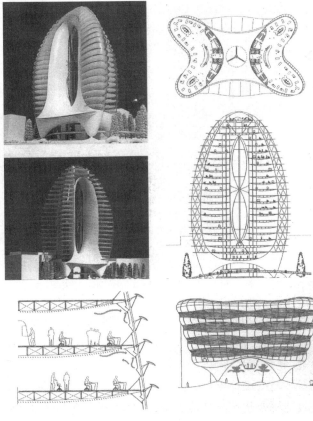

图 4.73　伦敦 Zed 计划(零 CO_2 散发)低能耗办公居住综合体

　　遵循气候的设计策略也能较好地体现建筑的绿色生态特征和地区文化特性,主要的方法有以下几个方面。

　　(1) 运用生态学原理和遵循气候原则进行高层建筑策划和创作,实现自然生态环境再创造,注重建筑节能和建筑文化创意,按人体舒适要求和气候条件进行高层建筑设计的一种新理念。杨经文先生在马来西亚 Menara UMNO 大楼(图 4.74)的设计中,为获得较舒适的内部环境而需要较高的空气交换率,尽量在各开口处引入自然风,而为了使开口处产生压力,采用了"风墙"体系,将"风墙"安排在有通高推拉门的阳台部位,阳台内的推拉门可根据所需风量,控制开口的大小,也可完全关闭,形成"空气锁"。此外,杨经文在该建筑外墙设计成多面或多层,依靠关闭或开启某层以适应不同气候,减少空调的利用;建筑的"双层表皮"创造的空气间层降低了建筑的能耗;同时,注重遮阳处理,根据太阳高度角调节定位遮阳片。

　　(2) 在进行建筑形式、构造形态构思时注重不同地理气候条件和建筑材料内含能源(embodied energy)消耗(在采集、加工、运输过程中的能源消耗)量,是建筑设计节能的综合潜力。

　　(3) 寻求适应当地气候的建筑形式,利用建筑自身的气候调节能力,采用科学的、适应自然的物理环境设计方法,创造舒适宜人的小气候。在杨经文的作品中,经常看到建筑存在许多外部开洞,并且里面长满植物,形成垂直绿化体系,这为使用者提供了舒适的外

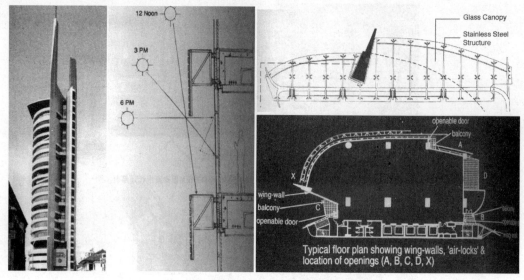

图 4.74　马来西亚 Menara UMNO 大楼

部环境和新鲜的空气。他利用这种生物气候学设计的典型建筑是马来西亚梅拉纳商厦（图 4.67），花卉植物从底层的扇形护坡沿深凹的大平台一直螺旋上升攀长到屋顶，建筑形态也因此虚实通透，光影变化丰富。

（4）采用可维持环境的设计方法，注重保护自然资源、保持健康、维持多样化和再生的生态系统方面有效地协调建筑与环境关系，以及注重当地文化和材料相结合，促进建筑形式的多样化、历史的继承、地方特色维护等方面有新创意。让·努维尔在创作巴黎阿拉伯联合研究院（图 4.75）时，除了从传统的阿拉伯建筑的要素间找到类型上的共同外，还使用了现代的材料，对建筑的界面进行了准确的表达。通过界面的精确设计完成空间内光线的组织与变化，建筑南墙面安装自动的照片感光的控光装置，使建筑的界面可根据环境需求灵活开启，这样建筑内光线层次、空间体积及开放闭合感发生突然转换，使这座建筑充满了复杂和趣味。在此，让·努维尔还找到了建筑的生态文化与技术的统一，智能型技术的考虑是对生态因素的深入思考，从生态角度建筑的界面能对不同气候进行应激性的反映。

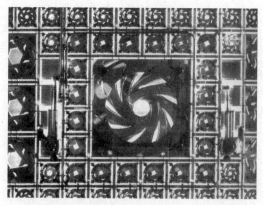

图 4.75　巴黎阿拉伯联合研究院立面局部

来自高层建筑生态文化特质创意的佳例与方案众多(表 4.8),生态策略无疑是极具发展前景的高层建筑创作方向,它将在结合地区文化的道路上不断完善和推陈出新。

表 4.8　高层建筑生态文化特质创意实践与构想

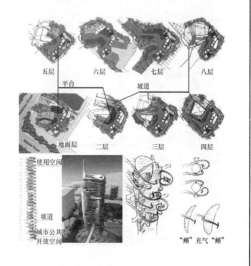

Bishopsgate Tower:在 8～28 层间形成二个异形的"空腔"。 来源:杨经文,Ecology of the Sky	Editt Tower:体现了城市立体化的特征,步行坡道自北向南交替变化,空中天桥连接相临建筑,加强了城市的连贯性。 来源:杨经文,Ecology of the Sky

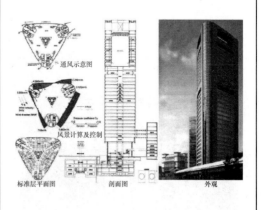

韩国三星大厦生态设计:在高空开设四个空中庭院,种植植物,将观景、通风、发电、减少结构负荷等作用综合于一体,具有很强的生态敏感性。 来源:Adrian Smith 作品集	仙台媒体大厦生态设计展示:在建筑内部不同部位开设通风道和空洞,以及空中中庭,加强空气流动。 来源:[日]新建筑,2003,(10)

（续）

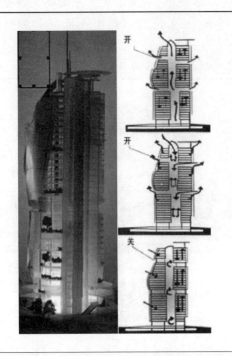

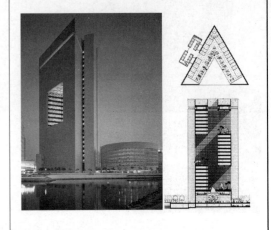

上海兵器大厦：采用中庭与空中花园相结合的立体通风模式。考虑到四季不同情况下的通风与节能需求，在不同位置的风口进行开闭组合，提高竖向与水平气流的通风效率。既可以形成贯穿整体的"烟囱效应"，又针对局部情况决定微观通风模式。
来源：杨经文，Ecology of the Sky

沙特阿拉伯国家银行：适应沙漠热带气候，外立面相对封闭，同时利用垂直交通系统外置阻挡日晒，并在不同高度和方向开设大面积空洞，加强空气流通和设立花园，改善大楼局部环境气候

巴林世界贸易中心

伦敦城堡住宅

BWTC. Atkins 事务所设计。双塔之间的风力发电机和有利于接收海风的喇叭口形式新颖

顶部风力发电供电建筑。利用气流分析并结合造型创造独特的城市天际线

（续）

迈阿密 COR 大厦	广州珠江城
Chad Oppenheim 事务所设计。顶部及四面墙安装风电机,外墙结构能保温、遮阳等	SOM 设计。经过对风力形态的分析,利用主导风在凹入式中部和上部设备层设置风力电机
英国空中住宅	伦敦通天塔
Marks Barfied 设计。具有导风作用的形体引入和增强风力,提供给三翼之间的风电机	天井将光线和新鲜空气引入建筑中央;圆空洞设计空中庭院、休闲场所、发电机等,从云层采集自来水

来源:根据艾志刚. 形式随风. 建筑学报,2009,5:75－76,及维普资讯 http://club. cqvip. com/html/29/389045. shtml 绘制。

此外,基于仿生学的生态文化设计不仅能营造舒适的生态环境,更能创造鲜明生动的形态。有句仿生学名言:大自然的创造最早,大自然的创造最好(Nature did it first and did it better)。大自然的"设计"基于生命需要,合理安排能耗。在自然界的"设计"中,物种造型的关键词是"功能主义",形式永远跟随功能。但"功能主义"并不是"简单"的同义词,大部分物种都拥有极其复杂的结构与完整的逻辑。对生态气候条件和资源的再利用,是建筑仿生学的实践和开放式应用。同时,形式取决于结构,物种进化取决于物种结构的动态演变。界面的开放性及灵活可变性体现了建筑生命与环境的动态关系,并通过界面的变化表现出对环境的适应能力。正如生态学者凯文·凯利在《失去控制》中所指出的:"当出生与成长的结合完成时,我们的有机体将学习,适应,调整并自我演进。这是我们至今尚无法梦想的力量。"因此,来自仿生策略的高层建筑生态文化环境创意有机联系了自然和人文,见表 4.9。

表4.9　高层建筑生态文化特质创意的仿生实践策略

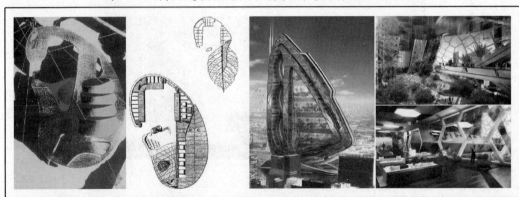

(左)纽卡斯尔国际生命中心:生命特征的科学语汇转译为建筑语言,建筑如同具有光合作用的生命绿叶。来源:筑龙图片资料库;

(右)纽约大蝴蝶:一座外形像展翅的蝴蝶的巨大垂直温室,(比)文森特·卡莱鲍特设计,为应对人口不断爆炸而能自给自足的大楼

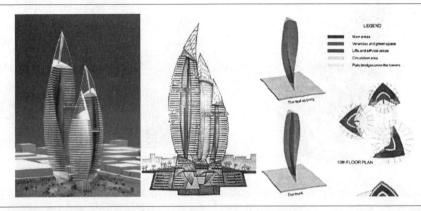

希腊仿生塔:如旺盛生长的笋叶,充满生机与生命的和谐;同时导入生态学理念

Ecotower:最环保的大楼,如竹笋一般的形态具有独特的美学概念,同时拥有充足的能源,减少底部涡流

　　总之,树立生态信仰和生态文化审美思维的目标是人类生活的真正取向,正如卡瓦纳(Kavanagh)所言:"建筑像是代表人类精神和创造愿望的一种基本文化形式",如果从人类精神生活层面看待高层建筑的未来发展和创意目标,那么基于生态文化特质创意的高层建筑实践策略无疑是具有可持续发展意义的,因为它直达人类心灵的最深处。

5. 城市文化与精神向度：人文趋向创新策略

如前所述，作为城市的"巨人"，现代高层建筑的创意困境带来城市人文价值的缺失和城市文化特质的发展迷惘，最终造成人们心灵的荒芜和精神生活的平庸化和低俗化，因此，基于精神维度和生存物化的高层建筑人文趋向创意策略是当代高层建筑创作的坐标之一。

1）基于动态审美观的创新策略

动态审美丰富了大众审美意识和审美价值观，高层建筑设计创意的动态空间和动态形式直接扩大了大众接受的精神空间和文化景观视野。中国建筑师不但应该以合理的方式更新建筑创作的符号体系，更应该建立理想的价值观。只有把创作内涵、价值取向和创新智慧真正贯注到当代城市生活中去，中国建筑创作实践才能走向意义上的完整。受非线性科学思维的指导，非线性形式的语言表达对传统建筑中的比例、对称、几何及后现代解构语言中的分解、颠倒、错位、变构、重置等形式语言采取了批判继承的态度，抛弃其虚假的形式话语，吸收其科学、真实的部分，体现出一种动态的、流动的、非对称的开放式形式语言新范式，建构了一种动态文化审美视野。

科学技术的发展不仅将再次改变建筑的功能，而且将更加注重建筑的效益。为走出当前困境，未来的建筑必须对科学技术新的发展做出新的阐释，也就产生了新的建筑形式。科学技术改变了人们的时空观，新的时空观又将改变人们的生活方式，从而产生了新的建筑功能。与此同时，建筑的综合效益将是建筑更趋合理的表现，尤其是环境效益。加拿大建筑师约翰麦克明在论文《第四次浪潮》（*The Forth Wave*）中将建筑的可持续发展的设计观念作为第四次浪潮的集中表现，其根本就是生态建筑的当前技术化。建筑作为一种文化世界向使用的公众开放，呈现为一种开放结构、动态意义的公共解释空间。保罗·利科把文本生成描述为"根据特殊的形式规则，将对话编码后的对象，直接交流到语符系统，产生与接受者必然的间距，通过解码达到信息的过程"。与其说建筑作品依赖某种外在模式获取意义，还不如说作品本身就呈现出一种"召唤结构"。尧斯（Hans Robert Jauss）认为，一部作品"并不是一个自身独立，向每一个时代、每一个读者均提供同样观点的客体。它不是一尊纪念碑，形而上学地展示其超时代的本质。它更多地像一部管弦乐谱，其在演奏中不断地获得读者新的反响，使作品从语言的物质形态中解放出来，成为一种当代的存在。"建筑以不同特质的存在形式载负着意义的世界，又引发新的主观意向性，意义生成的多种可能性，还指涉着新的文化语境，一个无限可能性的空间。

建筑作品作为人的生命精神的超越性中介本体，其根本原则就是生成。建筑作品的生成，标志着创作活动得以现实地完成；而建筑师和公众相连的意义世界是永远开放的话语体系，不断地处于增量或减量的文化建构之中；在当前状况下，相对于使用者及受众而言，建筑形态的建构是在某种先验的理想和统一原理制约下的环境、空间形态的生成。在建筑内部，功能分区理论（一种功能对应一种空间形态）以形体创造为媒介，对应于设计规范和设计原理而指导现时的设计。设计师把民众的生活内容抽象为理性的功能，并在设计所及的各环境层次中建构相对固定的空间体系和技术物质体系来与之对应。按设计师的理解，一旦其形体实现后，便能驾驭人们的生活、行为及情感。这种依据某一时间断面上功能与形式的关联性，客观上导致了一种终极性形态目标。设计以为已经为人们的生活作了完美安排,但这种环境形态的终极性特征反过来制约了生活内容的生动性、多元性和渐进性,这属于一种偏离的文化预置,反映建筑形态变化的单极性特征。现代主义之后的各种风格、思潮和主义都没有改变建筑形态建构的方式和途径。建筑理论认定的价值观被强加于使用者,助长了同一性和标准化,文化和价值观念被人为简化,设计常常以自我表现作鞭策,忘却了与民众情感趣味的交流。但不能让这种"原创力"欲望最终沦为了争奇斗艳的形式创作,动态的高层建筑空间与形式也须在理性的指导下进行思维,特别在一些发展中国家尤其如此。

单从表层看,高层建筑创作中的"失语"现象反映了一部分建筑创作实践的无序;但从深层剖析,是中西、古今建筑语言之间错位的基本矛盾的反映。"失语"导致建筑创作中意义的缺失、创造性的贫乏和价值观的扭曲;"失语"还有文化虚无的色彩。建筑需要走向世界,同时更需要走向真诚和真实——适应当代城市生活,实现建筑创作范型的转换。近年来,许多让人震撼的前卫建筑在阿联酋的迪拜不断涌现,时光住宅(Time Residences)大厦(图4.76)即是其中最奇特的实例之一。这座位于阿拉伯半岛城的高级公寓建筑虽只高30层,但每套住户均可以获得360°的观景视野。这源于其核心筒具有太阳能储存功能,并利用这些能量对重达8万吨的整个建筑进行旋转,每24小时可以转动52°,这是当今世界上第一座旋转式的高层建筑。无独有偶,也即将在迪拜建设的80层的"旋转摩天楼"建构了一种新的动态变化的形

图4.76 时光住宅大厦

态文化(图4.77),大楼在旋转时形成了变化的体态,提供了丰富的视觉文化,生动地表现了自然世界的复杂性和多样性,极具个性。此外,这座建筑还具有生态的意义,它采用了生态动力学供应电能,来自大厦楼层之间的79座风力涡轮机提供的电力完全自给自足,除了有效利用风能,大厦还装配大型太阳能板利用热带地区丰富的太阳能。

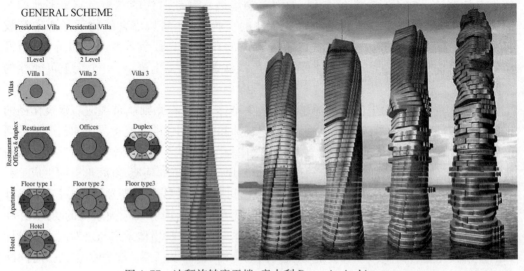

图4.77 迪拜旋转摩天楼,意大利 Dynamic Architecture

当代高层建筑的动态文化特质探寻以旋转或扭转
形态表达是其策略之一,而这也自古有之。如尼德兰画
家 Pieter Brueghel 1563 年的油画"巴比伦通天塔",就是
早期旋转高层建筑的雏形,这种思想延续的作品有塔特
林在 1919—1920 年创作的第三国际纪念碑(图 4.78);
再后来就产生了美国科学家沃森、英国科学家克里克的
DNA 双螺旋结构模型,螺旋结构是自然界最普遍的一
种形状,是在一个拥挤的空间,例如一个细胞里,聚成
一个非常长的分子的较佳方式,譬如 DNA。螺旋是自然的
存在,具有生理和伦理的双重基础;贝聿铭事务所在建
于 20 世纪 60 年代末的芝加哥汉考克大厦广场前的雕塑
包含了"旋转"的理念,随之在 90 年代实现了一些平面
渐变(比如从方形变成圆形)的摩天楼方案,虽然是传统
的核心筒 + 表皮结构,但在体形上形成了"扭转"的优美
效果,如西班牙伊斯巴修大厦(Torre Espacio)(参见图
4.21),这个建筑从不同的视点看均有着不同的形态,其
体型的切削在平面和剖面上同时发生,因此姿态优雅、
富有活力;再后来就是卡拉特拉瓦从结构上做到真正扭
转,如瑞典马尔默旋转大楼(图 4.79);以及福斯特设计
的莫斯科水晶岛(图 4.80);英国建筑师事务所 RMJM 设
计的"城市宫殿"(图 4.81);Herzog & de Meuron 设计的
罗氏制药公司新总部(图 4.82)采用了呈阶梯状的螺旋立方体设计方案,是一种方向相反
的双螺旋形;最后是动态的真正旋转大楼的出现,如前文提到的迪拜旋转塔。

图 4.78　第三国际纪念碑,俄罗斯

　　由自下而上渐渐收缩的螺旋钢架
围绕一个倾斜的中轴构成,钢架为赤红
色,异形玻璃在碑身内部隔成多个空
间,四块平台以设定的节奏分速旋转。

图 4.79　马尔默旋转大楼

来源:http://images.google.cn/imglanding? imgur

图 4.80　莫斯科水晶岛

图 4.81　城市宫殿
来源：北京规划建设，2006，(4)
摩天楼的两个带状体，被锁定在一种紧张
的、但流动的上升姿态。

图 4.82　瑞士巴塞尔罗氏制药公司新总部
源 http://soufun.com/news/2008－01－03/1436788.html

　　反映动态文化的建筑时尚化带有盲目性和功利性，在一定程度上造成了社会资源的浪费，也不利于建筑文化的多元化发展，但它反映了人们在经济发展的过程中，急于通过建筑寻求先进、现代的社会认同的思想。对此，我们应采取批判的态度积极应对，一方面防止出现权力和资本在市场中独大的局面；另一方面在理论层面上对实践形成理性的引导力量和批评系统。针对其设计的中国 CCTV 大楼，库哈斯表达了这样的论点：独特的建筑表达和带动了大都市文化的突变，大都市文化的本质在于变化。在理解变化的需求之后，他的方案旨在消除传统高层建筑水平和垂直的界限；改变以往摩天楼的孤岛效应；打破不同楼层的隔阂，加强上下的联系，提高整座大楼的运作效能。库哈斯意向中的水平方向和垂直方向都构成的"环"，建立了新的都市景观而非指向天际，外立面的网格表现了

"力"在结构中的传递,似乎是以此消解悬挑空中带给人的恐慌。库哈斯认真剖析了当前中国经济发展状况和城市文化渴求,认为在接受高层建筑的创造性方面中国最为适合。他曾说:"这一建筑也许是中国人无法想象的,但是,确实只有中国人才能建造。"中国人对未来的期待(包括建筑)和由此产生的能量决定于国情使然和经济发展意识,毫无疑问,库哈斯敏锐的捕捉到了这一点,并将其放大于中央电视台大楼的设计之中。诚然,中国实际的国情,使得中央电视台具有强烈的象征色彩,它本身处于独特的垄断地位,在信息传播中具备其他媒介所没有的权威性和渗透性,因此中央电视台是唯一的特殊媒介,这一家独大的特点构成了高端传媒的品牌形象,因此经济效益注定了它的自身优势,使建筑成为可能,使象征成为必然。而由美国 Gensler 建筑设计事务所创作的上海中心大厦"龙形"方案(图 4.83),从外观上看,"上海中心"像一条盘旋上升的巨龙,"龙尾"在大厦顶部盘旋上翘,其 580 米的"身高"也将成为上海新高度;与此创意相似者还有 KPF 设计的伦敦主教门大厦(图 4.84)。

　　西班牙建筑师 S. 卡拉特拉瓦是较负盛名的动态建筑文化特质创造者,他设计的芝加哥螺旋塔外观(图 4.85)呈螺旋状,像一把螺丝刀,随着高度的攀升每层楼旋转 2°,楼层的宽度则递减,外饰材料采用的不锈钢使建筑宛如一座冰雕。楼身沿着顺时针方向旋转而上——这种设计能够引导风沿着楼的外立面上升,从而减轻在水平面上的冲击力对楼体的影响。由于风压被均匀分布在各个侧面,因此与同类的矩形建筑相比,这栋螺旋形摩天大厦的晃动幅度要轻微许多。而这与他在瑞典南部城市马尔默旋转大楼的设计异曲同工,马尔默旋转大楼共有 9 个区层,每区层有 5 层,有 152 个单元,每区层都旋转少许,使整栋大厦共旋转 90°。他设计这座大厦的灵感来自一件身体扭动的人体雕塑(参见图 4.79),卡氏的言论"我希望建造与别人不同、技术上独一无二的东西。"代表了他的心声和创新追求,传递了一种创新信息。

图 4.83　上海中心大厦

图 4.84　伦敦主教门大厦

图 4.85　芝加哥螺旋塔

来源:http://www.design.cn/
hysj /2007 -04 -24/7052. html.

　　而文化本身属于信息,信息和物质材料、能量一样,是并列组成客观世界的三大基本要素。随着信息社会的到来,信息在生产、生活、文化、流通等各个领域日益显示出它巨大的效益和作用,信息已经成为经济建设的战略资源。但目前,我们在信息应用上,表现为物质引入与文化分析上严重的不对称。在建筑创作设计方面,往往见物不见人、不见文化,缺乏战略性的远见,盲目整体引进,缺乏系统思考和评估,这样缺少针对性的信息建设,对薄弱的文化理论体系只会造成冲击,弊大于利。按照顾孟潮先生的划分,信息包括五类,并构成一个信息塔,由下至上依次为:原始信息、操作性信息、认识性信息、理论性信息和综合性信息,其中后三类信息对文化创建和更新、深度拓展具有重要意义。

　　创作的本身是一个不断变化的运动,没有任何的理论、程序能够指导它、预测它的未来。宇宙万物的发生都有其充分的理由,但自由意志却获准例外。建筑创造的理由不受逻辑必然性的严格强制约束。20世纪80年代,结构主义及其派生的思潮,特别是后结构主义迅速取代了各建筑院校中的其他理论学派。结构主义在纯粹的形式层面展开,并占据主导地位,使建筑作品的文本式阅读及形式的自主性趋势加剧了建筑与日常生活经验的疏离,使得建筑逐渐演变成一种纯粹的形式游戏。而法国哲学家、城市社会学家亨利·列斐伏尔认为:结构主义是技术理性对知识领域的扩张,提出要以日常生活批判来抵制结构主义对社会和人文科学乃至建筑话语的全面入侵。列斐伏尔对日常生活的批判与当代建筑学的关系是复杂和多元的,从日常生活视野出发,一方面,不仅在设计思想上肯定了平凡卑贱的日常生活所具有的创作性,体现了对当代建筑思想中的英雄主义和逃避主义的批判,而且在设计策略上,也是对那些秉持所谓"折叠""巨构""错位"等新前卫思想的有力批判。另一方面,建筑的明星体制所制造出的新奇和自大风尚在我们的城市环境中愈演愈烈,即便是著名建筑师的作品也日渐标准化,成为不断复制的商品。因此,将建筑根植于生活中,对技术理性和市场化力量所造成的城市和社会环境的陈腐和平淡有着积极作用。而21世纪的生存环境和人的生活行为模式将是一个律动、变革和动态的人类社会发展新时期,高层建筑的高速发展是源于社会和人们的生活需求,以现代科学技术为基础和原动力,在社会和人类的演进、变化中不断完善为多层次、多向度、多学科相综合的宏大而复杂的人化科技系统,广义的高层建筑功能概念应是包含着使用要求、精神功能、城市景观、社会、环境、政治、经济等,以人的生活目标为中心的动态观念,与传统的认识有很大的差异。高层建筑在进行动态文化特质创意时,必须遵循理性的、科学的原则。一如里伯斯金在纽约自由塔竞标方案中的形式与技术的有机结合(图4.86);大连期货广场大厦双曲线形态(图4.87)和符合余弦曲线规律的伊斯巴修大厦的形态演变(图4.88)。

　　适变性的高层建筑空间具有艺术上的模糊性,它表达了适应社会发展需求变化的动态文化观念和模糊美学价值,它能够满足人们不可预测的变化需求和市场动态;以人为本的适变功能空间体现了一定的人文主义精神;动态的空间实现了造型和空间功能的彻底分离,使二者都具有更大的自由度。基于动态策略的高层建筑文化特质追求除了表现动态的形式外,还有动态空间的营造。当代高层建筑空间有进一步走向开放的趋势,空间的包容性、互换性更强,表达出空间功能混沌和形态模糊的美学价值,也表达了高层建筑本质——人性化空间,因人性化空间具有时代性,时代性最本质的特征就是"变化",变化势必引发空间功能和形态的多样化和模糊化。因此，当代高层建筑空间表达了求异思变的动态文化观。如哈迪德(Zaha Hadid)设计的迪拜 The Opus 大楼旨在挑战传统的办公室空间概念(图 4.89)，三个独立的大楼被合并成一个完整的立方体，然后再开始在立方体中刻去一个自由形体，创造出一种动态的密度特质，透过流动的自由曲面，框架出不同的都市景观，开始营造出建筑与都市之间的关连性与动态的对话；还有艾森曼在美国得克萨斯高层建筑方案提出的流动空间创意(图 4.90)，反映了生活世界的动态变幻性。

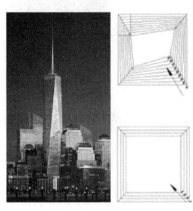

图 4.86　纽约自由塔

来源：http://news.163.com　2005 - 06 - 30.

图 4.87　大连期货广场大厦

形态虽扭转而显不规则，却暗含理性的动态规律，实则自然并符合科学之理性。

来源：http://images.google.cn/images？hl.

图 4.88　伊斯巴修大厦，马德里

图 4.89　The Opus 大楼

一栋流动的、具有空间性的建筑，一栋拒绝接受传统定义下的办公空间的机能性的建筑。

来源：http://www.eggo.com.tw/blog/egg/designer - blog - 568.html.

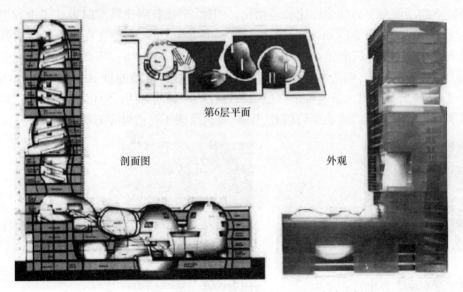

第6层平面

剖面图

外观

图 4.90　美国得克萨斯大楼方案动态可变、流动空间

来源：Peter Eisenman . Deconstruction. The Images Publishing Group Pty LTD. New York，USA，1989.

　　在未来世纪里，建筑功能因其人们的价值观、社会心态、文化层次和思维方式的不同，从使用对象需求到建筑策划所面对的建筑功能是复杂性与矛盾性的物化形式结果，不仅仅是某一建筑空间的用途而已，因此，它应具有建筑功能的兼容性、综合性、可替代性和灵活性的动态特性。21 世纪的高层建筑为了适应更为复杂的社会时态的显在功能和人的行为心理潜在功能的动态变化需要，其建筑功能创意的出发点应是注重动态观念的适应性、灵活性和代谢增容性等方面施展才干；高层建筑可说是一个高科技的物化产物，它既要依托于高科技的发展而发展，又要使建筑功能在高科技的支撑下实现人们对物质与文化生活环境的追求。未来的高科技水平及其设备更加先进和完善，尤其是设备技术的革新与成果几乎可以创造第二自然环境。高层建筑作为一个以人工环境为中心的设计概念，正在受到公众和建筑师的重视和推崇。动态的形象展示反映城市与生活的多样需求。哈萨克斯坦的阿尔马特市（Almaty）将建造的一座商务中心大楼，造型奇特，被称为"生活之匣"（图 4.91）。从形态上看，它由若干大小不一的方块组成，彼此错落，宛如拼图玩具。设计者希望以此来表达现代商业社会充满变化的特质。其内部空间与外形相呼应，分为独立的办公场所和公共区域，功能安排合理，在各个方块之间设置看似随意的空中花园，立面上的百叶窗可以在一天之中展示不同的变化，进一步使得建筑表现出动态的面貌。

图 4.91　生活之匣

此外,动态表皮属于表皮的策略。作为高密度城市空间里的极端代表,受限于场地,建筑的边界别无选择地占满用地,它们与城市的关系被挤压为一层二维的面,它们所要传达的信息也都汇聚于此。

20 世纪 90 年代末,奢侈品行业也出现了激烈的消费竞争。表现在其品牌店的建筑上,一些传统顶尖品牌纷纷邀请明星建筑师设计他们的旗舰店。如赫尔左格与德梅隆、伊东丰雄及库哈斯等都参与了这类消费世界的都市景观营建。其中赫尔左格与德梅隆设计的丰田公司普拉达(Prada)青山店(图 4.92),6 层的高度呈不规则水晶状。建筑师在考虑区位、法规、日照和与环境协调等方面之后,提出建筑应有自身的逻辑。这座建筑以其通体覆盖的网格状表皮而绚丽夺目,这由 840 块菱形玻璃组成,其中有 205 块凸向建筑外弯、16 块内凹。在这里,建筑没有设置通常意义上的窗。在不同的时间里,在不同的角度位置,凹凸不平的建筑玻璃表皮呈现出一种变幻莫测的光影效果,充满戏剧性,营造了极强的商业气氛。伊东丰雄设计的 Tod's(意大利最负盛名的皮具品牌)东京表参道店(图 4.93)共 7 层,在东京高密度的街道上如何凸显这座小建筑? 这就是伊东丰雄所要表达和强调的存在感。由此,建筑师将来自表参道上的绿化景观引入构思,他将榉树的剪影进行复制和重叠,同时把建筑所处的场所看作一种连续空间,然后根据用地的形状来对连续性进行切割并将所形成的断面作为一种立面来表现,最终形成树的造型。这种方法使榉树这一独立自然体本身所具有的结构合理性表现出一种新的形态,而这种形态具有复杂与差异的特质及一种不同以往的表达逻辑。真实的榉树与抽象的表皮共存于一个场所,强烈的对比与反差产生了有趣的诱惑,在玻璃建筑林立的街道上,建筑师将形式感与象征性创新地结合在一起,作出了对建筑的存在与生命力的诠释。

图 4.92　普拉达(Prada)青山店

图 4.93　Tod's 东京表参道店

在这里,商业利益和消费心理是上述建筑展示动态表皮的内在原因。个性化体现是这个时代的强烈印记,于是借助建筑表达一种异乎寻常的视觉张力和对消费文化的追求。当表皮成为建筑与城市、与生活交流的媒介与途径时,其意义也就超越了传统建筑学的范畴,进入了当代社会更加多元、复杂的经济和文化语境。与封闭建筑系统和环境有能量交换而无物质交换不同,由动态表皮所构成的建筑系统是开放系统。动态表皮系统依附于环境,可以对环境的变化作出十分灵活而多样的反应,从而呈现出丰富多彩的拓扑空间演化。在动态表皮的空间设计中,"空间情节设定"代替了静态的功能概念,成为对建筑和空间使用功能的预设。动态表皮系统使建筑充满了活力,也赋予了建筑师更多的创作自由。

建筑成为社会事件的一部分,反映社会的生活方式和审美取向,其核心价值在于是否拥有了足够多的社会注意力资源。如果这个建筑取得了成功,其意义是建立在社会学而非建筑学之上的,它作为社会信息主体所具有的价值含量要大于建筑形态本身。消费文化导向下的商业建筑可以被看作建筑学对消费社会复杂状况的一个反应,而在当代建筑无法抗拒消费文化影响的情况下,怎样摆脱传统建筑学对我们的限制,怎样避免走进片面迎合商业意志的审美困境,以及怎样建立一种消费时代的建筑文化景观,是我们要认真思考的。

无论是高层建筑动态形式的独特演绎,还是高层建筑动态空间的探寻,目的都应是指向人类精神生活世界,指向人的精神维度,从而通过动态文化特质的创意,达到大众审美视野的拓展,以及生态文化审美思维的建立,最终建立基于高层建筑动态文化的具有生命意义的生活世界。因此,从这个意义上而言,探索高层建筑动态文化特质创意策略是具有积极意义的。当然,任何方式方法都不能陷入极端,动态文化特质追求也不能走入极端化审美的误区。

2)基于仿形与人文的创新策略

如本书第2.5部分所述,来自于生命存在的物化启示使身体成为艺术表现的一种对象和手段,身体直接成为艺术媒介,人体成为了当代审美文化的主题。反映在建筑领域,开始重视身体体验,出现了现代建筑审美文化表现出的身体本体化倾向,虽然它是审美现代性发展的必然结果。强调身体经验与直觉体验是被理性文明异化的现代人返回真实自我的途径,身体本体化意味着人对自我的重新理解,从理性的、精神的、文化的人转向感性的、自然的人,在此意义上,这种仿形的创意策略值得进一步深化探索。如前文提到的莫斯科"城市宫殿"大厦(参见图4.81),有机的螺旋缠绕形式给人以美的享受。它的两个互相缠绕在一起的带状体使人联想到男女之间的结合,隐含有婚礼主题的延伸,具有生命存在的物化意义。还有位于萨拉热窝的"双折板"大厦(图4.94)用两个四角形结构组成,垂直的核心部分连接在一起,无论是垂直方向还是水平方向都有各种灵活设置的空间。高100m的优雅楼体形如翩翩起舞的双人舞者,充满了多样性和独特性,可以看到Miljacka河岸的细长身躯上的各种开放孔洞如梦幻一般。这与哈迪德的迪拜舞蹈大厦设计创意如出一辙(参见表4.6)。此外,建筑的正面反映出临近地形的体系和

图4.94 "双折板"大厦

来源:http://images.google.cn/img landing? imgurl,2009 - 02 - 16.

逻辑,大厦的存在将分散于此的住房和周围的山峦联系在一起,组成了开放和封闭空间的独特模式,构成了极具动感的图画。强调身体体验的建筑创作尝试还有马岩松设计的加拿大密西沙加市"梦露大厦"(图4.7),它对人体曲线的刻意模仿惟妙惟肖;以及阿联酋"Leg"大厦(图4.8)对人体的联想。Bjarke Ingels 等创作的上海2010世博会建筑"人"字大厦堪称最具象的仿形高层建筑(图4.95),言简意赅,建筑师的意图简洁明了——它就是一座地标。

夜景正透视　　　　　　　　　侧向鸟瞰　　　　　　　　　景观轴线

图 4.95　"人"字大厦

来源:http://www.big.dk/big.html,2009-02-09.

　　去除精神的低俗化与平庸化是高层建筑创作的目标之一,重视人文价值体现应贯穿于高层建筑创意的始终。正如第 2.5.1 节所述,当代的建筑师们反对历史文化身份的厚重,反对充满理想精神与超越性价值追求的生存方式,转而追求的是价值虚无的平面化生存,从而导致人类精神世界的平庸化;当然还表现为建筑师对自然和社会的宏大主题漠视。关注大众生活维度和审美视野,关照人类心灵健康,高层建筑创意人文的策略是其兼容性文化特质的表现。建筑师赫尔佐格与德梅隆设计的北京中关村TPT项目(图 4.96)形象独特、视觉冲击力强。TPT 的立面设计强化了建筑的城市雕塑感,立面中的每个三维曲面都被分割成无数的三角面并呈轻微起伏凹凸,TPT 随着一天光照的不同变化,会呈现自然的立面色彩渐变,从白天放射蓝天白云到夜晚散发出一片姹紫嫣红。日暮黄昏下,"水晶山"自然景观成为北京西部中关村的城市冰雕景象。建筑师这样表达自己的设计观点:"我们试图把建筑美学、技术、生态的要求与体现中国传统文化的设计理念相结合一起进行一次标志性的图像表达。我们设计创造了一个独特的建筑形象:三个建筑体量融为一个建筑体量,三个建筑既独立又互为整体,成为一个视觉形象中心。当你把她看作一座山时,你会说这是上帝做的。这座山与那座山不同,当你穿越其间,你会发现他们彼此不同。而在北京,每一栋房子都惊人的相似。"TPT 无论从造型、空间、结构,还是材料、表皮、节点均是对当前时代观念的映照,对未知世界的真实探索与虚拟构想。她如天边凝固的音符,让经过者与驻足者体会到流动的韵律,成为日常可见的城市永恒雕塑,她向前发展的精神力量是时代的烙印与精神载体。这个方案面向城市文化价值实现和大众生活多样化,直接而具体。前文提到斯蒂芬·霍尔设计的北京MOMA(图 4.97)突出了对生命体验和感受的重视,"生活环"的概念实质是大众生活关系的具体化,对人文生活的描述隐射于建筑之上。

图 4.96 中关村 TPT 项目

来源:http://www.china - moma.com/dangdai.

建筑灵感来自于Henri Matisse的
油画名作"舞蹈"
8栋建筑由空中连廊相连贯通

图 4.97 北京 MOMA 的生活环

来源:http://www.china - moma.com/dangdai,2009 - 01 - 11.

另外,来自自然界生物的启发而创作的仿生建筑近年来也大量出现,这些建筑不仅视觉形象突出,而且符合生态学原理和结构技术科学。这种现象其实起端于对大众生活需求的回应,以及人与自然和谐共生、自然世界有机联系的原理,因此,这种思维创意策略其实是对人类文明和人性生活的关照,它把我们的生活圈引向大自然、让我们把视野投向周围生活世界。如马岩松创作的天津中钢国际广场(图 4.98),它的外观就像"蜂巢",给人以蜜蜂的"家"的联想。此外,其蜂巢状外部结构起到了另外的作用,首先,作为承重结构,帮助调节光线和热量进入大楼内。通过利用 5 个大小不同的六角形窗户的交替外形,国际广场的房间可以获得充足的阳光,同时保持合适的温度,夏天不需要空调,冬天不会有太多的热量流失;其次,由于蜂巢状内部结构起到大楼支撑物的作用,意味着大楼内部不需要保留广阔的基础构架,从而腾出更多空间用作其他用途。当然,这种"蜂巢"作为办公楼似乎让其中的人有"辛勤忙碌的蜜蜂"的感觉。SOM设计的迪拜 Jumeirah Gardens(图 4.99)就如一簇水仙花开放在河中,清新雅致,充满生活意境。

但也应该看到,过分强调身体经验使审美现代性走入了另一个误区,即将短暂、偶然的身体感觉赋予永恒和无限的意味。感官经验取代对一切精神价值的追求,在西方,它表现为世俗生活的此岸世界与宗教信仰的彼岸世界的断裂,在中国当代社会中则表现为传统的伦理道德和价值信念在社会生活中的失效。

3)基于数字文化与信息审美观的人文创新策略

图 4.98　中钢国际广场

知识价值规律、信息经济的理念已成为社会共识,在建筑发展的未来,信息时代的全新审美观——信息审美观将极大影响建筑的创作,"信息建筑文化"得以建立,它具有开放性、流动变化性、兼容性和可灵活选择的特点。在工业时代,技术含量使建筑文化变成"国际性",在信息时代,建筑文化的国际性将由它的信息含量、对生态环境的适应性及技术先进性、适宜性决定。在工业时代,标准化和同一性是提高经济效益的必要条件,在知识经济时代,多元化与差异性才能创造更大的经济价值。因此,具有千差万别的人文信息将得到重视,并影响建筑的创作和未来发展,特别是对于具有城市重要影响力和信息量大的高层建筑。

图 4.99　Jumeirah Gardens

来源:http://architecture.myninjaplease.com/?cat=50,2008-05-21.

同时,建筑负载特定的信息,表达特定的意义,保护特定的可传承的文化。建筑负载信息的特征具有独立的价值,可以独立于功能、技术、美学而存在。应该看到,建筑从开始就不是纯粹为了功能目的或是美学追求而建造的。建筑中蕴含的信息,不仅仅是建筑的实体形象和这种形象所表达的东西,更深远的是来自人们的感受,而这种感受具有因人而异的特点,并且可以流传,因此,信息具有文化的特征。

人体验建筑的过程实质是接受信息的过程,信息的来源在于个体间的差异及其给出的不可预测性。但是,贫乏的信息不会使人产生兴趣,重复的信息只会使人焦燥,泛滥的信息则会让人厌恶和恐慌。建筑负载和传递的信息可以来源于对已存在的形式、理念的否定、突破,也可来源于诸多元素有趣的组合方式,因此,建筑的信息文化具有分形的特点,而且是持续与多层次的。在建筑创作中,建筑只有不断地提供信息,才能让观者兴奋,交流才成为可能。建筑作为一个具体的几何体,具有一个特征尺度;在人们观察的变换过程中,尺度每变化一次,都会出现新的信息,获得不同的感受。高层建筑就具有这种鲜明的信息传递特征,远近高低各不同,而典型的美的建筑没有尺度,因为它具有一切尺度。现代建筑具有明确的功能分区、清晰的结构形式和简洁的轮廓,其预先设定了人的活动,静态的、被决定了的状态缺乏变化,在传递信息方面,因而表达的信息也是有限的。理性和秩序造就了它的伟大,但也容易造成僵化和贫乏,可感受的新的信息量减少,建筑因而显得沉闷和雷同。诸如现代城市中带有相同信息的高层建筑,就使城市枯燥和了无个性。后现代主义在建筑领域的一些尝试,增加了建筑的信息,提高了建筑的可读性,从而恢复了建筑作为文化信息载体的功能,但它只是囿于历史、话语有限,充其量只是比现代建筑多了一层更有变化的表皮。根据混沌学的描述,未知世界具有令人振奋的多样性、充分的选择等特点。处于这样一个有序与无序伴生、确定性与随机性统一、简单与复杂交叠的世界,单纯追求有序、精确、简单的观点是不全面的。图形的美感来自它与人认识世界的共鸣,简单的图形在人们更加深入地认识世界之后,开始失去这一特质,分形结构表达了自然界"有序和无序"的和谐。

在建筑的信息来源上,解构主义认为建筑不应是一种确定的、有明确含义的终极状态,而是混沌的,如盖里、库哈斯的作品。盖里的建筑可说是这个纷乱、四处充塞着信息的世界的直观反映,它给人一种众多不和谐的信息在短时间内爆发的感觉,直接而个性彰显;而库哈斯的作品充满动感和张力,再现了大都市生活的特征,反映了他本人所受纽约"拥塞的文化"的影响。德里达认为"解构主义反对整体性,重视异质的存在,把事物的非同一性和差异的不停作用看作存在的较高级状态。"由此可见,解构主义强调的是过程,而不是状态;重视的是演化,而不是存在。但是,无论信息产生的来源如何,其根本都应承载城市文化和人文主义的传播。

毋庸置疑,信息技术的发展对我们的生活世界产生了深刻的影响,大大冲击了我们的时空观,尤其是在当代;我们应重新认识这个未来不可预测的世界。信息时代的视觉符号已然超越了语言符号而成为文化的主导形态,电子媒介、数字信息取代了文字媒介,直观的形象取代了抽象的思考。21世纪是一个崭新的信息社会时代,人们虽然不能完全知晓未来,但可以预测和创造未来。在信息时代,作为第四产业的信息产业将更加迅速发展,它将带动和支持一批与信息技术密切相关产业的发育和成长,以信息为基础创造财富体系是经济发展的重要因素,信息技术被绝大多数劳动人口所掌握与应用则是21世纪工作及生活行为的主要特征,由于全球信息网络的建立和发展,为人类开拓一个崭新的空间,将使人类的时空观念出现一个根本性的变革,对人、建筑及相依托的社会环境都会发生巨大的变化和影响。在世纪更替之际,我们将如何去预测、感知和把握未来,从高层建筑发展趋势和设计创意的展望中提出种种猜测、分析和点滴启示,积极做好思想和技术准备,以接受未来世纪的发展和挑战。

信息时代建筑美学拓展为虚拟时空观念,非对称、反均衡、分形等新的美学概念纷纷出现,它把形式美拓展到非欧形式美学领域,表现出从三维到分形的审美倾向。数字文化建构了全新的空间美学标准,以超常的分形复制、扭曲、折叠等创造出了前所未有的自由的、流动的、有机的数字空间美学,似乎正在开辟一个潜在的世界。作为其哲学基础,德勒兹(Gilles Deleuze)的思想在数字建筑领域广为应用,德勒兹的思想呈现出一种连续的状态,表达出多界面、多空间、多环境的连续,他的理论与当代空间观、数字建筑思潮相对应。信息文化带来建筑空间的复杂性与功能内涵重组。库哈斯在获取普利茨科奖时曾经感言:在数十年,也许近百年来,我们建筑学遭遇到了极其强大的竞争……我们在真实世界难以想象的社区正在虚拟空间中蓬勃发展。我们试图在大地上维持的区域和界限正在以无从察觉的方式合并、转型,进入一个更直接、更迷人和更灵活的领域——电子领域。……我们仍沉浸在砂浆的死海中。如果我们不能将我们自身从"永恒"中解放出来,转而思考当下最急迫的新问题,建筑学不会持续到 2050 年。著名建筑史学家 S. 吉迪恩(Sigfried Diedion)在《空间·时间·建筑》著作中指出:建筑发展史从某种意义上讲是一部空间发展史。"建筑功能决定形式,形式服务于功能,而建筑形式又是建筑内涵的外化表现",这是建筑创作的一种规律。而高层建筑是适应社会发展的物质精神产品,是宏大复杂的人化科技大系统,其科技地位必然表现在历史的大变革之中。21 世纪里,全球信息网的建立和发展为人类开拓了一个"崭新"的空间(Cyberspace 电脑虚拟空间),它将使人类的时空观念和行为活动出现一个根本性的变革和改组,对人、建筑环境、城市等都将产生巨大的冲击和影响:

(1) 在信息时代,出于信息产业作为新兴的第四产业而替代原有的城市经济结构体系的地位,城市主要功能将由"物质集散、工业创造、商贸经济"等中心演化为"信息流通、管理和服务"中心,这种城市功能和结构的变化会直接影响城市发展与改造的观念和方法的更新。作为人类主要聚居地的城市性质、结构、形态等也将会发生一系列变化。

(2) 由于全球信息网的建立和飞速发展,使人生活、工作、休闲的场所都具有"千里眼、顺风耳"的功能,人们足不出户就可以从事各种活动,如办公、会晤、洽谈、信息情报检索、阅览、求学、科研及学术交流、诊病、购物、娱乐等,使建筑空间意义及其功能内涵产生重组发展趋势。

(3) 计算机与信息技术的进步将对人类社会和人的生存空间产生极大的影响。由于采用计算机和网络技术,可以方便地存储和提取信息,虚拟的世界能够模拟实体的建筑,如大量的办公文件、档案、图书、声像文献、研究资料、医疗病历等所需的物质的、固定的实体建筑空间将会被一种非物质的、无固定场所的虚拟空间(Vitual Space)所替代或部分地替代,而且,也将会出现虚拟的商场、银行、诊所、图书馆、美术馆及没有校舍和教师的大学等,因此,人类生存空间可以得到极大的拓展,在原有的实体、建筑空间之外,将会出现无限的虚拟空间,能给人、建筑、城市带来新的活力和能量。

(4) 从规划和设计出发,城市和建筑将考虑进行结构或重组。一方面,城市规模将在"群化"的演进中变得"小型化",城市各功能组团(居住、商业、文教、公共服务、工业)变得更为纯化、明晰,每个功能组团都将对外与全球通信系统相联系的网络,对内则有各种高科技信息终端的敏感元件、电子插座开关、遥控器等;另一方面,家庭所需的人居环境则成为集生活、学习、工作、休息和娱乐等综合功能的场所，人们可以自由支配时间，城市的"可居性"水平得到提升，居住环境成为每一个人的第一要素。

（5）高层建筑智能化趋势是以信息技术为基础而不断发展，"智能"被视为"人—机系统"。一方面，完善、方便的信息网络系统及其高科技信息技术具有极大的吸引力，成为新世纪社会进步的动因，但也会导致人的个性受到威胁、社会情态意识会受到冷遇；另一方面，由于信息革命正在形成一种以高技术为基础的所谓新的"国际风格"，这种前景大有主宰和驾驭社会之势。对此，建筑创作的取向应在考虑创造虚拟空间和虚实空间相结合的同时，注重人们生存、交往、安全、私密、愉悦、健康等行为心理环境的满足，人与人之间的交往不但可以高度发挥人的创造性思维，而且应当是社会的主导行为活动，因此，建筑实体空间仍然是驾驭虚拟空间的主导空间。

艾森曼运用造型文法（Shape Grammars）的观念编辑电脑程序以激发设计初期的灵感与可能性。他经常借由数字技术的帮助，将拓扑学、物理学等知识转化成形体操作上的基本概念。他认为：当数字工具大量进入建筑设计工程中时，常会发展出连设计者都感到惊奇的结果。他在莱因哈特符合大楼（The Max Reinhardt Haus）（图 4.100）设计中就运用了"回旋"的策略。这栋建筑位于德国柏林新区，它是个复合化的立体城市。艾森曼在此运用了"回旋"的策略来表达都市的多变与多元的"自我回旋"。在这个设计中，他先建立一个断面，再让断面配合"莫比乌斯环"的路径回旋，环中的法线方向会持续的改变，直到最后又回到原点，这造成建筑物呈现出转折的形体。雷姆·库哈斯的 OMA 事务所设计的深圳新证券交易所大楼（图 4.101）位于深圳新的商务区，建筑高 250m，能容纳 25.9 万 m^2 的办公空间。这座大楼的核心概念是"漂浮的基座"，库哈斯这样描述它："抬升基座增加了大厦的曝光度，提高了大厦的位置，能向整座城市的证券市场'发布'最新活动信息。"该大楼不单是一个汇集办公室的交易场所，而是视觉上的有机整体，表现和描绘了证券市场的程序。这样，建筑以形态文化兼述了功能文化，形态代言了信息。

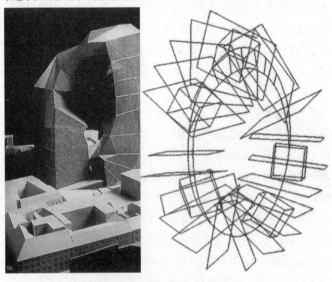

图 4.100　莱因哈特符合大楼

来源：http://www.geocities.com/arquique/peter/petermh.html.

图 4.101 深圳新证券交易所大楼

数字技术开阔了高层建筑的创作视野,丰富了高层建筑的形态创意,使其"生成"越发容易,高层建筑的边界趋于柔性与流动,高层建筑再也不以规则与方正所唯一,其界面可任意张扬与挥洒,这也使高层建筑与城市的对话更为直接与多样,与城市的结合也更容易。如SOM 设计的科威特阿尔哈姆拉塔(图 4.102),其曲线面纱般"雕刻"外形与类似高度的摩天大楼截然不同,这源于数字技术带来的全新信息文化内容。

在信息社会,网络化城市的视角研究高层建筑更多地是从社会学的角度出发,以后工业社会的特殊性作为切入点,将城市作为具体的研究单元。而信息社会的一个突出特征就是整个现代城市可被看作一个一切都在高度集成化的电子系统的掌握之中,"全面受控的"、运作的系统,这个系统是高密度、高效率且具灵活机动性。现代城市的建筑便是一个个为组成这个系统的各种人

图 4.102 科威特阿尔哈姆拉塔

的"行为"提供的安全的"容器"。如雷姆·库哈斯设计的深圳证券交易大楼(参见图4.101),就是这种思想的建筑实践。

在信息社会中,大量信息网络的小中心,将促使社会生活的许多方面向分散化发展、同时又与社会生活集中化的局面共存。互联网将使城市群分散化和网络化,并导致传统城市无限外扩发展模式的终结,从而创立与之适应的文化模式。同时,随着信息、决策科学等软科学群的兴起,对高情感的迫切需求,将促使文化和艺术融为一体。而在古代,建筑的美脱离了人类社会,人们以宇宙、自然的比例系统为参照系,试图建立"绝对美"的标准。随着时空交流的频繁和文化的演进,美的多样性和文化的多元性客观存在,这时人们试图从文化的层面去解释建筑和丰富建筑创作。

首先是信息化社会的城市图底关系的构建。20 世纪中期以来对现代建筑的批判,许多说法讲来是针对建筑创作的教条,我们理解倒不如说主要是针对现代建筑作品与传统

城市结构之间的矛盾。崇尚客体独立形象完整的现代建筑,与由街道和覆盖街区地块的建筑构成的传统城市,一直显得格格不入。给任何现代化程度比较高的城市画一幅黑白分明的图底关系图,就能清楚地看出这种矛盾。在世纪末年网络泛滥的生活现实中,作品与环境的关系,或者说图底关系,其边界无法以紧邻环境设限。在无边界的网络世界,摘取局部很难充分说明真实意义,无法解释作品蕴含的带有时代特色的各种信息。世纪末年一些完全反城市的设计形象——如盖里的作品,如果用过去黑白分明的图底关系分析它们与紧邻城市环境的关系,那么我们看到的将不是以往标准所说的完美和谐,而是强烈对比,不是连续完整,而是支离破碎。诚如中国国家大剧院之于长安街,CCTV 新厦之于北京 CBD。

图底关系转变引发一些创作倾向变化,不再强调个体与整体环境的和谐,而着重在作品的独特。发生在当代信息社会的这种转变,与 20 世纪上半叶强调客体独立存在的现代说法有所不同。无论形式多么奇特,与环境没有已经习惯的所谓和谐关系,今天的创作者受现实生活启发,已经把自己的作品纳入整个网络世界去考虑。宏观地看,作品个体不过是网络中的一个点,积极影响和破坏力都极其有限。从观众的角度看,评价建筑和艺术作品,不再只与作品相邻环境作比较。现今建筑创作存在一种倾向,作品用一些完全抽象的、由不同符合形成建筑语言。单独观察,这些抽象符号全没有意义,然而在网络之中,它们构成了形象。模糊提供的是一种不确定性,独立符号本身清晰肯定,但是不可理解,由众多这样的符号构成的整体似乎可以理解,却模糊不清。

纵观过去百年间建筑与艺术的演变发展,工业时代提出的理性化和标准化,产生了不同于过去的现代主义作品,但当代创作不断变化中有一个共同点:一直在引进非理性,让创作更加趋近于人的思考状态,随之而来的又是对这种"返回"现象的怀疑,重新回头寻找理性基础。Aedas 在阿联酋 Al Reem 岛设计"美腿"大厦(参见图 4.7),坐落在阿联酋 Abu Dhabi 岛上,"美腿"大厦被视作对传统高层建筑施工方式和结构形式的挑战。该项目由一座五星级饭店、酒店式公寓、住宅楼和办公楼组成,酒店式公寓和饭店需要较高的楼层来提供视野,同时需要大堂和娱乐设施;办公楼和住宅作为项目的资金来源位于较低的楼层。"美腿"大厦创造出两条性感漂亮的"腿",弯曲交错在一起,一条"腿"高 330m,饭店位于其顶部。两条"腿"的中部用一座天桥连接,同时衔接了上层的大厅,形成结构上的辅助支撑。与此建筑类似,扎哈·哈迪德受托在迪拜的商业湾设计了一个名为"舞蹈大厦"(Dancing Towers)的大型商业工程(参见表 4.6)。该工程由 3 座大厦组成,分别用作住宅、宾馆和写字楼,三部分共有同一基座,并分别在第 7、38 和 65 层两两相连,以此体现既一分为三、又融合为一的特点,这也为生活在其中的人们带来了便利。建筑群扭曲的造型宛如流畅的舞蹈动作,感性色彩浓厚。可看作扎哈在建筑水平方向一贯风格的竖向表达。谈到哈迪德,不能不解读一下她的与众不同的思想。扎哈·哈迪德的建筑思想中存在"解构"的成分,这反映在她一贯的建筑思想的革命性上,这种革命性来源于博雅尔斯基的影响,来源于马列维奇的至上主义的影响。哈迪德思想中的革命性主要反映在对固有的、传统的、不符合时代文化的一切观念的批判;同时,她并不局限于此。对于哈迪德而言,批判只是手段,并不是最终目的。通过对传统观念的批判,进而对建筑的本质进行重新定义,从而发展适合时代的新建筑,这才是哈迪德建筑设计思想之根本。哈迪德以自己的行动对人们在建筑设计时所持有的一种习惯性的认识和方法展开批判。以高层建筑设计为例,长期的认识和思维认为标准层是最重要的,标准层平面设计的优劣直接决定了整个方案的成败。因此,传统的高层建筑往往呈现出单一的建筑体量,进而陷入雷同。但是,哈迪德在"42 街旅馆"(参见图 4.12)的设计中,首先对上述高层建筑设计的固有设计概念和认识进行了批判,她认为:"高层建筑设计不是标准层的简单重复,而是要在一栋建筑里创造一个世界。不同的功能需要通过不同的方式来表达"。无疑,在这一点上,哈迪德的思想具有颠覆性和解构意义,与大多数人对高层建筑设计的传统认识的迥异。

综上,以数字技术表达信息空间、传递信息文化是创造城市文化价值的新策略,但作为信息文化载体的高层建筑创意应以人文价值的高扬为目标,以颂扬人性的光辉,积极关注人类生活和情感世界。否则,就容易片面化而走入极端。

6. 摩天楼的新价值观念和文化氛围:规模化策略

以规模发展创造优质、高效、特色、创新的高层建筑创意策略也是导致目前乃至将来高层建筑竖向高度摩天化、水平群体城市化倾向的主要因素。过去,囿于经济和观念原因,高层建筑在国内的发展受到限制;但近年来在我国,一方面,高层建筑发展逐步向小城镇覆盖;另一方面,在大中城市,高层建筑越来越高,展开规模越来越大,这种现象似不可逆转(图 4.103、表 4.10),虽然良性发展尚需要理论和科学指导。但只有客观地认识和评价过去才能更好的把握未来,由于国情、地域条件、社会、经济、文化发展的不同步性差异,世界高层建筑的发展历史过程也是人类文明和进步的不同写照。如果说 20 世纪 80 年代以来华夏大地兴起高层建筑高潮是中国经济及社会文明的一种进步的话,其建设规模的宏大效应和深远影响实在令世人惊叹。从文化人类学的角度而言,时下兴建的现代高层建筑应属外来文化范畴,因为它受美国和西方发达国家国际式的影响很大,是社会发展和经济文化交流的结果,它在文化经济交往中产生必然的趋同性和重组代谢的变异性,它与地方传统建筑文化并存。由于史无前例的大规模高层建设,在设计经验、理论、创作实践理念、设计行为手段和方法等方面的滞后性和盲目性,大量高层建筑作品带有复制照搬"国际化""洋而新"和苍白无力的痕迹,与世界建筑发展大潮形成了鲜明对比。到 21 世纪时,社会与环境条件发生了大变化,高层建筑究其自身发展规律,是一个复杂体系,是多学科立体交叉的结合点,也是很有发展前途的一种独特建筑形式,理应从完善自我的建构,到整体系统的追求与生态化创意,向优质、高效、特色和创新方向发展,由规模化向集约化、动态性发展,如东京六本木综合体。

大都会事务所(OMA)以 1996 年韩国首尔的托戈大楼项目(图 4.105)对摩天大楼的规模化发展提出了新的城市理念。他们认为当今一代的亚洲摩天楼只是在简单的高度层面上彼此竞争,完全忽略了其类型的创新。对此,他们在托戈大楼的研究中强化了其都市生活环境的。该方案将几座建筑物合成一座较大的整体,化零为整,不同的元素从各个方面相互支持:建筑上,它们形成了一个联合体;技术上,稳定性、入口、流线和维修等方面有机地结合起来;城市上,整个建筑成为一种新型的城市环境。这样的综合体处理方式使摩天楼不再是独立的单体,而创造出连续性、多样性、内容丰富而又不重复的特点。对于城市而言,这样的设计意味着摩天楼不仅仅是一个巨大的寄生虫,而将有利于创造新的都市生活环境,成为接纳公众的一种新渠道。

图 4.103　中国已经或准备修建的高层建筑

图 4.104 未来世界高塔方案

来源：根据《未来世界 7 大空中城市》相关图片整理自绘。

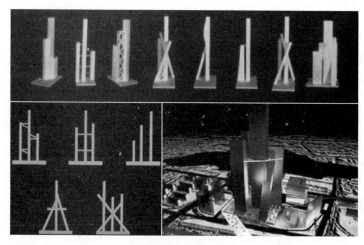

图 4.105 托戈大楼

来源：http://www.oma.eu。

蔚为壮观的高层建筑是人类生活城市化、高技术化进程中的产物,它显示了人类征服建筑高度,克服重心引力,充分利用有限的土地资源,开拓生存空间的自信和能力,并使未来社会日益滋长出一种新的价值观念和文化氛围,影响着城市形态、功能与结构的质地与肌理变化,重新塑造着、改变着人们的心理、性格、审美习惯和行为方式,潜在地影响着人们的思维模式、生活习俗和方式。在城市化和信息化的时代里,人口剧增和摩天楼大量建设之后,人们不得不生活在过于人工化的理性环境空间之中,被迫中断人与大自然的联系和人际交往,会使充满人性需要的心灵变得冷漠、干涸和孤独。对于这种新的价值观念和情感变迁所带来的建筑功能与形式的变化趋势,应是 21 世纪高层建筑物化环境价值观念及美学意识的立足点。

(1) 在高层建筑物化品质和文化艺术创意注重建筑是为人而不是为物的实用性原则,力求重构建筑语言的中心是人本位关系,以人和环境因素为核心去创造符合时代需要的价值观念和新文化氛围。

(2) 注重人们的价值取向和人类整体利益的平衡(社会、经济、文化效益),创造有意、有用和造福后代的高品位建筑产品。

(3) 信息社会"高情感"的情态特征和需求不仅表现在高层建筑的文化艺术影响力,而且也更注重于人们对建筑及其环境的实用性上。

(4) 对高层建筑的美学创造的价值取向和创造机制,要充分注重新世纪人的社会背景、生活情感、生存状况、人格构成、文化积累等因素,在审美价值观念、形式和评价方式、影响力和效果等方面,充分注意发挥建筑语言表意和物化形式的个性化、情感化和风格化。

位于法兰克福的欧洲中央银行总部大厦由奥地利蓝天组(Coop Himmelblau)(参见图 4.26)主持设计,大厦的别致造型重塑了法兰克福城市天际线。大厦高185m,采用多边形双塔结构,中间部位以中庭连接,不同楼层之间通过平台、桥梁、坡道和楼梯构成了完整的交通网络,犹如一个立体城市一样路径复杂,促进了不同办公区域的内部交流,也带来更多的观景视野。建筑师在设计中重点考虑了建筑的终极目的:人的使用、生活方式的诠释和办公文化的构建,显示了一种人文关怀,建筑反映了它的社会关联性特点。沙特阿拉伯王国中心大厦(图 4.106)为获得首都利雅得"第一天际线"美誉,利用结构技术顶部采用巨洞处理手法,通过了城市限高的法令的同时美化了城市轮廓;另外一座摩天楼沙特"英里高塔"欲挑战 1600m 高度(图 4.107),高度上规模将是惊人的。

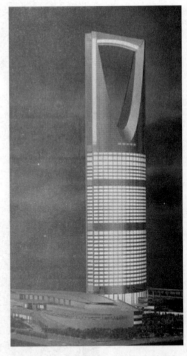

图 4.106　利雅得王国中心大厦
来源:http://www.oma.eu.

由于大都市人口过剩,人类将必须习惯城市规划和建筑的新变化。预计在 21 世纪,全世界一半人口将居住在大都市的摩天楼里,当然在 20 世纪,人们已成功地建造和使用了许多"玻璃盒子"式的高层建筑。21 世纪,人们在建筑面积、自然灾害的安全问题、节能、居住的舒适性和城市环境的改善等方面都使建筑形式的改革和更新成为了急需解决的问题。西班牙建筑师哈韦尔·皮奥斯(Javier Pioz)和罗莎·塞尔维拉(Rosa Cervera)设计的摩天城(仿生)超群大厦(图 4.108)是一个科学革新项目。摩天城是摩天楼的新生代第一原型,仿生大厦的诞生将是许多重要问题的答案,在不久的将来会变为现实。摩天城计划高度为 1228m,相当于一座 300 层的摩天楼,将是吉隆坡双塔 2.5 倍,可以容纳 10 万居民(因为建筑的一半将作为宾馆,故每年摩天城能供几百万人使用)的 200 万平方米的建筑面积分为 12 个"垂直区"(出于安全考虑,由空气层彼此隔离),其中包括饭店、居民区、办公楼、商业中心、大型仓库、电影院、广场和花园等。内部装有 365 部横向、纵向电梯分别连接每一个区域,电梯的速度将是 15m/s,形成有效的内部运输网络。连接摩天城的最大水平椭圆体直径为 266m×166m,集大型商业、体育、通信和公园等基础设施为一体,位于区域的中心。大自然的造型法则具有分形法则的特征,也就是说有限的空间/表皮下包含了无限的元素。仿生建筑就是分形建筑的一个实例。在突破千篇一律的道路上,模仿自然界的万物、特别是生物,是创造复杂、高效而优美的分形体的一个捷径,韩国人崔悦君的"进化式建筑"是一个尚不成熟、但颇为有趣的例子。在仿生建筑学的研究里分形法则是很重要的,如树叶、肺泡、味蕾和消化系统。另一方面这些分形法则通过非常简单的元素不断重复发展成为十分复杂的形式。如蚕茧、鸟巢,它们由一根根的稻草或一条条的细丝组成,但众多的草和丝可以组成一个非常坚固、有韧性和绝热功能的混沌结构。而这些往往可以应用到高层建筑之中,摩天城的含义不仅仅是巨型摩天楼,它是一个允许竖向发展的体系。创造"垂直城市"是一个挑战,如同所有的自然规律,物种决定于结构,摩天城第一需要解决的问题也是它的结构。然而根据迄今为止的结构技术和建造方法,摩天楼的极限高度约 500m,而结构面积将占去大量的建筑面积(一座 400m 高的摩天楼,结构面积将占用总建筑面积的 60%)。皮奥斯和塞尔维拉引入了仿生学的原理,因为科学研究表明,摩天楼建筑高度完全可以超过 500m,但建筑、结构设计必须改变。摩天城包括多个独立楼宇,它们在横向和纵向相连,形成一个整体(代替当前摩天楼独一整体模式)。看看飞行的例子,鸟和飞机的结构是截然不同,然而鸟的逻辑结构允许它飞行。这就是树和摩天城的关系,树的逻辑结构允许它生长 10 倍高。基于这样的理论,摩天城的结构问题迎刃而解。鸟翼的骨骼有"空气动力学结构"之称,数以万计的微型纵向元素形成一个错综复杂的框架,使得每根骨头具有超常的耐抵抗性和柔韧性。树的纤维结构由数以万计的薄膜组成,这些叶脉承担着除流体之外的疏通管道。经研究发现,树的各条叶脉里 65% 是空的,这就是为什么树有超强的抵抗力和惊人的柔韧度。一棵树在成长过程中,纤维和叶脉按辐射性生长方向相互交替形成众所周知的树环状结构。树的高适应能力和坚固性的关键在于它的单元化组织的三个特征:蓬松、辐射环状生长和螺旋形结构,这些来自自然的启示解决了摩天城的技术关键。李祖原设计的台北101 大楼(参见表 3.7)以内斜瞭望台的意念出发,其向上开展花蕊式的造型,象征中华文化"节节高升"的意向及蓬勃发展的经济。建筑超越单一体量的设计观,以中国人的吉祥数字"八"作为粗象设计单元,层层叠叠,构筑整体。在外观上形成有节奏的律动美感。多节式竖向形态,宛如劲竹攀升、柔韧有余,象征生生不息的中国传统建筑内涵。

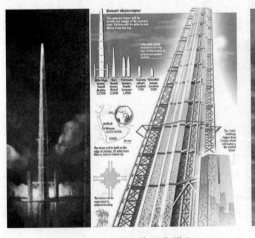

图4.107　沙特"英里高塔"　　　　　　　　图4.108　垂直城市:超群大厦

来源:http://www.qianlong.com/2008－03－31.

7. 策略之外的误区:极端化审美倾向与现代艺术的否定精神

当前存在一种错误或有争议的观念或导向:在追求或进行具有地标效应的高层建筑创意时,能否引起轰动或独一无二(或如有些领导所言50年不落后)成为了创意的评价标尺,但从高层建筑乃至城市的美学价值和文化向度而言,这种导向是灾难性的。诚然,高层建筑对于极端效果的追求是现代建筑选择理性美学观的反映,现在的现象表明:高层建筑表现越是走向极端,就越会受到强烈的关注。尽管许多理论指出当代社会出现了平民化的审美特征,但是人们仍将无法抗拒极限和野性的魅力,极端化的审美倾向或许仍将在建筑领域存在下去。

目前在高层建筑创作上的极端化倾向主要表现在以下几个方面:形式的极端追求,如极简主义,回归最原始的几何形体,以及如现代工业产品般的繁复意向;空间意义的极端表达,个性化的空间或均质空间、通用空间繁荣创造;材料的极端表现;现代工艺的极端考究。美国建筑师迈克尔·格雷夫斯的作品个性突出,尤其是在建筑色彩和卡通式风格的大胆运用上,引发了与环境协调问题的争论。它带来了世界的丰富,却造成了城市建筑语言的混乱,格雷夫斯在日本的众多建筑作品被比喻为引起语言灾难的巴比伦通天塔。极端化的审美倾向创造了高层建筑的一种个性化文化特质,但同时也可能背离了兼容性和适应性;它具有艺术价值和美学价值,但不一定具有现代性,不具有现代意识和进步意识,不能代表物质文明和精神文明的价值取向。在更多的场合,它不是建立在传统文化基础上的进步,但不能怀疑,它具有艺术上的否定性和革命性。弗兰克·盖里无疑是极端化审美倾向的倡导者,他创作的毕尔巴鄂古根海姆博物馆至今都是夸张艺术风格的代表作。同样,他把这种设计理念也移植到了英国历史名城布莱顿与霍夫市的阿尔弗雷德中心(Britain King Alfred Development Project)(图4.109),这座建筑由4座38层的住宅大楼组成,造型延续了盖里一贯的自在形态生成模式。而在这座充满历史厚重感的古城,这样大胆的设计所带来的视觉冲击不言而喻,它代表人们对未来的遐想和现代的向往,尽管这个项目最终被取消。但看看朝鲜第一高的某酒店(图4.110),却陷入了政治价值表现的极端,希冀以单纯的高度表达社会主义的强大,意识形态思想过于浓厚简单,现在却是一座烂尾楼。

图 4.109 阿尔弗雷德中心

图 4.110 朝鲜某酒店

来源：www. villachina. com/2007 - 11 - 22/
1352783_9. htm.

现代艺术对社会采取不合作的否定态度,这个概念首先由阿多诺提出,他认为现代社会已经将艺术整合到了文化工业的体制内,人的个性和自由已被资本主义意识形态所控制,从而被大众文化营造的虚假幸福意识麻痹,人成为了丧失独立思考能力和批判意识的人。但作为对文化工业的挑战,现代艺术的生命力正在于它的"否定"精神,它坚持自己的概念、反对消费艺术、变成反艺术,以至完成对意识形态整合个体生命的批判和抗议。"否定性"就是说,在艺术作品上没有任何东西是属于既存现实的,直至作品的语汇如此。否定的艺术具有以下几个特点:首先,它必须具有真正的个性;其次,它必须如实表现社会的丑恶与生活的痛苦;再次,它必须排斥一切有用性,防止自身变成商品;最后,从艺术形式来看,它需要抛弃传统的和谐与美感,通过摧毁传统艺术形式及其所包含的文化观念来表达被异化的现实。否定性作为一种审美语汇具体所指有二:其一,是对现实具体事物的否定;其二,是对感性外观的彻底遗弃。

在艺术作品中,为了追求精神上的震撼力和反叛性,现代艺术把目光落到了对破旧事物、肮脏事物的最旺盛的嗜好上,落到了反对光泽和辞藻的变态反映上了。通过这些与传统艺术形式和体验模式相对抗的扭曲变形的方式呈现现代世界的本真面目,现代艺术追求的不是外部形式上的真实,而是内在精神上的对异化现实的真实传达。在阿多诺看来,嗜好丑陋、残缺,反对一切崇高与美的现代艺术正是一种精神的成熟,因为崇高、美、整体性这些传统艺术精神所赖以存在的历史基础已经消亡,现代艺术正要通过自我否定来震撼人的神经,在对非人性的世界的描写中展现对人性的渴望。东京索菲特酒店,其建筑灵感来自日本的传统寺庙和生命树,两边的楼体就像一节一节往上长的树枝,层次突出个性鲜明(参见图 4.70)。分析现代建筑中所表现出的挑战物质极限和观念极致的种种现象,可以认为建筑中挑战极限的现象体现着人类对自我力量的强烈推崇,是建筑确认自我价值的一种精神寄托。土耳其 Zorlu Gateway Center 以令人目眩的处理手法解决高层建筑集约化发展(图 4.110),虽形态新颖、有一定肌理,但整体性尚不强,只是获得了对城市的震撼;北德银行总部大楼(图 4.112)虽表达了生态、城市肌理以及城市重生的概念,但不同的立面处理和略显零碎的块体组合似让人无所适从。

图 4.111　土耳其 Zorlu 通道中心

来源：http://photo. zhulong. com/proj/detail. asp？ id.

图 4.112　北德银行总部大楼

来源：http://images. google. cn/imglanding？ imgurl.

4.3　高层建筑文化特质寄意的反思与评价

当今繁杂的高层建筑理论与建筑现象常使人们无所适从，莫衷一是。其中，一个主要的原因就在于对高层建筑的认识与评价尚缺乏一种比较客观、全面的方法。

4.3.1　高层建筑文化特质寄意的反思

1. 寄意思维的现状——反思的对象

当代的高层建筑创意充满混杂、缺乏清晰的思维方向与系统理论，反映在其创作方面,突出的是由现代思维向后现代思维的转变中,创造了一些让人心神不定、冲突、混乱和惶恐的建筑艺术,这些手法既让人激动、鼓舞,又让人茫然和迷惘,高层建筑文化特质创意的方法论哲学似乎缺乏科学的指向和足够的反思。

从创意思维分析,广义的后现代思维占据了当代高层建筑创作思想的主流。从哲学层面上分析,后现代思维的典型特征是小心避开绝对价值、坚实的认识论基础、总体政治眼光、关于历史的宏大理论和"封闭"的概念体系;它是怀疑论的、开放的、相对主义的和多元论的,赞美分裂而不是协调、破碎而不是整体、异质而不是单一。它把自我看作多面的、流动的、临时的和没有任何实质行动的。后现代时期的建筑思维怀疑真理、理性、同一性和客观性的经典概念,怀疑关于普遍进步和解放的观念,怀疑单一体系、宏大叙事或者解释的最终根据。在操作方法上,它把世界看作偶然的、没有根据的、多样的、易变的和不确定的,是一系列分离的文化或释义。从本质上看,后现代主义是一种文化风格,它以一种无深度的、无中心的、无根据的、自我反思的、游戏的、模拟的、折中主义的、多元的艺术反映这个时代性变化的某些方面,这种艺术的思维模糊了"高雅"和"大众"文化之间及艺术与日常经验之间的界限,弥漫着中庸的思想。

其中,结构主义是极端的后现代主义代表,其思维的主要特征是否定性,它对现代工业文明的批判带有相对主义、怀疑和悲观的色彩,它侧重对现代的反叛,厚古薄今是它采取的一贯方法。这种理论基于对基础主义、普遍性、本质性和总体性的摒弃。

但创作是以社会为前提条件的精神实践活动,目的在创造新的物质价值和精神价值。这种活动不仅产生人的生存条件,而且是人类自我发展的方式,是形成人的创造能力和个性自我表现的手段。创作过程中富有内容的因素保证着它的结果具有这种特征,原则上的创新(从社会角度看而非个人角度)具有社会意义(它不应混入廉价的捧场和暂时的流行性)。任何创新的方法都来自对社会的深刻反思,反映人的真实生存和生命意义。对现实的理解首先以思维的形式反映到我们的脑子里——像我们的世界观一样,而后在任何情况下,它将伴随着我们的一生,表现为我们的基本立场,并且形成着我们对创作的立场(丹下健三)。生命需求界定着客观需要,建筑作为实现人们居住和生活的最重要的社会产品,应具有社会的文化性和精神性,反映生命的最高意义——精神向度,它要成为艺术作品,必须是创造性劳动的表现,即建筑师个性的贡献。奥斯卡·尼迈耶认为没有这种贡献的建筑设计便是人们熟悉的形式和处理的重复,是对过去已有的学院派作品的模仿。因此,创作贵在创新。

建筑设计对象意义的概念不能是某一种意义上形成的,而且这并不总能由作者决定,事实上历史上有不少这样的实例,这与历史事件联系在一起,有突出的个性和其他因素,如朝鲜某酒店(参见图4.110);另一种情况下,一些对象的社会和艺术意义的形成,是由于其作者赋予它特有的题材,因而具有独特的地域文化和精神意义。如胡杰尔特瓦斯设计的维也纳市政厅、高迪的巴塞罗那作品。

2. 创意思维的创新——反思的目标

建筑创新首先是思维创新,可拓思维是进行创新的依据之一,把可拓学原理的思想和方法应用于人类建筑创作思维领域是极其合适的。基于可拓学的建筑设计创新理论研究是建筑学科新的增长点,可拓学利用形式化的方法处理事物的矛盾问题,把思维化为具体的形式,增加科学性和逻辑性。

可拓思维包含菱形思维、逆向思维、共轭思维和传导思维。菱形思维模式是一种先发散、后收敛的思维方式,它可用于描述高层建筑设计思维以及创新思维的过程,如在罗伯特·克利尔强调"相异但相协"的罗切斯特公寓群的设计中,双楼、外曲连接体和希腊勇士像的创新思维,可以用物元模型和菱形思维模式模型来阐述;而逆向思维是有意识地从常规思维的反方向去思考问题,是一种冲破常规、寻求变异的思维。这改变了人们从正面去探索和解决问题的习惯,改变思维的单向性、单一性、习惯性和逻辑性;共轭思维依据的是物的共轭分析原理和共轭变换原理。可拓学理论指出:任何事物都有虚实、软硬、潜显、正负四对共轭部,而且事物的共轭部在一定条件下可以相互转化。通过对物的共轭分析,不但可以全面认识物,而且可以利用共轭部之间的相互转化性去寻找解决问题的途径,进行开拓创新。高层建筑设计如同对物的处理一样,也需要共轭分析,以及可以利用共轭部的相互转化性解决问题;传导思维是利用传导解决矛盾问题的思维模式,"传导变换是在对某一对象实施某一变换后而导致的另一对象所发生的变换,传导效应是传导变换所产生的效应,在解决矛盾问题时,有时实施某一变换不能直接解决矛盾,但由此产生的矛盾变换却可以使矛盾问题得到解决"。如上海"新天地"的开放建设就是利用传导思维的成熟之作。

可拓思维在高层建筑创作中的利用在观念上还存在一定的模糊,但我们不能因此而摒弃不顾,至少它提供了一种创新思维的方向。

现在的情况是:不知道从什么时候起,"疯狂"的建筑开始成批量从画图上走向我们的真实世界,尤其扩散型的走向传说中的"金砖国家"。这些千奇百怪的形象其实并不陌生,在前辈柯布、高迪,乃至老前辈达·芬奇的笔下,它们不过是一抹想象,而在 CG 技术令现实与虚拟不分的今天,CG 建筑直接被流水线制造了。毫无疑问,这充满了探索和争议。这种现象是暂时的还是代表着高层建筑的未来,这需要正确的评价,已正导向。

基于各种理论,摩天楼崇拜是地球人的本能,世界各地的城市表达自身能量值的主要方式就是盖高楼。拿中国来说,当前已有高层建筑 10 万幢,其中 100m 以上的超高层建筑 1154 幢。国内各地争建第一高楼(表 4.10),国际高楼排行榜亦常换常新,但探索摩天楼的发展趋势仍是当代高层建筑理论之必须。快速的经济发展和日益膨胀的城市需求,导致我们在高速的低级复制之中生产出大量高密度城市,他们空洞、拥挤、缺乏灵魂。中国的新兴城市不应该再继续复制 20 世纪西方工业文明的天际线。

那么什么是城市的未来?当城市远离旧的住宅机器,新时代的技术进入我们的现实世界时,我们应该如何理解新的中国高密度城市?当郊区转换为新的城市中心时,如何让人们在现代城市生活中感受到自然的存在?我们如何在中国特殊的经济力量、社会环境和全球化背景下,以东方的自然体验和现代科技为基础,开展新的造城实验?这是 MAD 发起这次试验的初衷。贵阳市花溪 CBD 城市中心是 MAD 发起并组织的一次世界青年建筑师针对高密度城市自然的集体探索。这片以奇山异水闻名遐迩的多民族聚居地,在贵阳市的未来城市规划中被定义为一个集金融、文化、旅游观光为一体的新的城市中心。2008 年 MAD 邀请这十位国际青年建筑师前往现场展开设计讨论。每一位建筑师都基于他们对当地的自然环境与文化元素的理解,提出独特的设计方案(图 4.113)。它们如同自然生态环境中的有机个体,通过彼此的独立生长形成复合多元的城市生活系统,从而成为自然化的城市人造物。

表 4.10　中国主要大中城市第一高楼

北京国贸三期330m	上海中心650m	广州双塔437.5m	天津117大厦570m	深圳平安中心508m
南宁地王国际276m	南京紫峰大厦450m	长沙红星中心400m	成都喜年广场190m	福建电力中心195m
海南天邑大厦222m	杭州办公中心360m	合肥时代广场268m	济南国际商务188m	陕西信息大厦228m
裕景沈阳中心440m	武汉金融中心500m	郑州会展宾馆280m	重庆嘉陵帆影456m	石家庄环球中心239m
柳州地王中心321m	大连中心裕景322m	东莞台商会馆289m	九龙仓无锡A塔339m	合肥滨湖广场268m
温州鹿城广场350m	香港环球贸易广场484m	澳门新葡京酒店258m	台北101大楼508m	高度无止境

来源：根据中国城市统计年鉴2005/香港年报2004/维基百科统计止于2007年4月。

在这个高密度的城市自然中,自然与人工在融合中传达出未来建筑的图景——建筑设计从地形中汲取动态的能量,与周围景观建立起更为互动的关系。单纯的建筑高度被转换为多层面的城市活动复合体,形成多向的空间漫游方式。在这里,绿色技术不再是以单纯的节能为目的的,而是作为建筑师寻求如何更为有效和舒适地与自然环境和谐共处的手段。建筑是自然的人造延续——城市摆脱了被效率和利益所分割管理的"工业化高密度",更接近于自然的有机、整体和复杂性。这次集体城市实验产生了一种新的城市类型——与自然和谐相处的人造复合体,人们被鼓励有选择地体验城市与自然,发现新的感受力。坐落于大那加利岛的韦尔曼大厦(图 4.114)由建筑师阿巴洛斯赫雷罗斯(Abalos & Herreros)设计。该建筑可看作一个虚拟的丛林世界,走进其中仿佛可以享受到乌托邦式的生活,沐浴在一片五彩斑斓的景色中。它屹立在城市中,实现了与创意初衷的完美和谐——带有自然和人工树荫的丛林世界,还有一根男像柱,仿佛在沉思又顶礼膜拜周围美丽的景色。大楼底层是缩进的,整个楼体直冲云霄,秉承了一种植物性和人格化的概念,以及我们渴望表现出的时代文化。韦尔曼大厦旨在刻画出一种社会力图在自然与发展之间寻求平衡点时的种种幻觉、欲望和幻想——一种完全忠实于景观的深刻生活方式,一种别样的美。

图 4.113　贵阳市郊 CBD 竞赛:实验性质　　　　　图 4.114　韦尔曼大厦

高密度城市自然支持复杂的共存、独立的体验。今天的中国已经成为全世界的城市实验室。并不存在理想化的城市现实,但每一种新的城市形态都在现存的问题和面向未来的探索中引发新的讨论和思考。这是一次被提前的关于城市未来的实验,无论成败,都会对中国式造城形成帮助。因此,作为一种现象,归根到底,哈迪德、库哈斯及 MAD 等的思索正是为高层建筑创意思维提供了评价的素材,如果基于客观的美学和文化考量,至少不会为纷繁复杂的种种现象抑或表象所迷惑。

4.3.2　高层建筑文化特质创意实践方法的评价

评价即价值评判,《辞海》对评价的解释为:"泛指衡量任务或事物的价值",评价包括评价主体和评价客体两个方面。在建筑创作中,主体指的是设计师、业主、城市管理部门

226

等对设计有需要的人,而客体则指设计目标、策略和图形成果等。高层建筑文化特质创造面临两个方面的挑战:一是全球化对发展中国家和弱势文化的挑战;二是国际化与地域性的对立统一观念,这两方面的挑战已反映在当代的建筑理论与实践上。伴随西方建筑思潮的纷繁,近年来在我国建筑界引入了大量的西方建筑理论,但批量的引入势必造成思维的混乱;且这些引入介绍大多偏重于哲学等深层次的探讨,缺乏对建筑形态的具体分析,以及缺乏批判的态度,因而难以对建筑实践产生影响;另外,侧重于个别明星建筑师的作品介绍,也导致系统思想和整体构架缺失,难以把握当代建筑的宏观走向。因此,正确适时地进行高层建筑文化特质创意评价是非常必要的。

1. 评价的策略

针对高层建筑文化特质创造的现实,可采取如下策略:

(1) 协调发展、多元互补。建筑是经济、技术、艺术、哲学、历史等要素的有机综合体,作为一种文化,它具有时空与地域特性,其生活方式因文化、社会发展水平而不同。某些"国际性"建筑文化,也是在特定时期对某一种地域性、民族性文化的提炼与升华,进而取得广泛认同与接受的结果。单一文化与多元文化具有互补性、促进作用。

(2) 保护、继承传统文化与融会再创。对传统建筑文化继承、保护与现代建筑文化的融会、创新相结合。

(3) 跨文化交流。本土文化只有进行广泛的交流、吸收、兼容、创造才能保持青春活力;外地文化只有与当地民族文化、生活习俗、自然环境相适应才有生命力;跨文化交流是建筑文化的进步、繁荣的主要手段,也是保持文化特质创造的源泉,高层建筑也不例外。

就城市而言,它不仅是集体生活的空间容器,也标示着集体的精神向度与文化深度。21 世纪的全球化竞赛,是以城市为主体所进行的经济、资讯、科技及文化的大竞逐。因此,每一个欲进入世界竞赛的城市,都必须谨慎地选择自己的竞争策略,包括建筑的竞争。重庆,由于独特历史因缘及特殊地理位置,在近百年的空间文化中皆呈现特殊的面貌及风格,其位处西南边陲及文化的门户位置,具体体现当代中国地域化对现代化国际化的"典型回应"。这种典型回应一方面呈现容易接受异质文化的"开放性格",并具体展现特有的精神解放及多元的城市环境;另一方面,这样的开放性格也对集体生命产生一种潜在的改变,似乎所曾拥有的一切文化价值,皆面临解体,化为虚无。这种双重性格,正是过去重庆城市风貌及十年来渝中半岛建筑发展的具体呈现,同时由于过分急迫地与世界接轨,十年来资金充沛快速发展的渝中城市建设,也丧失了一个可以塑造真正代表西南长江上游未来城市风格的最佳机会,其中作为城市形象和文化性格主要代表的高层建筑也似乎正走向文化特质的创造迷惘之中。

21 世纪的世界都市竞赛,最关键的竞争力,不是来自可计量的经济实力,而是来自从自身独特性、地域性出发,所展现的文化整合力。只有这种不可计量的成就,才可能在城市竞赛中取得最佳的竞争优势及文化位置。不论我们采用批判性历史文化观点或乐观性东西文化交融的角度来看重庆,所有的努力及学习背后皆必须有一个深厚人文价值作为进步的驱动引擎。我们认为,过去重庆的吊脚式建筑及渝中 20 世纪末的都市设计,只可被视为一种过程,并期待重庆可以从上述这两个时期的"学习之路",转而切入 21 世纪的"超越之道",在引进国外最先进的科学技术及资金的同时,经由本身文化理念出发,赋予新技术一个新人文向度,并进而超越自己,建构出科技与文化相融共生的未来西南国际新都会。而在城市中感受高层建筑除了"气势"以外,还有能激起人们更多想象的城市空间"表情"。譬如当你置身密西根湖畔的大片绿地之中,远眺色彩斑斓、高楼林立的芝加哥城市剪影,一种整齐、活跃、富于韵律感的美,让人心旷神怡;而在香港,你能强烈感受到城市的繁荣、街道空间的连续性和秩序感,以及整个山水相映的作为东西方窗口和文化交汇的都市风采,这些都显示出高层建筑文化特质之创意美及城市美学价值。但在重庆,城市空间的单调和缺乏秩序感,山地文化和湿热气候的个性风格缺失,削弱了重庆城市空间的表现力和文化张力。在磁器口、川道拐……我们似乎触摸到了些许历史,感受到了地域特色和人文气息。但当把视野放大投向整个渝中,临江而立,便会发现原先富有穿透力的城市空间被堵塞了,特有的山地交通与建筑形态、水文化与建筑通风等被忽略了,渝中半岛的建筑除了高度的不断增长和无序外,天际线和城市的层次感淹没在了经济发展的大潮中。整理重庆的高层建筑创作,我们难以找到一个能具有代表性的城市精品,哪怕是有个性的都极为缺乏,城市建筑文化特质的创造还有待时日。

UNEESCO 在 2001 年 11 月通过的《文化多样性宣言》中强调:在经济全球化的过程中,尊重、维持文化多样性(cultural diversity)对全人类生存与发展的重要意义。人类学对近代人类认知的贡献之一在于提出多元文化的价值,强调分别从主位文化量度(emic - measure)和客位文化量度(tic - measure)来分析、看待社会及人们的活动。人类意识到生物多样性对进化和保持生物圈的生命维持系统的重要性,确认生物多样性保护是全人类共同关切的事业。其实,生物多样性的内在价值,同样包含着社会、经济、科学、教育、文化、娱乐和美学价值。文化及其表达方式的灭绝同物种的灭绝一样,也是重大的无法弥补的损失。

在世界范围内的文化、意识的竞争、融合和比较的格局中,一切都在寻求新的突破,建筑文化也在不断更新和变异。信息传播和交通的现代化使某一类型的建筑文化可以在极短的时间内超越地域界限,传递到全世界,一种多样而统一的建筑文化逐渐形成。建筑文化的发展趋势并不完全取决于人所面临的建筑环境,而是与不同的建筑文化选择机制有关,即人们和社会对建筑文化了解的普遍程度和选择。因此,在现代社会中,建筑文化应具有较强的自我检视和更新的可能性的能力。社会越易容纳和鼓励建筑师的不同建筑观在建筑中的创造,社会的建筑文化越易得到更新和发展。创新乃建筑发展之必然,但不能忽略城市文化发展的连续性。科威特投资局(KIA)是科威特政府的投资机构,是世界上最大的国家财富基金,其总部大楼(图 4.115)由 KEO 国际咨询公司设

图 4.115　科威特投资局总部大楼

计。根据设计师的意念,这是一个反映投资局实力、稳定和未来前景的机会,也是一座设施一流,具有创新性、功能型、灵活性和优越的工作环境的建筑。大厦高 220m,裙房 6 层,包含了所有的公共设施。基座裙房的形状来自于阿拉伯的独桅帆船,代表着科威特与历史的联结和传承,大厦的建设将证明科威特在未来世界中

的突出表现。在开创地区文化的同时,该建筑还结合了一些可持续性元素,如风力涡轮和光电板,符合 KIA 塑造一座高层建筑的要求,它将成为该地区未来同类大厦的设计基准。Asymptote 设计的 PGCC 项目旨在为马来西亚槟榔屿创造全新和强大的形象(图 4.116),发展马来西亚的"北部走廊"。在与自然景观和城市主义结合后,这个项目既高大又不失典雅。PGCC 补充并提高了槟榔屿作为一座岛屿的城市特质。这座建筑的设计创意取自周边的山脉和海景,体现了马来西亚丰富和多样的文化遗存。两座大厦都有着水平和垂直的要素:雕塑般的水平结构横跨基座,向上拔起成垂直结构。在槟榔屿山脉的映衬下,这种扭转以及大厦的玻璃面呈现出不同的效果——反射和折射出槟榔屿的景色、周围景观和远处海景。

图 4.116　PGCC 大楼

　　高层建筑在具有悠久历史传统的城市旧城改造中不可避免,如何用现代手法表现历史地域性是其关键。SOM 设计的北京中国世贸中心(图 4.117)提出了创造性的解决方案。大楼的设计模仿竹节的结构概念,其外部形象和内部空间符合东方的自然观和审美取向,是一种走向高技术的传统创新概念。竹子的几何学原理除直径和竹壁厚度外还包括竹节、横格膜之间的间隔距离。该建筑取其立意,并经过了精确的结构计算,巧妙地将其应用在设计之中。美国知名建筑师斯蒂芬·霍尔(Steven Holl)善于通过研究美国的传统建筑,从中获得精神,并融入到当代的建筑设计中,他的作品同时具有对传统的回忆和对现代的感知。他与罗西一样也很关注城市形态与建筑类型,他认为:"地方建筑中有着大量的类型与几何美"。霍尔通过"强调地方建筑而将社会性和文化带回到设计中",他认为类型学是从对各种地方建筑的观察中得到的一种归纳性的方法,并为理解建筑与文化的关系提供了理论指导。对于高层建筑,霍尔在他的著作《杂交建筑》中探讨了 20 世纪以来美国出现的建筑类型在功能、形式和空间上的"杂交"组合方式。他认为"传统建筑类型是根据建筑的基本功能划分的",但 20 世纪以来城市发展的高密度与建筑技术的革新使建筑出现了多功能混杂交错的发展趋势,随着社会的需求,出现了新的建筑类型即"杂交建筑",由此,世界进入了复杂多元的建筑文化时代。斯蒂芬·霍尔从现象学哲学思想出发,尝试以不同的视角去阐释建筑的本质。2003 年霍尔设计了北京当代 MOMA(参见图 4.97)(Beijing Looped Hybrid,2003),其环绕与穿越多面的空间层次是其主要特征。这个"城中城"将城市穿越经验作为主要目标,咖啡厅与服务空间在高层位置将 8 栋塔楼连接在一起。环状塔楼表达了一种集合的渴望,在空中刻画了一种 21 世纪的新空间类型。功能上这个环形是半网状而非简单的线性,设计师希望上空环形和底层环形会不断激发偶然的关联,就像现代城市一样,这个崭新的都市垂直空间渴求着都是住居的个性。北京中国世贸中心(图 4.117)的方案构思也在于表达一种清晰的层次与肌理,建筑的构造如同"编织"的生活艺术,借此寻求对社会文化的呼应。

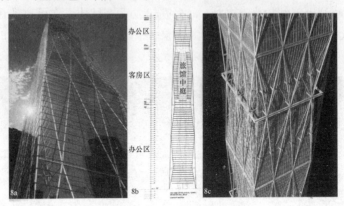

图 4.117　北京中国世贸中心

2. 评价的策略构建

借助高层建筑评价体系,探求建筑的本质及其发展规律是每个时代的执着追求。一方面,从建筑师角度而言,高层建筑评价为其创作提供了参照尺度,两者的良性互动关系对建筑师实现人生价值有着极为重要的意义;另一方面,从社会角度而言,高层建筑评价不仅表明人们对高层建筑的判断与认识,而且蕴含着人们对社会价值取向和理想的认同感,正是从此意义上讲,高层建筑评价是人类认识自身的重要手段。建立客观的、有生命力的评价系统,有助于触摸到高层建筑的本质,进而科学指导高层建筑的创作和理论发展,设计过程本质上就是不断进行评价的过程。

建筑批评是对建筑以及建筑师的创作思想、建筑作品与设计、建造和使用的过程、使用建筑的社会个体和社会群体的鉴定和评价。著名建筑史学家、建筑理论大师肯尼思·弗兰姆普敦曾出版了《现代建筑:一部批判的历史》《现代建筑,1841—1945》及《建构文化研究》,他提倡以文化为导向的解构,从结构理解建筑,这本身就是一种评价策略。

高层建筑的审美与批评都是对建筑本身综合的批判,高层建筑的审美更注重形式,注重感性的、主观的直觉判断,尽管它也受到蕴含于形式之中科学性和道德观念的潜在影响,高层建筑的批评则更全面、更客观。但这需要通过科学分析、道德裁决和审美判断,通过对高层建筑及其环境的理解才能得出基于哲学的评价,高层建筑的批评建立在评价的视野和理性之上。同时,建筑批评需置之于特定的时间和空间(社会环境)中进行,尤其是高层建筑,它具有强烈的时空特点。生生之谓易,一切存在或事件在本质上都是时空中的生成,是发展、完善和变化的有机过程,并折射时代和社会的变化。生成反映出从存在到事件之间,产生变化更递、变易之理。

应对批评的前提与范畴、概念的内涵与外延有所指,只有从历史的纵向视野和地域的横向广景才能寄予高层建筑公正的评判,历史用时间提供认识的距离,地域用空间提供比较的深度和宽泛。高层建筑批评的方法和原则应符合科学发展的世界观,且其中心和根本出发点应是"人",有利于人性自由的建筑空间和形式才具有文化的价值;而人性是多样的,这正对应了多元的客观世界、建筑世界,高层建筑的人文价值是高层建筑批评的终极标准。进行动态、多维的高层建筑批评是为了建构高层建筑文化评价策略。"摩天之路"在今后一段时间里可能会越走越宽广,然而,这并不见得意味着一个更合理、更有效、更美好的未来城市环境的出现,如果缺乏高层建筑文化系统的关照(图4.118)。

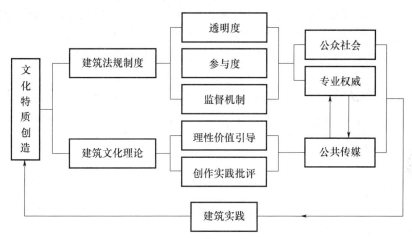

图4.118　文化特质创造与实践机理

西班牙当代建筑理论家伊格纳西·德·索拉—莫拉雷斯(Ignasi de Sola – Morales)认为:"建筑批评意味着置身于危机内部并且运用高度的警觉与孤独寂寞,对危机的感知构成了评论的起点。意识到危机的存在意味着对危机加以诊断,表达某种判断,藉此区分出在特定的历史情景下一起出现的各种原则。建筑评论是一种知性的态度,让论述变成——在孤独寂寞并且意识到危机存在下——判断、区分与决定。"科学的可持续性评价标准体系及相应的政策支持系统还未完全建立,一些技术基础数据库还未完善,这在一定程度上限制了科学设计方法体系的推广。

近年来在国际设计领域广为流传的两种倾向,即崇尚杂乱无章的非形式主义和推崇权力至上的形式主义,并形成了强烈对比。非形式主义反对所有的形式规则,形式主义则把形式规则的应用视为理所当然;尽管二者的对立如此鲜明,但在本质上它们却是同出一源,认为任何建筑问题都是孤立存在的,并且仅仅局限于形式范畴。出于获取愉悦、表达象征或者广告宣传的目的,大量的先进技术手段被用于满足人们对形式的热切追求,这已成为当今时代的一大特征。从分析形式的风格和类型,到表达复杂的形式构成,再到构筑最奢华的形式梦想,其中的技术手段从来没有像今天这样先进和发达,也从来没有像今天这样屈从于形式主义的幻想、好奇和迷恋。这是对当代高层建筑文化特质创造的中肯评价。

吴良镛先生曾经讲道:建筑是只能联系环境来处理问题的开放系统,而整合其不同发展方向,找出其新增长点,可能是新时代建筑发展的必由之路。对应于认识论自当有其方法论。古典的认识论所对应的方法论是静态的,而对应于现代认识论的方法论应是动态的。密斯曾言:"形式不是设计的目的,形式只是设计的结局。"即用正确的方法,通过合理的途径达到优异的成果是理所当然之事。建筑教育家们指出:设计的关键不是去选一个好对象,定下是什么模样——"What",关键是怎样——"How"找到一条途径到达理想的结局。这个"How"的过程具有动态的特点。

另外,建立正确有益的高层建筑评价策略是非常需要的,可在创作的各个阶段,由不同人士适时进行评估。

(1) 在设计前,应由设计单位全面性的对所有使用者进行对既有环境的使用后评估(Post Occupancy Evaluation)。除了可对原有规划设计进行检讨之外,主要是希望藉由用后评估的结果对即将进行的设计能有正面的、可用的意见。

(2) 设计中的评估。由设计单位对设计中替选方案进行评估,并选用适当的评估方式。

(3) 在设计完成后,尚未实施前的评估。替选方案评估完成后,一般即要确定实施方案。但是这个方案只是由设计师单方面进行的评估,具有一定片面性,并不能确保是大家心目中的理想方案。因此,此阶段评估宜由兼有使用者及专业素养身份的人士承担。

(4) 设计执行中的评估。应定期由设计执行单位结合设计人员实施评估,一方面得以建立城市建设发展的资源,有利于研究的进行;另一方面可以掌握城市发展状况,以利于新创作进行契机的掌控。

在进行高层建筑文化特质创意评价时,大众审美文化的建立尤其重要。城市人居环境建设与公众的切身利益息息相关,公众有权力和义务参与建筑设计过程。当然,公众参与绝不应当只是一个形式,而是根据需求,可以从多层面控制参与的不同强度(图4.119)。正如 S. R. 安斯汀所指出的,真正意义上的公众参与,不但包括被告知信息、获得咨询和发表意见等法律赋予公众的最基本权利,而且还包括公众对整个营建过程的参与和控制。社会学家特纳指出:"一旦居民掌握了主要的决策权并且可以自由地对住房的设计、营造维护与管理等程序以及生活环境作出贡献时,则可以激发个体和社会全体的潜能。相反地,如果人民对居住过程的关键决策缺乏控制力与责任感,则居住环境可能变成个人价值实现的障碍和经济上的负担。"由此可见公众文化的影响力。

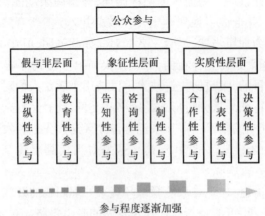

图4.119　公众参与高层建筑创作的类型与层次

　　随着传媒时代的到来,社会的价值观念发生了相应的转变。在科学领域,相对论排除了绝对时间与空间;量子理论排除了可控制性测量的可能性;混沌理论排除了世界的有序性。在哲学领域,解构主义亦摆脱了形而上学的表意性、象征性窠臼。在艺术领域,电子复制技术使得艺术的本真性、独创性和唯一性消失。因此,作者的力量受到质疑。米切尔·福柯(Michel Foucault)在《什么是作者》中指出:所谓作者的创造性、独一无二的想象能力,其实都是文化,都是非常方便的虚构,因为作者能够表达的仅仅是非常有限的内容……文本的意义不是说者或写者的主观意愿所能强行注入的,它是作为一个整体的语言系统的产物。作者只不过是文本的中介。作者"关心的主要是一个开局,在开局之后写作的主体便不断的消失"。建筑作品由建筑师的创造而产生,由作者的误读而丰富,建筑的创作和鉴赏不仅涉及了作者和读者的外在经验,还有内在体验。因此,对于建筑的解读过程,不再仅仅是对于原建筑作品的保持,而且是对原作的变更,是建筑师创作的延续。通过这个活动读者获得了与作者平等的地位,获得了建筑的话语权并通过媒体以介入,因而建筑也获得了更加丰富的审美意义。建筑师、建筑和公众所对应的作者、文本和读者三者的关系随着整个人类社会的语境的变化而不断的转向,最终消除了作者的主体地位,这样建筑的文本对于不同的读者具有不同的含义,读者也参与到构建建筑文本游戏中,而建筑文本本身也回归到人类智慧的整体结构中,消除了客观的内容和确定的本质,反而更加生动、丰富和随意,而且不仅仅只具有阅读性,还产生了可塑性与衍生性,从而反映出纷繁复杂的现实生活。

　　其实,20世纪中后期以来,建筑文化理论的发展停留在自我分析与评价的层面上,后现代主义、解构主义……拘泥于建筑的形式与其所反映的文化背景,而70年代的世界能源危机使人们意识到建筑不仅仅是文化的载体,它还具有社会责任,节能也是建筑创作必须考虑的问题,以此满足生态持续性的要求。因而,建立高层建筑文化价值的评估机制是适时和必须的。建筑评论是以价值判断、价值取向和引导为核心的建筑文化活动。建筑价值观或建筑观念是建筑评论的基石,评论必须基于一定的价值观及其评价标准、原则和尺度。缺乏明确的价值观和正确的价值取向,就不会有合理的批评原则、批评尺度和标准,也就不可能对创作设计表明赞成、肯定、支持与否,更不可能正确地启发、引导创作设计实践,因而也就失去了评论存在的意义。

　　就当前而言,目前的一些"实验性"的高层建筑作品并不真正具有前卫或先锋的性质,它们既缺乏文化的批判性,又没有艺术的独创性;与此相反,从可持续发展的角度而言,基于当代生态建筑的美学模式可作为一种未来的取向,它不是一种"主义"或"风格",而是一种方法和思想。和谐是生态美学的本质特征,它映射的是"人类中心主义"。生态美学启示人们,人类所面临的生态危机本质上是文化危机,人类中心主义的文化信仰是危机的根源所在。因此,建立基于生态文化的建筑美学价值观,并提升到生态文化信仰层面,这即为高层建筑文化特质创意的评价原则。

　　未来社会的特征应是生物系统详尽而紧密的信息反馈体系,它反映出生物组织的细致结构,生物学的模型是信息集中、微观、自我调节、适应性和整体主义,而这正是生态建筑的表现特征。约翰·奈斯比特在《大挑战》中写道:"随着周围形形色色的高新技术的发展,我们必须找到并保持一种人性的平衡力量来理智地处理这些问题。"奈斯比特认为人性的平衡力量就是文化传统和价值体系,因为它们的"重要作用之一是帮助你确定你的本体。没有这些精神框架,你就会漂泊不定,无法估计外部世界所发生的一切,无法采取恰当的反映。"而生态建筑就具有这样的文化价值取向。因而,当代高层建筑文化批评体系的构建应以可持续发展的建筑观为基本的价值取向,以可持续发展的生态文化建筑的基本原理、原则为主要评价标准,以建筑的生态环境理论和创作设计实践为主要侧重点,去审视、论证和评价建筑理论、创作思想、方法和作品。

高层建筑文化特质创造批评体系的构建应着眼于未来文化发展态势和方向。这主要体现在以下几个方面。

(1)信息时代的文化价值观念是"多边互补、多元发展"的,地域性、民族性和全球性建筑文化互补、互融、共生发展。

(2)注重建筑可持续发展于生态创作观念。从"人类中心主义"伦理观念转向人类环境与自然生态环境协调发展的生态伦理观念。大力发展高效、节能、无污染的绿色建筑文化。

(3)知识经济价值规律与信息审美观念。信息智能文化、信息环境、反形式美学观念影响建筑创作,建筑的开放性、流动性、虚拟空间、人情味和人性化的呼唤。

(4)多元化、个性化创作思潮与地域性建筑创作理念的建筑变异、地域文化、特色与个性化追求。

(5)网络化、高技术、高情感新建筑文化。信息网络中心、社会生活集中化、超越时空概念、新技术美学、关注人类的共同发展利益等文化内涵新动因。

4.3.3　重庆高层建筑文化特质创意实践的评价

曾有一个比较恰当的比喻,"如果把中国比作一本杂志,那么封面是北京、封底是上海,重庆和天津将是下一期的重要预告——它们同样在寻找定位,同样在贩售未来。"10 年过去,时钟被拨快的重庆,由城市的扩张带来了重庆生活空间的质变与裂变。目前,重庆无疑是最快的成长之城(图 4.120),但它是否也是一个乐活之城?而高层建筑是城市性格的决定者和城市文化生态的重要组成,任何 21 世纪高层建筑艺术形式建构将产生于对基于现存观念上的特征的质疑,以及重新创立或提出这些特征的文化探索中,重庆高层建筑文化特质创意策略探寻也不例外。因此,建筑大师贝聿铭谈到中国高层建筑创作时也说过:"发展高层建筑物,如何具有中国传统特色?这是很值得研究的问题,中西合璧,弄得不好是不中不西,⋯⋯我认为要建高层大厦,索性就建得完全西式,最怕不中不西。"

1. 研究重庆高层建筑文化特质的必要性

目前国内的大中城市正处在深刻"蜕变"之中(图 4.121),作为城市发展最表象的高层建筑,每天都在变化,无论高度和形象。无疑,这一切都让人激动,但同时,也在发出危险的信号。由于盲目发展,在一些城市的建设和更新中,高层建筑似无处不在、又似无所不能,其发展业已走入一种误区。作为新兴直辖市的重庆也不例外。

1)城市发展的危机

高层建筑发展误区首先来自全球化浪潮对地域文化的冲击。在这个时代,伴随着全球经济的一体化,各个地域、各个国家的发展似乎都同时纳入一个相同的轨道,悠久的传统文化无疑受到一种前所未有的强有力的冲击和"侵蚀"。表现在城市发展上,即

全球最高大楼排名(200大)

排名	地区	城市	人口(2006年)	市区面积[1]	高厦数目[2]	得分[3]
1		香港(Hong Kong)	6,943,600人	262平方千米	7,661栋	121,870分
2		纽约(New York City)	8,213,839人	800平方千米	5,560栋	36,315分
3		首尔(Seoul)	10,331,244人	616平方千米	2,870栋	16,558分
4		芝加哥(Chicago)	2,842,518人	589平方千米	1,052栋	15,763分
5	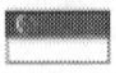	新加坡(Singapore)	4,351,400人	*685平方千米	3,763栋	14,238分
6		上海(Shanghai)	9,145,711人	781平方千米	954栋	13,769分
7		圣保罗(São Paulo)	11,016,703人	*1,523平方千米	4,536栋	12,585分
8		曼谷(Bangkok)	7,587,882人	*1,569平方千米	746栋	11,762分
9		东京(Tokyo)	8,130,408人	621平方千米	2,749栋	11,163分
10		广州(Guangzhou)	4,111,946人	670平方千米	475栋	9,555分
11		多伦多(Toronto)	2,503,281人	630平方千米	1,668栋	7,405分
12		重庆(Chongqing)	6,300,000人	648平方千米	523栋	7,369分
13		深圳(Shenzhen)	1,245,000人	551平方千米	349栋	6,480分
14		北京(Beijing)	7,746,519人	1.182平方千米	863栋	5,780分

图 4.120　全球高楼排名

重庆高层建筑发展的速度居世界第 12 位,在国内高于北京、深圳,低于上海。

来源:"摩天汉世界"网站,统计止于 2007 年 4 月。

新兴事物对传统城市的城市格局、空间形态的改变,而山地城市在传统城市中占有较大的比例。重庆作为一类典型的山地城市,由于其发展的盲目性,致使自己的地域特征丧失,城市的传统空间消失。在生态环境及人文环境方面:城市化的进程导致城市不断扩张,但城市的盲目发展也破坏了山地的自然环境;或由于经济利益的驱使,致使一些建筑项目的胡乱上马,或任意切割山体,破坏山地地质和地貌,损毁山地植被,并直接导致一些地质灾害的产生。就重庆这个典型的山城来说,城市中心处于超负荷运转,从而引发众多的问题。如交通堵塞、生态环境恶化、城市公共设施严重滞后等,不胜枚举。另外,一些设计师们忽视对本地地域特征、传统城市历史及风俗人情的研究,或盲目跟从各种花哨的"理论",或仅仅简单从"功能主义"出发来考量城市中的建筑创作,从而导致城市特色危机的产生(图 4.122)。

2)山地城市高层建筑无序发展的后果

当今,在一些山地城市中,随着城市的扩展,高层建筑大量涌现。但一些高层建筑无序而盲目的发展,也给城市特色危机现象的产生起到了推波助澜的作用。

一些高层建筑盲目介入山地环境,未对当地的地质、地形做细致研究,便简单采取大挖大填的方法(图 4.123),使原本平衡的生态环境受到破坏;另一些高层建筑在城市中盲目布局,又或受经济利益的驱使,对体量,高度等不加以限制,以至于"遮山挡水",破坏原山地城市秀美的自然景观,以及城市天际线;还有的高层建筑在设计时,不服从城市整体发展的需要，只顾眼前利益，要么"见缝插针"，要么占满基地，致使城市沦为混凝土森林……

如此种种，反映出在一些山地城市中，高层建筑的盲目无序发展已给城市诸多方面造成了负面的影响。

2. 重庆高层建筑文化特质创意现状评析

站在城市的高处往下看，重庆是被分成两截的。一截是有灯光的、高楼林立的魔幻星球，另一截是没有灯光的、低矮的楼房的隐形城市。普遍的说法是，要考据这座城市的过去和未来，需要前后各10年的时间，这大致说明了重庆的城市发展步伐。伴随着时间的流逝，《疯狂的石头》中重庆城乡接合部的混乱景象加速消失。根据政府的展望，2020年，重庆城市人口会超过2200万，农村人口会下降到1000万，城市化率会达到70%以上。这里要规划的是"一个城市群"的城市进化方向，但这样的城市化进程，并非毫无风险。很多城市模式值得重庆反思，包括过去的青岛、苏州，和已经有企业开始离开的长三角。目光再投向远方，多瑙河有74座港口，建立了74座城市，其中72座城市都因为港口而一直繁荣至今。同样，重庆也以港口著名——以前朝天门以人为主，一个集装箱都没有，只有拖舶。随着三峡大坝的建成，以港兴城的理念无疑是具有战略眼光的。但从城市建设的角度考察今日的朝天门地区，这里却丝毫没有起到城市"龙头"作用（图4.124），作为两江交汇区域，地理位置突出，但这里建筑层次感弱，节奏感差。再转观作为城市的CBD的解放碑地区，建筑发展陷入了盲目的跟风中，片面追求经济效益和城市形象的改观，造成作为抗战胜利纪念的解放碑体逐渐淹没在周围的高楼大厦之中，文化消失于无形，丧失了历史价值的传承（图4.125），我们主张以解放碑体为中心渐次增加高度，并注意特色文化的继承；而沿江地区，应大力发展适合地区气候与地形特点的建筑形态。

图4.121　1955年、1958年、1964年、2002年、2007年、2009年的重庆

经历着巨变，但变化的似只有房子的高度和密度，城市生态和文化价值却逐步丧失，城市逐渐模糊。

图4.122 层次感渐弱的重庆渝中半岛

除了这个两江交汇的广场外,谁能辨出这是重庆呢? 建筑的自我标识性较弱。

来源:重庆规划局资料。

图4.123 山地环境的破坏性利用(左一)和生态观念的淡薄(右一)

嘉陵帆影所建区域是一个成片的旧城改造区,地理位置尤佳,场地纵深很大,但对地形的毫不理会而大挖大填和对作为背景的山形轮廓的漠视只能使这个标志物突兀而生硬。

图4.124 重庆渝中区朝天门地区的发展

左为1998年拍摄,右为2008年拍摄。可以看出,该地区的高层建筑更趋于封闭,天际线更缺乏层次和节奏。

图 4. 125　重庆渝中解放碑地区建筑形态

渝中半岛是重庆两江围合之地,地势起伏多变,而从朝天门至佛图关一线是半岛重要景观生态人文构建轴,能反映城市的文化价值和建筑性格。当前的高层建筑还只限于"钢筋混凝土森林",整体性弱、天际线缺乏更多起伏变化的节奏。

　　两江四岸是最能反映城市整体空间形象和地域文化、生态人文气息的地区,目前的建筑形态尚缺乏秩序感、开放性和独特性,以及地域的兼容性(图 4. 126),因此也就不能构成完整的文化特质,进而造成了城市文化价值的虚无,人们的精神在这里彷徨,一种失落的家园感油然而上心头。

图 4. 126　渝中半岛建筑形态;嘉陵江北滨路某大型住宅楼盘

渝中半岛的滨江岸线缺乏山地应有的层次,没有秩序,建筑过于拥堵,通透性差。

可喜的是,近些年来,重庆在城市规划与旧城建设上采取了开放的姿态,引入了高水平的设计,取得了一定的效果,体现了更多的适应性和现代性(图4.127、图4.128),与山地结合的高层建筑形态具有独特的地域文化特色。重庆两江半岛城市设计竞赛、朝天门CBD改造更新概念设计国际竞赛、渝中半岛城市形象设计国际竞赛等的进行充分显示决策者和大众对城市发展现状的不满和锐意拓展的决心。

图4.127　重庆高层建筑规划与建设
来源:http://www.skyscrapers.cn/.

万豪酒店二期　　　重庆宾馆改建　　　重庆世贸中心　　　未来国际　　　嘉陵帆影

图4.128　重庆地标高层建筑方案与建设

　　重庆超高层建筑已起步,其设计理念已彰显国际化视野,但在结合地域文化和生态气候方面应予以关照和重视,否则无从构建重庆独特的城市审美价值和人文观念。

　　建筑大师陈世民设计的重庆国际大厦(图4.129)也是将自然环境、生活习俗和历史文脉相结合,创造了独特的建筑风貌。该建筑面临用地狭小,还要保留现有建筑等苛刻条件,建筑师从重庆传统民居中"占天不占地"的概念和"吊脚楼"的结构形式中受到启发,将数万平方米的办公塔楼用支柱顶起来,又按吊脚楼的结构模式将塔楼形体分成4组在竖向重叠起来,留出吊脚楼式的支撑,形成3个空中花园,可眺望长江和嘉陵江的景色,成为重庆人生活中不可缺少的"茶馆"和纳凉的室外空间。这既有利于采光通风,又符合重庆地区的气候条件。整个建筑造型简洁又富有特性,是现代建筑形式和现代结构体系的高度统一,是现代高科技建筑手段与传统地方文脉的有机结合。

3. 重庆教育综合大厦方案设计

　　重庆教育综合大厦位于江北董家溪,南接北滨路,北滨路向东通达渝澳大桥,嘉陵江对景面向鹅岭两江亭,西临重庆工商大学渝北校区大门,用地南、北、西侧均为城市干道。基地面积 26 亩,建筑面积约 7 万 m²。项目包括教委办公楼、直属机关办公楼和培训大楼。

该项目曾经进行过两轮方案设计竞赛,方案创意中试图把高层建筑文化特质理论贯彻于该工程实践之中。

1) 第一轮竞赛方案(图 4.130)

设计理念:强调地块滨江特点,合理利用江景,并与两江亭(重庆渝中半岛制高点,原为重庆夜景最佳观赏之地)形成对景;在总体布局上引入"国子监"概念,赋予项目教育特色;在现代技术营造中深化独特性文化创意,注重兼容性文化特质追求时的同时突出地方文化特点,以体现适应性文化特质。

创意策略之总体布局:国子监为中国古代教育体系中的最高学府,该方案呈三合院布局,大致仿意"国子监"建筑布局形态,南侧前楼为教委机关行政办公

图 4.129　重庆国际大厦方案
结合地域文化和气候的尝试,凸显高层建筑面向未来的生态文化审美思维。
来源:陈世民. 时代·空间[M],1996.

楼,采取开大门洞方式设主办公出入口,并成为临向滨江路的景观视廊和通风通廊,该部分采取对称布局,凸显庄重气氛;东侧布置直属机关办公楼;西侧打破"国子监"形态,开敞式处理迎向城市主要人流方向,营造亲民气氛,内部景观公众化,互动和相互延伸的设计创意力图把高层建筑的公共部分和与城市的界面部位一体化处理,使高层建筑不再突兀于城市中。整体高度上,南侧建筑适当控制高度,北侧建筑适当做高,形成滨江错落式的岸线景观,具有丰富的层次和天际线轮廓。

创意策略之建筑形态:建筑形态采用强烈的虚实对比等理性手法,实体主要体现教育行政机关的稳重与庄严,虚的体量则显示教育机关的透明性、公正性和亲民风格,同时也加大了观江房间的开窗面积。形态处理引入表皮策略,挖掘地方建筑文化精髓,立面肌理构思来源于巴渝传统建筑中的"花格窗"及"竹篾墙",试图通过现代的技术手段及地方适宜构造材料,再现传统的建筑元素。在体现滨江建筑特色上,提取重庆传统经典的"吊角楼"、"出挑"等元素进行现代演绎,体现重庆教育综合大楼的地域特色和唯一性。

2) 第二轮竞赛方案(图 4.131)

由于诸多原因,业主认为第一轮竞赛没有较为合适的方案,因此又进行了第二轮招标。在第二轮竞赛创作中,该方案保持了"国子监"的布局文化创意,只是对北侧塔楼进行了适当扭转,使其整体更加规整,也更趋于"国子监"的传统建筑整体形态。同时在对称中融入些许非对称信息,进一步打破传统的形态,建筑群也更富有朝气和活力,力图使传统在现代中升华。通过进一步分析基地环境和地形要素,为更加突显教育机关的开放、公共属性,加大了临江入口开敞大厅的尺度,并能积极引入江景和加强整体建筑群的通风效果。强化室外生态广场的公共交通转换功能,加强围合感。在形态处理上,深化现代建筑的概念,建筑群更趋于简洁细腻,力求在几个体量之间通过建筑细部寻求外观上的统一与和谐;同时根据建筑群的各自功能属性,理性化处理各自形式语言,进一步细分形态,建

委办公楼力求庄重，并兼顾时尚、开放、虚怀若谷及科技特色的象征营造；直属机关办公楼主要突出强烈的序列感，体现当前信息化办公的高效与便捷；培训中心大楼主要突出体量的高度特性，引入共享中庭，注重客房的观景视线处理，以及通风和节能效果。

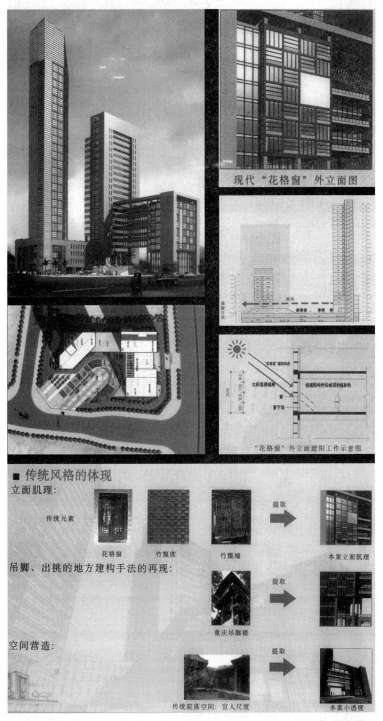

图 4.130　重庆教育综合大厦投标方案（第一轮），重庆市教育委员会提供图片

图 4.131　重庆教育综合大厦投标方案(第二轮),重庆市教育委员会提供图片

4.4　小结

（1）高层建筑文化特质指建筑的个性表达,根植于建筑的人文环境和社会环境。而当代环境具有生活的生动性、多元性和渐进性特征,反映了对人类情感和接受的重新重视,而表达建筑个性的设计逻辑性应突出思维的创新性。

242

（2）当代高层建筑正趋于复杂化、生态化，建筑艺术的审美倾向正从现代建筑时期的"总体性思维、线性思维、理性思维"转向"非总体性思维、非线性思维、混沌——非理性思维"模式，高层建筑的形式语言也倾向一种非线性科学思维的建构，这些构成了城市形态的突变。而基于突变理论的建筑非线性思维再现了建筑演化轨迹将出现"分叉"，并突现多种开放的突变可能。运用突变论建立复杂而非线性的建筑文化创造的创作系统思维，并运用系统科学方法，阐释基于整体式思维的建筑文化观，以及逆向思维和艺术思维构成高层建筑文化特质的创造策略，既强调了建筑文化价值体系的人文属性，又突出了技术体系的科学理性。

（3）从形式语言的生态哲学观阐释高层建筑文化特质创意思维方式，以及高层建筑文化特质创造体现的学科交叉性特点。从哲学角度解析形式的文化价值和审美思维，实质是建立在生态文化思维基础上的形式分析，形式语言表述建筑的文化特质根本上是生态文化特质的表述，因为建筑形式的构成其实就是一种关系的构成，建立人与自然、人与人的和谐关系，这种关系从根本上讲就是一种具有可持续发展意义的生态关系；而学科交叉的复杂性正体现了高层建筑文化特质构成的兼容性、开放性和适应性特征。

（4）提出文化生态环境的创造方法。建筑是一个文化生态系统，有其新陈代谢的规律，是动态的、发展的，需要横向的跨文化交流和补充；建筑文化是一个具有兼容性、适应性和开放性的有机系统。混沌的文化危机由人们的价值观念、行为方式、社会政治经济和文化机制方面的不合理所引发，它迫切需要文化价值观的有机整合；多元的文化彼此之间并不是相互排斥、相互取代的，而是互融共生的关系。各类文化的组成如一颗生态树，因此，建立多元的文化生态观念，是文化价值观的有机整合的一个标志。从人类学的观点而言，价值观念就是精神层面的文化，传统文化、消费文化、生态文化所主导的价值观念相互融合而非独立。

（5）建筑中蕴含的信息从根本上源自人的感受，这就是信息审美观的建立。它具有差异性、传播性，本质上属于信息建筑文化。高层建筑文化特质建构体现在动态、开放的信息审美观的建立。建筑即信息、信息即价值，信息具有动态即或稳定或突变、随机即或无序或有序、开放即时空性公众性的特点，这对应于当代数字社会对多元文化的渴求。建筑中蕴含的信息从根本上源自人的感受，这就是信息审美观的建立，它具有差异性、传播性，本质上属于信息建筑文化。

（6）提出面向未来的高层建筑应是一种生态建筑文化类型以及架构高层建筑文化批评策略。高层建筑文化特质构成的终极意义在于建构基于生态文化的生态审美思维，这符合可持续的世界和谐发展理念；生态文化价值观既重视自然环境和地域文化，又具有人之为人的建筑策略，生态文化建筑创作思维是动态的、多维的。设计过程本质上就是不断进行评价的过程。建筑批评的方法和原则应符合科学发展的世界观，且其中心和根本出发点应是"人"，有利于人性自由的建筑空间和形式才具有文化的价值；而人性是多样的，这正对应了多元的客观世界、建筑世界，建筑的人文价值是建筑批评的终极标准；进行动态、多维的高层建筑批评是为了创新高层建筑文化特质寄意方法。

第 5 章

结　论

5.1　主要研究成果

本书从高层建筑美学价值、城市文化价值和精神信仰角度解析高层建筑文化特质的属性和创意危机，以及深层次的后果；从文化惯性、文化排斥性、文化覆盖性、文化地域性等角度分析高层建筑文化特质创意的理念和规律；从创造性思维和创新策略角度探析当代及未来高层建筑文化特质创意的实践方法。

5.1.1　文化特质创意失却是高层建筑发展中文化惯性与方向迷失的根源

从文化特质创意角度研究高层建筑发展中文化惯性与方向迷失的根源。

（1）在当前的建筑文化研究多偏向于哲学、艺术学、民俗学的热潮中，笔者提出"高层建筑文化特质"这一新的概念，通过文化特质创意与高层建筑发展关系的考察，重新审视文化特质创意在高层建筑发展中的角色和作用。当代高层建筑文化的美学价值表现为边沿化和迷失状态，高层建筑文化特质创意的缺失倾向集中体现在文化惯性与方向迷失所造成的高层建筑美学价值混沌、城市文化价值的失却、高层建筑艺术发展的迷惘和精神维度的丧失。城市文化价值的充分表达在很大程度上借助于高层建筑的美学价值观念的实现，而这来自人们的城市文化信仰，进而形成城市精神。城市文化价值具有规范性和主观性，因而在一定阶段和一定领域是恒定的、连续的，而在另一些阶段和另一些领域则是可变的、多元的。城市的文化价值外化为高层建筑空间形态，因而又具有技术性、经济性特征，当代高层建筑构成的城市文化价值正在走向失落。

（2）建筑文化特质创造的价值体系通过关照高层建筑形态的表达，影响城市文化的构成；从建筑创作与审美价值观念出发审视了高层建筑文化特质创造对城市的文化价值创造的影响；从艺术发展的角度阐述高层建筑文化特质失落造成的创作迷惘，揭示了文化特质构成的重要性；运用社会学、建筑哲学与建筑文化学的理念剖析高层建筑文化的社会性和人文属性的生态精神特点，启迪人们从人文精神的角度创造能够传递建筑文化的形式语言。

5.1.2　运用系统思维的思想剖析了高层建筑文化特质创意的规律

运用系统思维的思想剖析了高层建筑文化特质创意的规律，指出基于突变论的非线性思维和整体动态思维丰富了高层建筑文化特质创意。

　　总结了高层建筑文化特质创意生成、发展规律,包括高层建筑文化特质的特性、高层建筑文化特质寄意发展中的多种现象。并通过总结高层建筑创意发展与文化特质之间的普遍性规律,揭示了创意思维与文化特质之间明确的逻辑关系,归纳出高层建筑文化特质的"时代现象""技术现象""经济现象""政治现象"及"生态现象",并创新地提出复杂性科学思维创意高层建筑文化特质的源泉。以高层建筑文化特质研究为学术理论平台,运用社会学、建筑哲学、建筑文化学的最新成果专题探讨建筑文化特质与文化惯性、文化排斥性、文化交流与覆盖、文化地域性等的传承、发展、反思、创新的问题及创作哲思理念的新定位,寻求了创作文化价值提升艺术与形象思维的理论动力和规律。运用分类意识法从历时性角度、创作流派思想以及文化观与哲学观视野探析高层建筑文化特质创意的现状及背景;运用现象学方法分析当代高层文化特质创造的混沌特点与复杂性。

　　(1)高层建筑文化特质指高层建筑的个性表达,具有兼容性、适应性、开放性、创造性和独特性等特点,根植于建筑的人文环境和社会环境。当代环境具有生活的生动性、多元性和渐进性特征,反映了对人类情感和接受的重新重视;而表达建筑个性的设计逻辑性突出思维的创新性,这种创新性体现在对人性的关照和对社会复杂性的回应。

　　(2)当代高层建筑正趋于复杂化、生态化,建筑艺术的审美倾向正从现代建筑时期的"总体性思维、线性思维、理性思维"转向"非总体性思维、非线性思维、混沌思维"模式,建筑的形式语言也倾向一种复杂性科学思维的建构,这些构成了城市形态的突变。基于突变理论的建筑非线性思维再现了建筑演化轨迹将出现"分叉",并突现多种开放的突变可能。

5.1.3　高层建筑文化特质寄意的创新实践方法是形式语言的创新和多学科系统的同构

　　归纳出形式语言的创新和多学科系统的同构是高层建筑文化特质寄意的创新实践方法。

　　(1)从哲学角度解析形式的文化价值和审美思维,形式语言表述建筑的文化特质根本上是生态文化特质的表述,因为建筑形式的构成其实就是一种关系的构成,建立人与自然、人与人的和谐关系,这种关系从根本上讲就是一种具有可持续发展意义的生态关系。建筑形态的动态发展时刻体现经济和文化的发展。

　　(2)形式表现是发展的必然,而构造的过程和方式也能延续建筑文化。多学科和科学的协作同构是建筑语言得以升华和适应复杂世界的重要手段,它带来的复杂性思维丰富了文化特质的寄意。

5.1.4　高层建筑文化特质建构体现在动态开放的信息审美观和文化生态观的建立

　　提出动态开放的信息审美观和文化生态观的建立是高层建筑文化特质建构的根本。

　　(1)高层建筑文化体系包括价值体系和技术体系,建筑即信息、信息即价值,信息具有动态即或稳定或突变、随机即或无序或有序、开放即时空性公众性的特点,这对应于当代数字社会对多元文化的渴求,高层建筑文化特质创意的创造性方法根本在于信息的更新和拓展。

（2）建筑中蕴含的信息从根本上源自人的感受，这就是信息审美观的建立。它具有差异性、传播性，本质上属于信息建筑文化，高层建筑文化特质创意对应于当代信息审美观的确立，从而指明了高层建筑文化特质创意的实践途径。

（3）建筑是一个文化生态系统，有其新陈代谢的规律，是动态的、发展的，需要横向的跨文化交流和补充；建筑文化特质是一个具有兼容性、适应性和开放性的有机系统。混沌的文化危机是由人们的价值观念、行为方式、社会政治经济和文化机制方面的不合理所引发，它迫切需要文化价值观的有机整合。多元的文化彼此之间并不是相互排斥、相互取代的，而是互融共生的关系。各类文化的组成如一棵生态树，因此，建立多元的文化生态观念，是文化价值观的有机整合的一个标志。从人类学的观点而言，价值观念就是精神层面的文化，传统文化、消费文化、生态文化所主导的价值观念相互融合而非独立。

5.1.5 从高层建筑演绎发展中探索出文化特质创新寄意取向与评价方式方法

（1）基于社会环境和人文思想的高层建筑生态美学价值观是一种科学发展观，具有可持续发展的思想。从高层建筑演绎发展的过程来看，面向未来的高层建筑应是一种生态建筑文化类型，具有先进的科学与人文信息。生态文化价值观既重视自然环境和地域文化，又具有人之为人的建筑策略，具有生态文化特质的高层建筑创作思维是动态的、多维的。

（2）设计过程本质上就是不断进行评价的过程。建筑批评的方法和原则应符合科学发展的世界观，且其中心和根本出发点应是"人"，有利于人性自由的建筑空间和形式才具有文化的价值。高层建筑文化特质的追求和审美价值取向是人性多样需求与哲思理念的表现，它从文化发展中丰富人类物质与文化生活，以及建筑文化创作内涵。

5.2 后续研究

无论我们赞同或反对高层建筑，在现实中这种建筑类型都不会简单地消失，相反在未来还将大量建造和大量存在，因此从理论上继续研究它实乃实际的需要。

科学是在追求真理的动机下，随着时间的延续而得到的发现和解释自然的渐进性成果，是永远无止境的探索、发现、描述。建筑学也从来就不是孤立、静止的科学，文化也是一个连续不断的动态过程，高层建筑的文化研究尤其如此。建筑文化博大精深，是人类文化可持续发展的、永恒性的课题，也是值得建筑学界有心人士长期深入研究和实践的课题。本书从文化特质创意的角度对高层建筑展开创新研究，只是高层建筑文化研究的一角，课题的探索思考仅仅是从高层建筑文化特质现象与规律角度作了一点专题研究，还有待更深入的、理性的诠释和总结，特别是在高层建筑文化哲思理念与设计方法学的发展等方面进行更好的研究，以及建筑文化本性、建筑之道的学习、研究、思考与总结。文化是一个大系统，仍有大量研究有待深入和继续。

（1）继续建筑和城市的文化价值的操作层面研究。文化价值论高扬了人文主义精神，它强调了宏观的人本主义，侧重了技术文化特质的物化创意方法研究，加之高层建筑是一种类型建筑,有一定规律性,也有其具体而微的部分。同时,高层建筑具有实践性强的特点,理论仍需实践来检验并提升高度,进一步加强高层建筑项目的创作实践也属于文化特质创意理论的研究范畴,因此,从人文角度的具体操作研究将成为论本文思维具有动态发展特点,整合理性思维与非理性思维以求高层建筑创意思维创新,继续深化突变论、非线性思维、文化价值和文化生态环境等当代建筑文化体系理论的专题研究,并突出理论联系实际的应用价值,对高层建筑专属类型文化进行充实和更新。

(2)由于高层建筑学科的综合性、复杂性以及理论与实践的飞速演进,加之在知识经济和信息时代,新的建筑设计理念和方法及交叉学科理论不断产生;同时,高层建筑文化具有系统性,因此,对高层建筑文化的发展和体系构建研究将是一个长期渐进的过程。

致　谢

本书是在作者博士论文的基础上改编而来的。

高层建筑实践成果虽然丰富，但理论研究匮乏，缺乏指导性和前瞻性，而从文化特质领域进行高层建筑的创意探讨，属于一种创作方法的理论研究尝试，这也是作者选题的初衷。然而书稿一路写来，身心压力倍增。此时当书稿交付，回顾写作时的艰辛和煎熬，犹觉就在昨日。

本书的出版虽是个人心血与汗水的结晶，但更凝聚了众人的智慧、努力和付出，才能顺利与人分享。因此，难言感激。

感谢重庆大学雷春浓教授的启迪赋予了本书的创意，雷老师丰富的高层建筑经验和理论成果，以及在高层建筑领域研究的先进性，都给予了作者坚实的写作基础。

正因为有了穆丽丽编辑所付出的心血，本书才得以这么快地面世；还有国防工业出版社的其他老师，你们在装帧设计、文字校对、出版编排方面的辛勤付出让我受益匪浅。

无疑，家人不懈的支持是我求学和写作路上的力量源泉和坚强后盾，父母朴实的鼓舞话语、妻儿的默默陪伴都凝结在本书的字里行间。

最后，感谢本书参考文献里的各位同行，你们的真知灼见点亮了作者思考的方向。

百年高层建筑的发展彰显了新技术的力量，但为避免仅限于此，对高层建筑从文化创意视角进行研究实乃必然，然限于作者的阅历与能力，本书还有许多需要完善之处，敬请同仁指正。

参考文献

[1] [法]让·拉特利尔. 科学和技术对文化的挑战[M]. 吕乃基,等译. 北京:商务印书馆,1997.

[2] 王明贤. 重新解读中国空间[M]. 艺术当代. 上海:上海书画出版社,2002.

[3] [美]R. E. 帕克,等. 城市社会学 [M]. 宋俊岭,等译. 北京:华夏出版社,1987.

[4] 布正伟. 自在生存论——走出风格与流派的困惑[M]. 哈尔滨:黑龙江科学技术出版社,1999.

[5] 王茜. 生态文化的审美之维[M]. 上海:上海世纪出版集团,2007.

[6] 万书元. 当代西方建筑的美学精神[M]. 南京:东南大学出版社,2007.

[7] [匈]阿诺德·豪译尔. 艺术社会学[M]. 北京:学林出版社,1987.

[8] [美]阿诺德·伯林特. 生活在景观中——走向一种环境美学[M]. 陈盼,译. 长沙:湖南科学技术出版社,2006.

[9] 特里·伊格尔顿. 美学意识形态[M]. 王杰,等译. 桂林:广西师范大学出版社,1997:368.

[10] 阿多诺. 美学理论 [M]. 王柯平,译. 成都:四川人民出版社,1998.

[11] 袁镜身. 建筑美学的特色与未来[M]. 北京:中国科学技术出版社,1992.

[12] 王朝闻. 美学概论[M]. 北京:人民出版社,2004 .

[13] [英]艾弗·理查兹. 生态摩天大楼[M]. 汪芳,张翼,译. 北京:中国建筑工业出版社,2005.

[14] [美]马泰·卡林内斯库,顾爱彬、李瑞华译. 现代性的五副面孔[M]. 北京:商务印书馆,2002.

[15] 高氏兄弟. 中国前卫艺术状况[M]. 南京:江苏人民出版社,2002.

[16] [德]卡尔·雅斯贝尔斯. 现时代的人[M]. 周晓惠,宋祖良,译. 北京:社会科学文献出版社,1992.

[17] 凯瑟琳·斯莱塞. 地域风格建筑[M]. 南京:东南大学出版社,2001.

[18] 梁梅. 中国当代城市环境设计的美学分析与批判[M]. 北京:中国建筑工业出版社,2008:101.

[19] 王朝闻. 美学概论[M]. 北京:人民出版社,1981.

[20] 三木清. 技术哲学[M]. 东京:岩波书店. 1942.

[21] 凯文·林奇著,城市的形态[M]. 林庆怡,等译. 北京:华夏出版社,2001.

[22] 宋昆,李姝,张玉坤. 波普建筑[J]. 建筑学报,2002,12:67.

[23] 张汝伦. 论大众文化[J]. 复旦学报(社科版),1994,3:16.

[24] 叶朗. 现代美学体系[M]. 北京:北京大学出版社,1988.

[25] 戴锦华. 犹在镜中:戴锦华访谈录[M]. 北京:知识出版社,1993:214.

[26] [美]丹尼尔·贝尔. 资本主义文化矛盾[M]. 北京:三联书店,1989:156.

[27] [法]让·拉特利尔. 科学和技术对文化的挑战[M]. 吕乃基,等译. 北京:商务印书馆,1997.

[28] 冒亚龙. 高层建筑美学价值研究 [D]. 重庆大学博士论文,2006.

[29] 李东华. 高技术生态建筑[M]. 天津:天津大学出版社,2002.

[30] 星野芳郎. 未来文明的原点[M]. 哈尔滨:哈尔滨工业大学出版社,1985

[31] 万书元. 当代西方建筑美学[M]. 南京:东南大学出版社,2001.

[32] [丹麦]扬·盖尔. 交往与空间[M]. 何人可,译. 北京:中国建筑工业出版社,2002.

[33] 袁镜身. 建筑美学的特色与未来[M]. 北京:中国科学技术出版社,1992

[34] 雷春浓. 现代高层建筑设计[M]. 北京:中国建筑工业出版社,1997.

[35] 万书元. 当代西方建筑美学[M]. 南京:东南大学出版社,2001.

[36] [美]阿诺德·伯林特. 生活在景观中——走向一种环境美学[M]. 陈盼译. 长沙:湖南科学技术出版社,2006.

[37] 邱明正. 审美心理学[M]. 上海:复旦大学出版社,1993.

[38] [美]马泰·卡林内斯库. 现代性的五副面孔[M]. 顾爱彬,李瑞华,译. 北京:商务印书馆,2002.

[39] 斯鲁克顿著. 建筑美学[M]. 刘先觉译. 北京:中国建筑工业出版社,2003.

[40] 司古特 J. 人文主义建筑学——情趣史的研究[M]. 张钦楠译. 北京:中国建筑工业出版社,1989.

[41] 高氏兄弟. 中国前卫艺术状况[M]. 南京:江苏人民出版社. 2002.

[42] 叶朗. 现代美学体系[M]. 北京:北京大学出版社,1988.

[43] 黑格尔. 美学第三卷[M]. 朱光潜,译. 北京:商务印书馆,1984.

[44] 布西亚·努维勒. 独立物件——建筑与哲学的对话[M]. 林宜萱,黄建宏,译. 台北:田园文化事业有限公司,2002.

[45] 李敬泽,洪治纲,朱小如. 艰难的城市表达[N]. 文汇报,2005 – 01 –02(6).

[46] 凯文·林奇著. 城市的形态[M]. 林庆怡,等译. 北京:华夏出版社,2001.

[47] 曾坚. 当代世界先锋建筑的设计观念——变异、软化、背景、启迪[M]. 天津:天津大学出版社,1995.

[48] 宗白华. 艺境[M]. 合肥:安徽教育出版社,2000.

[49] 姚新,霍拉勃. 接受美学与接受理论[M]. 沈阳:辽宁人民出版社,1987.

[50] 凯瑟琳·斯莱塞. 地域风格建筑[M]. 南京:东南大学出版社,2001.

[51] 阿恩海姆. 艺术与视知觉[M]. 北京:中国社会科学出版社,1989.

[52] 陆邵明. 建筑体验——空间中的情节[M]. 北京:中国建筑工业出版社,2007:18.

[53] 伊格尔顿. 美学意识形态[M]. 王杰,等译. 桂林:广西师范大学出版社,1997.

[54] 罗杰·斯克鲁登. 建筑美学[M]. 刘先觉,译. 北京:中国建筑工业出版社,1992.

[55] [德]海诺·思格尔. 结构体系与建筑造型[M]. 天津:天津大学出版社,2002.

[56] 刘建荣. 高层建筑设计与技术[M]. 北京:中国建筑工业出版社,2005.

[57] [英]马修·韦尔斯. 摩天大楼结构与设计[M]. 杨娜,易成,邢信慧,译. 北京:中国建筑工业出版社,2006.

[58] [美]亚伯克隆比. 建筑的艺术观[M]. 吴玉成,译. 天津:天津大学出版社,2002.

[59] 星野芳郎. 未来文明的原点[M]. 哈尔滨:哈尔滨工业大学出版社,1985.

[60] [美]鲁道夫·阿恩海姆. 视觉思维[M]. 腾守尧译. 上海:光明日报出版社,1987.

[61] 米切尔(Mitchell W J). 比特之城:空间·场所·信息高速公路[M]. 范海燕,胡泳译. 北京:生活·读书·新知三联书店,1999.

[62] 张楠,当代建筑创作手法解析:多元 + 聚合[M]. 北京:中国建筑工业出版社,2003.

[63] [日]小林克弘. 建筑构成手法[M]. 陈志华,王小盾译. 北京:中国建筑工业出版社,2004.

[64] [美]沙里宁. 形式的探索[M]. 顾启源译. 北京:中国建筑工业出版社,1989.

[65] 王环宇. 力与美的建构—结构造型[M]. 北京:中国建筑工业出版社,2005.

[66] 朱立元. 法兰克福学派美学思想论稿[M]. 上海:复旦大学出版社,1997.

[69] 伊格纳西·德·索拉—莫拉雷斯,施植明译. 差异——当代建筑的地标[M]. 台北:田园文化事业有限公司,2000.

[70] [美]美国高层建筑与城市环境协会. 高层建筑设计[M]. 罗福午,等译. 北京:中国建筑工业出版社,1997.

[71] 雷春浓. 高层建筑设计手册[M]. 北京:中国建筑工业出版社,2002.

[72] 王世仁. 理性与浪漫的交织[M]. 天津:百花文艺出版社,2005.

[73] 陈凯锋. 建筑文化学论[M]. 上海:同济大学出版社,1996.

[74] 查尔斯·詹克斯. 当代建筑的理论与宣言[M]. 周玉鹏,等译. 北京:中国建筑工业出版社,2005.

[75] 彼得·柯林斯. 现代建筑设计思想的演变[M]. 英若聪,译. 北京:中国建筑工业出版社,2003.

[76] [美]阿摩斯·拉普卜特. 文化特性与建筑设计[M]. 常青,等译. 北京:中国建筑工业出版社,2004.

[77] [美]克里斯斯·亚伯. 建筑与个性——对文化与技术变化的回应[M]. 张磊,等译. 北京:中国建筑工业出版社,2003.

[78] 本尼迪克. 文化模式[M]. 北京:华夏出版社,1987.